医学美容技术专业双元育人教材系列

美容美体技术
第二版

主　编　章　益　叶秋玲
副主编　薛久娇　成　霞　华　欣
编　委（按姓氏拼音排序）
　　　　陈雅玉（广东伊丽汇美容科技有限公司）
　　　　陈芸芸（宁波卫生职业技术学院）
　　　　成　霞（宁波珈禾整形专科医院有限公司）
　　　　邓叶青（广东岭南职业技术学院）
　　　　华　欣（云南特殊教育职业学院）
　　　　黄一虹（宁波珈禾整形专科医院有限公司）
　　　　李凌霄（宁波卫生职业技术学院）
　　　　马肖琳（宁波美苑美容科技有限公司）
　　　　邵　华（封开县中等职业学校）
　　　　申泽宇（惠州雅姬乐化妆品有限公司）
　　　　吴红霞（广东伊丽汇美容科技有限公司）
　　　　薛久娇（宁波卫生职业技术学院）
　　　　叶秋玲（惠州雅姬乐化妆品有限公司）
　　　　叶淑萍（浙江静博士美容科技有限公司）
　　　　张　新（宁波卫生职业技术学院）
　　　　章　益（宁波卫生职业技术学院）

復旦大學出版社

内容提要

本教材编写团队对第一版进行了全面调整和更新,坚持以立德树人为根本任务,基于美容师岗位工作的典型任务和能力要求编写。本教材分为4个模块10个单元15个学习活动28个任务,内容包括美容美体基础知识和服务准备、美容美体基本手法和服务方案制定、面部护理和身体护理基础技能及项目操作、竞赛能力提升和职业资格获取等。书中重要技能操作配有视频演示,并将AR技术信息化教学手段融入其中,以"可视化"学习途径,克服操作难点,提高学习能动性。为学习者顺利进入岗位工作破除瓶颈,以最大限度地满足相关企业的用人需求。本教材适用于职业院校医学美容技术、美容美体艺术相关专业及专业群学生学习,也可作为医美行业员工培训教材。

本教材配有相关的课件、视频等教学资源,欢迎教师完整填写学校信息来函免费获取:xdxtzfudan@163.com。

序

　　党的二十大要求统筹职业教育、高等教育、继续教育协同创新,推进职普融通、产教融合、科教融汇,优化职业教育类型定位。新修订的《中华人民共和国职业教育法》(简称"新职教法")于 2022 年 5 月 1 日起施行,首次以法律形式确定了职业教育是与普通教育具有同等重要地位的教育类型。从"层次"到"类型"的重大突破,为职业教育的发展指明了道路和方向,标志着职业教育进入新的发展阶段。

　　近年来,我国职业教育一直致力于完善职业教育和培训体系、深化产教融合、校企合作,党中央、国务院先后出台了《国家职业教育改革实施方案》(简称"职教 20 条")、《中国教育现代化 2035》《关于加快推进教育现代化实施方案(2018—2022 年)》等引领职业教育发展的纲领性文件,持续推进基于产教深度融合、校企合作人才培养模式下的教师、教材、教法"三教"改革,这是贯彻落实党和政府职业教育方针的重要举措,是进一步推动职业教育发展、全面提升人才培养质量的基础。

　　随着智能制造技术的快速发展,大数据、云计算、物联网的应用越来越广泛,原来的知识体系需要变革。如何实现职业教育教材内容和形式的创新,以适应职业教育转型升级的需要,是一个值得研究的重要问题。"职教 20 条"提出校企双元开发国家规划教材,倡导使用新型活页式、工作手册式教材并配套开发信息化资源。"新职教法"第三十一条规定:"国家鼓励行业组织、企业等参与职业教育专业教材开发,将新技术、新工艺、新理念纳入职业学校教材,并可以通过活页式教材等多种方式进行动态更新。"

　　校企合作编写教材,坚持立德树人为根本任务,以校企双元育人、基于工作的学习为基本思路,培养德技双馨、知行合一,具有工匠精神的技术技能人才为目标。将课程思政的教育理念与岗位职业道德规范要求相结合,专业工作岗位(群)的岗位标准与国家职业标准相结合,发挥校企"双元"合作优势,将真实工作任务的关键技能点及工匠精神,以"工程经验""易错点"等形式在教材中再现。

　　校企合作开发的教材与传统教材相比,具有以下三个特征。

　　1. 对接标准。基于课程标准合作编写和开发符合生产实际和行业最新趋势的教材,而这些课程标准有机对接了岗位标准。岗位标准是基于专业岗位群的职业能力分析,从专业能力和职业素养两个维度,分析岗位能力应具备的知识、素质、技能、态度及方法,形成的职业能力点,从而构成专业的岗位标准。再将工作领域的岗位标准与教育标准融合,转化为教材编写使用的课程标准,教材内容结构突破了传统教材的篇章结构,突出了学生能力培养。

　　2. 任务驱动。教材以专业(群)主要岗位的工作过程为主线,以典型工作任务驱动知识和技能的学习,让学生在"做中学",在"会做"的同时,用心领悟"为什么做",应具备"哪些职业素养",教材结构和内容符合技术技能人才培养的基本要求,也体现了基于工作的学习。

3. 多元受众。不断改革创新，促进岗位成才。教材由企业有丰富实践经验的技术专家和职业院校具备双师素质、教学经验丰富的一线专业教师共同编写。教材内容体现理论知识与实际应用相结合，衔接各专业"1+X"证书内容，引入职业资格技能等级考核标准、岗位评价标准及综合职业能力评价标准，形成立体多元的教学评价标准。既能满足学历教育需求，也能满足职业培训需求。教材可供职业院校教师教学、行业企业员工培训、岗位技能认证培训等多元使用。

校企双元育人系列教材的开发对于当前职业教育"三教"改革具有重要意义。它不仅是校企双元育人人才培养模式改革成果的重要形式之一，更是对职业教育现实需求的重要回应。作为校企双元育人探索所形成的这些教材，其开发路径与方法能为相关专业提供借鉴，起到抛砖引玉的作用。

博士，教授

第二版前言

《美容美体技术》是医学美容专业双元育人活页教材系列之一,自2019年4月第一版发行后,经过80多所职业院校教学和企业员工培训的实践,取得了丰富的教学成果和经验。随着各种技术和仪器设备不断更新迭代,为了充分满足职业院校学生及企业员工对最新知识和技能的需要,我们在第一版的基础上进行了系统的调整和更新,以适应行业发展的趋势。编写团队主要由全国技术能手、世界技能大赛国家队选手、行业劳动模范全程指导,国家级美容大师、省级技术能手以及有影响力的企业一线能工巧匠组成。

本教材旨在落实"立德树人根本任务",秉持"思政引领、德技并修、学生中心、能力本位、工学一体"的教学理念,充分挖掘课程所蕴含的思政教育元素,在仪器分析"诊"肤、中西融合"护"肤、传统古法"养"肤、数据比对"评"肤的技术环节中,坚持安全意识、科学素养、精益求精、优秀传统文化传承等职业素养贯穿融合。实现"教材承载思政"与"思政寓于课程"的有机统一,树立学习者"服务美业""建设美业"的职业精神。为行业培养具有国际视野、能根植中国土壤、德技兼备的大国工匠,用实际行动来响应"不断实现人民对美好生活的向往"的号召。

修订版在内容设计和组织上,依据美容师岗位的典型工作任务和能力要求,结合相关职业证书要求和技能竞赛标准,及时纳入新技术、新工艺、新规范,做了较大幅度修订,并主动适应"数字化+职业教育"发展需求,运用现代信息技术改进教学方法,推进虚拟工作场景等网络学习空间建设和应用。书中核心技能操作配有视频演示,并将AR技术信息化教学手段融入其中,以"可视化"学习途径,克服操作难点,提高学习效能。为学习者顺利进入岗位工作助力赋能,以最大限度地满足相关企业的用人需求。

修订版共分4个模块,包含10个单元,43个学习活动或任务及3个附录。依据实际服务内容,任务驱动,序化"工作准备、接待咨询、方案确定、技术服务、效果评价、顾客维情"的工作步骤。配套使用本教材时,建议校内和企业"双场域"循环交替学习模式。让具备技术服务能力的学生及时进岗融岗,拔高技能,提升职业认同。有待提升的学生则跟岗见习,弥补不足。实现学校课堂知识技能获得与企业课堂岗位实践的无缝衔接,工学合一,以有效促进知识技能"学以致用"。本教材适用于医学美容技术及相关专业和各类美容职业教育培训。

本教材编写过程中得到中国特色学徒制教学委员会的指导,复旦大学出版社给予大力支持,惠州雅姬乐集团有限公司、宁波珈禾整形专科医院有限公司等单位积极组织教师参与编写工作,对于他们的无私奉献,在此深表感谢!

囿于编者认知、水平以及时间的局限,本教材在编写过程中难免有疏漏之处,恳请广大读者批评指正,以便及时修正改进。

本教材图片、视频为原创,不涉及版权及肖像权问题,所应用的仪器及护理产品与企业不存在利益关系。

编 者

2023 年 10 月

目 录

模块一 基础知识

单元一 美容美体基本知识 ················ 1-1

学习活动一 认识产品与工具 ················ 1-2
学习活动二 认识皮肤生理结构 ················ 1-6
学习活动三 分析与诊断皮肤类型 ················ 1-10
学习活动四 熟悉美容经络与腧穴 ················ 1-15

单元二 美容美体服务准备 ················ 2-1

学习活动一 环境准备 ················ 2-2
学习活动二 消杀准备 ················ 2-6
学习活动三 接待准备 ················ 2-9
学习活动四 物品准备 ················ 2-13

模块二 基础技能

单元三 美容美体基本手法 ················ 3-1

学习活动一 基本功训练 ················ 3-2
学习活动二 基础按摩手法训练 ················ 3-9

单元四 面部护理基础技能 ················ 4-1

任务一 面部清洁 ················ 4-2
任务二 面部按摩 ················ 4-9

　　任务三　面部敷膜 ·········· 4-15

单元五　身体护理基础技能 ·········· 5-1

　　任务一　肩颈按摩 ·········· 5-2
　　任务二　腰背按摩 ·········· 5-8
　　任务三　腹部按摩 ·········· 5-15
　　任务四　乳房按摩 ·········· 5-21
　　任务五　四肢按摩 ·········· 5-27

模块三　项目实践

单元六　美容美体服务方案制定 ·········· 6-1

　　学习活动一　面部护理方案制定 ·········· 6-2
　　学习活动二　身体护理方案制定 ·········· 6-8

单元七　面部护理项目 ·········· 7-1

　　任务一　中性皮肤护理 ·········· 7-2
　　任务二　干性皮肤护理 ·········· 7-8
　　任务三　油性皮肤护理 ·········· 7-15
　　任务四　混合性皮肤护理 ·········· 7-22
　　任务五　痤疮性皮肤护理 ·········· 7-28
　　任务六　色斑性皮肤护理 ·········· 7-35
　　任务七　衰老性皮肤护理 ·········· 7-43
　　任务八　敏感性皮肤护理 ·········· 7-50
　　任务九　面部刮痧 ·········· 7-57
　　任务十　眼部护理 ·········· 7-64
　　任务十一　面部拨筋 ·········· 7-71
　　任务十二　唇部护理 ·········· 7-79

单元八　身体护理项目 ·········· 8-1

　　任务一　肩颈护理 ·········· 8-2
　　任务二　腹部减肥 ·········· 8-8
　　任务三　背部护理 ·········· 8-16

任务四　手部护理 ·· 8－23
　　任务五　腿部护理 ·· 8－29
　　任务六　胸部护理 ·· 8－36

模块四　综合素养提升

单元九　竞赛能力提升 ·· 9－1

　　学习活动一　美容技能竞赛标准解读 ·························· 9－2
　　学习活动二　美容技能竞赛技巧训练 ·························· 9－10

单元十　职业资格获取 ·· 10－1

　　任务一　职业资格考核标准解读 ······························· 10－2
　　任务二　职业资格考核强化训练 ······························· 10－5

附录

　　附录一　课程标准 ··· 1
　　附录二　技能考核评价表及护理方案表 ·························· 7
　　附录三　美容师练习题 ··· 8

模块一

基础知识

单元一　美容美体基本知识

单元介绍

　　本项目帮助学习者储备美容美体技术服务的必备基础理论知识,保障后期基础技能和服务技能的有效学习,知识点对接实际门店服务项目,内容包括认识产品与工具、认识皮肤生理结构、分析与诊断皮肤类型、熟悉美容经络与腧穴。学习目标依据岗位必备基础知识制定,学习内容基于真实工作进行设计,体现基于岗位需求的专业学习。

学习导航

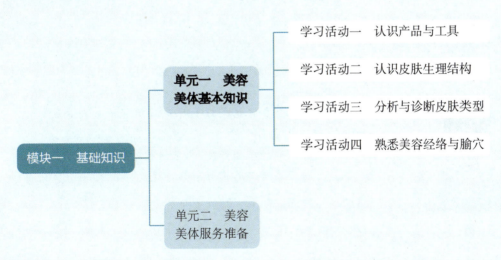

学习活动一 认识产品与工具

学习目标

1. 了解美容美体产品、工具的名称、品类与作用。
2. 能够安全使用美容美体产品和工具。
3. 能够适度取用产品、正确使用工具,倡导厉行节约,反对浪费的理念,能够通过产品和工具的有效、规范使用,提升护理服务的质量和效率。

情景导入

小陈初到门店工作。店长在检查用物用品准备时,在质检表上打了"不合格",原因是小陈在产品和工具准备上品类混淆,这让初入职场的小陈十分困扰,店长应该如何帮助小陈克服问题呢?

小陈,从检查的结果以及你平时学习情况来分析,可能有以下几方面原因。
（1）对常见的护理产品、工具的相关知识不够了解。
（2）对产品与工具准备不够重视。

活动分析

对各类产品的成分、功效及其适用范围的掌握,不仅是专业知识深度的体现,更是提升服务质量、增强顾客信任的基石。

鉴于美容服务的精细化与个性化趋势,持续的实践学习与经验积累不可或缺,美容师应当通过反复的操作演练与实际案例分析,逐步深化对产品特性的认知,构建起一套系统化、标准化的工作流程,确保每一次服务均能精准到位,达成预期的美容效果。

相关知识

一、常见护理产品

1. **卸妆油（液）** 卸妆油（液）用于卸除面部彩妆。
2. **清洁产品** 清洁产品用于面部清洁，可以根据皮肤状态选择。
  （1）洁面乳：质地较稀，性质温和。
  （2）洁面霜：质地较稠，清洁力强，容易打出泡沫。
  （3）洁面皂：一种固体状的洁面产品，清洁力强，容易打出泡沫。
  （4）洁面啫喱：质地呈啫喱状，性质温和。
3. **爽肤水** 爽肤水一般分为清爽收敛型、柔和滋润型，可以根据皮肤类型选择使用，主要用于皮肤清洁后、按摩后以及敷膜后对皮肤进行调理。
4. **按摩膏** 按摩膏作为按摩介质使用。
5. **面膜粉** 根据皮肤类型选择不同性质的软膜粉，用于面部敷膜。
6. **面霜、隔离霜或者防晒霜** 护理结束时使用，起到润肤、保湿、防护的作用。

> **知识链接**
>
> **乳液和面霜怎么选择？**
>
> 经常有顾客会问：乳液和面霜有什么区别？什么情况下选择乳液，什么情况下选择面霜？
>
> 对于如何选择乳液和面霜，我们要根据顾客目前的皮肤类型和所处的季节来选择合适的产品。
>
> 乳液比较轻盈，质地清爽，皮肤感触不黏腻，但保湿效果一般，适合中性、混合性和油性皮肤使用；面霜质地相对较厚重，但是滋润效果较显著，更利于锁水保湿，适合秋冬季节使用或者干性中性皮肤日常使用。

二、常用美容工具

（1）美容床如图1-1-1所示。
（2）美容推车如图1-1-2所示。
（3）常用仪器有离子喷雾仪、超声波美容仪等。

配备毛巾若干条、洗脸盆2个、一次性塑料袋2个、物料碟、洁面巾、口罩等。

配备酒精棉球、棉片、棉棒、镊子、调膜棒、调膜碗、痤疮针、修眉工具、刮痧板、拨筋棒、免洗消毒凝胶等物品。

图1-1-1 美容床　　图1-1-2 美容推车

活动实施

我们每日开展护理工作前,按门店规定实施以下工作流程。

第一步:根据顾客当天预约的美容护理项目,从总物料间取出合适数量的毛巾(大小毛巾)和美容物品备用。

第二步:美容床铺设一次性无纺布或消毒床单。

第三步:将本次护理使用的毛巾按护理要求叠放整齐(通常大毛巾2条、小毛巾3条)将整个床铺整理干净,不要出现褶皱(图1-1-1)。

第四步:准备美容推车一辆(一般放于美容床右侧)和护理所需的美容仪,再调整房间温度、音乐、灯光等(关于在美容护理前美容推车物品的准备要求可扫描二维码查看)。

第五步:准备装有水的洗脸盆(一般是2个)。

第六步:根据顾客的护理项目,仔细检查美容推车的基础物品(图1-1-2)。

美容推车基础物品准备

活动总结

在熟悉美容产品和工具方面经历循序渐进的完善过程,培养学生的分类与选择技能。学生应自我评估,并及时请教,制定个性化学习计划。

(1) 按照门店的要求,熟悉工具和产品的选择和使用。
(2) 每日复盘使用有关产品和工具产生的问题。
(3) 定期和同事相互练习,交流经验。
(4) 定期参加门店的考核。

活动评价

美容师产品与工具使用考核评分标准见表1-1-1。

表1-1-1 产品与工具使用考核评分标准

任务	流程或类别	评分标准	分值	得分
工具准备 (25分)	床品准备	美容床上用品准备齐全(床单、被罩、毛巾、头巾等)	5分	
	推车物品准备	毛巾若干条、洗脸盆2个、一次性塑料袋2个、物料碟、洁面巾、酒精棉球、棉片、棉棒、镊子、调膜棒、调膜碗、痤疮针、修眉工具、刮痧板、拨筋棒、免洗消毒凝胶	15分	
	仪器准备	用品用具(包括2台仪器:离子喷雾仪和超声波美容仪)	5分	

(续表)

任务	流程或类别	评分标准	分值	得分
护理产品准备（55分）	洁面产品	洁面乳/霜/皂/啫喱的分类识别	5分	
		洁面产品的作用	5分	
	卸妆产品	卸妆油/液的分类识别	5分	
		卸妆产品的作用	5分	
	爽肤水	爽肤水分类识别	5分	
		爽肤水的作用	5分	
	按摩膏	按摩膏的识别与作用	5分	
	膜粉	膜粉的分类识别	5分	
	面霜产品	乳、霜、啫喱的分类识别	5分	
		面霜类产品的作用	5分	
	防晒产品	防晒产品的分类识别和作用	5分	
工作区整理（5分）	规整性	物品、工具、工作区整理干净	3分	
	安全性	仪器断电、清洁、摆放规范	2分	
产品选择（15分）	准确性	能根据不同皮肤类型来选择合适的产品、工具、仪器	15分	
总分			100分	

练一练

1. 两人一组，相互检查对方推车上的物品，并说出美容工具的具体作用。
2. 两人一组，互相为对方准备产品、工具，并互相实施护理项目，体验产品和工具的作用。

想一想

1. 基础产品和工具的基本用途。
2. 面部护理产品的分类及使用目的。

（成 霞 黄一虹）

学习活动二 认识皮肤生理结构

学习目标
1. 通过观察皮肤结构的图示、模型,掌握皮肤的组织结构。
2. 正确分析皮肤的功能特点。
3. 进一步建立"结构与功能相适应"的生物学观点。

情景导入

王女士在西藏之旅后,自觉面部黄褐色斑点增多,且眼周较干,细纹增加了不少。因此她十分苦恼,想通过美容护理方法改善以上问题。美容顾问详细询问了王女士在旅游期间的日晒、自身防护等情况,结合目前观测到的皮肤情况,进行综合分析,认为这是皮肤暴晒后引起的皮肤光老化问题。那么皮肤可以暴晒吗?通过皮肤生理结构的学习,就可以得出答案。

活动分析

关于"皮肤生理结构"的学习,应尽量借助可视化的挂图、模型等直观教(学)具,有条件的话,还可以观察人体皮肤的生理切片。在理解皮肤结构的基础上,学习"皮肤的功能",强调结构与功能的特殊性(如:皮肤可以防止细菌侵入是因为皮肤表面有数层已经角质化的细胞构成)。

相关知识

一、皮肤的结构

皮肤从外到内分为表皮层、真皮层和皮下组织三部分。皮肤附有毛发、皮脂腺、汗腺等附属器,其间分布着丰富的神经、血管、淋巴管和肌肉(图1-2-1)。

1. 表皮层 表皮层是皮肤的最外层,主要由角质形成细胞、黑素细胞、朗格汉斯细胞等构成。角质形成细胞是表皮的主要细胞,占表皮细胞的80%以上。表皮由内到外又可分为五层:基底层、棘层、颗粒层、透明层、角质层。其中尤以基底层和角质层最为特殊,基底层也称为生发层。外用化妆品后,其有效成分可渗透角质层,发挥作用。角质层和皮脂膜一起构成皮肤的天然屏障,成为皮肤的最外层防线。

单元一　美容美体基本知识

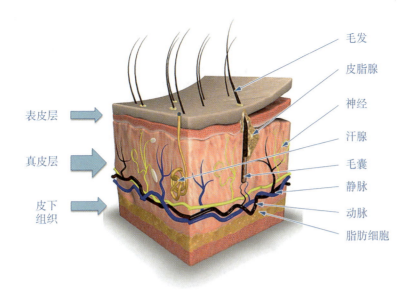

图 1-2-1　皮肤结构分层示意

2. 真皮层　真皮层位于表皮和皮下脂肪组织之间,主要由胶原纤维、网状纤维、弹力纤维、细胞和基质构成。常见的皮肤老化主要表现为真皮的改变,正常情况下,胶原纤维和弹力纤维交织成网,保持肌肤的弹性。但在紫外线等外界环境的影响下,胶原纤维和弹力纤维会受损和断裂,导致真皮网状结构塌陷,皮肤逐渐变得松弛出现皱纹(图1-2-2)。

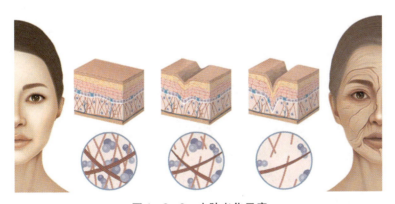

图 1-2-2　皮肤老化示意

3. 皮下组织　皮下组织位于真皮下方。它具有保温和缓冲机械冲击、保护内脏的作用。皮下脂肪层内含大量脂肪细胞,成年以后才发胖的一般是脂肪细胞储藏多余脂肪变大造成的。人体脂肪分为浅层(皮下脂肪)和深层(深层皮下脂肪和内脏脂肪组织)(图1-2-3)。

二、皮肤的功能

皮肤的每层结构都承担着不同的使命,它们共同

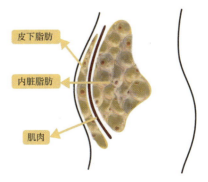

图 1-2-3　皮下脂肪示意

维系着健康的皮肤环境。表皮的生命活动在皮肤屏障的形成中起关键作用,而真皮和皮下组织对维持皮肤的丰盈和弹性起着举足轻重的作用,神经、血管等则起到连接体内体外、调节内外物质的流通以及接受和传递与其他生物之间信号的作用。只有了解皮肤的结构和功能,才能帮助我们制定解决各种皮肤问题的有效方案。

> **知识链接**
>
> 角质层的功能
>
> 角质层与我们日常的美容护肤最为密切,具有五大功能。
> (1)保护功能:角质层的角蛋白和脂质,紧密有序地排列,能抵御外界各种物理、化学和生物性因素对皮肤的伤害。
> (2)防晒功能:可吸收和反射紫外线,主要是中波紫外线,因此具有防晒功能。
> (3)吸收功能:它是皮肤吸收外界物质的主要部分,占皮肤全部吸收能力的90%以上。
> (4)保湿功能:正常角质层中的脂质、天然保湿因子使角质层保持一定含水量,具有保湿功效。

> **知识链接**
>
> 皮脂膜:天然的弱酸性保护膜
>
> 在角质层外,皮肤最外层还有一层透明、肉眼无法看到的保护膜,叫做皮脂膜。皮脂膜并不是皮肤的结构,它是由皮脂腺分泌出来的油脂、角质细胞产生的脂质及从汗腺里分泌出来的汗液,乳化后在皮肤表面形成的一层膜。皮脂膜的作用主要表现在以下几个方面。
> (1)屏障作用:皮脂膜是皮肤锁水最重要的一层,能够锁住皮肤水分,防止水分过度蒸发,使皮肤的含水量保持在正常状态。
> (2)润泽皮肤:皮脂膜中的脂质部分有润滑和滋养皮肤的作用,皮脂膜中的水分可使皮肤保持一定的湿润,防止干裂。
> (3)抑菌作用:皮脂膜的pH值在4.5~6.5,呈弱酸性。这样的弱酸性环境能抑制细菌等微生物的滋生,对皮肤有自我净化的作用,由于皮脂膜的这一特性,被称为皮肤的第一层免疫层。

活动实施

第一步:AR数字成像探究(请扫二维码,通过AR立体成像,观测结构,做好记录)。
第二步:知识巩固练习,依据任务中的相关知识,完成图1-2-4中知识点的填充。

皮肤结构
立体成像

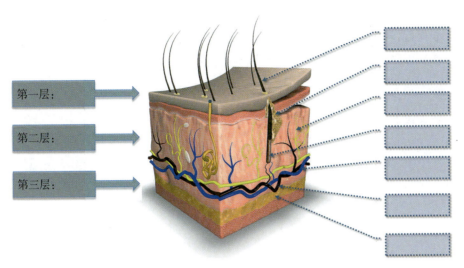

图 1-2-4　皮肤结构知识巩固练习

第三步：思考常见皮肤问题产生的成因、表象，把以下知识内容对应串联（图 1-2-5，参考答案请扫二维码）。

参考答案

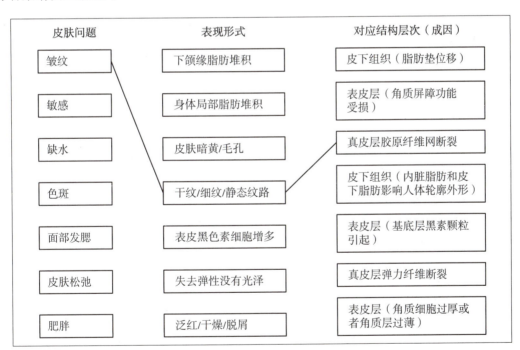

图 1-2-5　常见皮肤问题的表现形式及成因

 活动总结

皮肤是人体的最大器官和天然屏障。健美的皮肤是指人体皮肤在结构、生理功能、心理过程和社会适应等方面都处于健康状态，是向外界释放各种美感信息的重要器官之一。美

容美体项目的科学开展可以保护和促进皮肤生理功能的发挥。因此,学习皮肤生理结构,不论是对皮肤保健,还是选择化妆品、护理项目等都是必要的,只有正确认识皮肤的构造、功能、类型,才能科学护肤,合理指导顾客进行居家保养。

 活动评价

该任务建议通过理论测试题或图1-2-5练习方式进行测评。

 练一练

结合皮肤生理学知识,对屏障功能受损性皮肤问题进行原因分析,并且指出所在皮肤层次。

 想一想

1. 皮肤真皮层衰老引起的皮肤问题有哪些具体表现?
2. 如果顾客告诉你皮肤难以吸收护肤产品的营养成分,请指出是哪里出现了问题?

(成　霞　黄一虹　李凌霄)

学习活动三　分析与诊断皮肤类型

学习目标

1. 熟悉各种皮肤的类型及其特征。
2. 通过目测、结合仪器观察和检测,能够分析与诊断皮肤的类型。
3. 在分析过程中,树立严谨的工作态度,针对较难作出判断的皮肤类型,要有反复分析、推理、判断的思辨精神。

 情景导入

　　李女士在花店工作一段时间后,面部开始慢慢地发生一系列的过敏症状,然而美容师小王却没有及时发现问题,继续给李女士实施常规的皮肤护理手段,导致过敏现象愈加严重。那么,我们如何判断皮肤的类型呢?

虽然皮肤的构造都是一样的,但是有的人的皮肤看起来光滑细腻,有的人的皮肤干燥有细纹,有的人常常油光满面。不同类型的皮肤表现的特点各不相同。要想使皮肤健康美丽就必须根据皮肤的特点进行有针对性的护理。

一、皮肤类型与特点

在美容护理中,通常将皮肤分为中性皮肤、干性皮肤、油性皮肤、混合性皮肤、痤疮性皮肤、色斑性皮肤、衰老性皮肤、敏感性皮肤几个基本类型。这些皮肤类型的特点见表1-3-1。

表1-3-1 皮肤类型与特点

皮肤类型	皮 肤 特 点
中性皮肤	(1) 肤质厚薄适中,水分含量充足,皮肤柔软、光滑 (2) 油脂分泌适中,不干不油 (3) 易上妆,上妆效果好 (4) 少瑕疵,颜色红润 (5) pH值为5.0～5.5
干性皮肤	(1) 油脂分泌少,自觉干紧 (2) 肤质薄、细腻,毛孔不明显 (3) 易出现皱纹、色斑,易松弛,但不易长痤疮 (4) 易上妆,不易脱妆 (5) pH值为5.5～6.5
油性皮肤	(1) 肤质较厚,毛孔明显 (2) 皮脂分泌旺盛,皮肤油腻 (3) 皮肤光亮,上妆后易脱妆 (4) 不易长皱纹,易生痤疮 (5) pH值为4.5～5.0
混合性皮肤	(1) 兼具干性和油性皮肤的特点,"T"区(前额、鼻部、嘴周、颏部)一般呈油性特征;"V"区(两颊、眼部、颈部)呈中性或干性特征 (2) 夏季偏油,冬季偏干 (3) pH值呈两种表现
痤疮性皮肤	(1) 多见于年轻人 (2) 主要表现为白头、黑头、粉刺、炎性丘疹、脓疱等多形性皮损等特点 (3) 皮肤油腻、毛孔粗大
色斑性皮肤	(1) 黑色素在皮肤上不均匀分布形成的局部色素沉着、大小形状不一,如雀斑、黄褐斑等 (2) 经常发生在脸颊、颧骨、眼周、鼻翼处等,单侧或者对称发生
衰老性皮肤	(1) 皮肤组织功能衰退,皮肤变薄、角质层增厚以及色素增加 (2) 皮肤因缺水而干燥粗糙,缺少弹性,出现松弛、下垂和皱纹

(续表)

皮肤类型	皮肤特点
敏感性皮肤	(1) 敏感性皮肤对外来的过敏源,如花粉、尘埃、强紫外线光照射等过度敏感,易发生红斑或皮肤红肿发痒现象 (2) 皮肤表皮薄,油脂分泌少,比较干燥、微血管明显

知识链接

皮肤类型会发生变化吗?

皮肤类型可能会随着年龄、季节、地域、护肤方法不同而变化的。例如,在儿童时期,皮肤多以中性或干性为主,进入青春期,部分人会向油性、混合性转变。随着年龄增长,皮脂分泌会减少,肌肤会向少油的混合性、干性肌肤转变。若服用某些药物,如维A酸,会强烈抑制皮肤油脂分泌,油性肌肤会向中性、混合性或敏感性肌肤转变。冬季皮肤油脂分泌减少,夏季皮肤油脂分泌增多,所以油性和混合性肌肤冬季会向中性、混合偏干性肌肤转变。夏季是中性、混合性肌肤,到冬季可能转为偏干性肌肤。南方地区中性肌肤的人到了北方,可能会因皮脂分泌不足而变为干性肌肤(缺水),所以,这种肤质的人在南方时可能不需要特别保湿,在北方保湿却成为护理重点。

人的皮肤类型不是一成不变的,所以,我们要根据自己目前的皮肤状态来选择合适的护肤品和护肤方式。

二、皮肤分析和判断方法

皮肤分析,即通过美容师的肉眼观察或借助专业的皮肤检测仪器对顾客皮肤的厚薄、弹性、光泽、湿润度、纹理、皮脂分泌情况及毛孔的大小等进行综合分析、检测,从而对皮肤的类型及存在的问题做出较为准确的判断。

准确的皮肤分析是制定正确护理方案和实施护理计划的基础。通过皮肤分析,可以帮助顾客正确客观地认识自己的皮肤,进而接受服务;也可以了解护理的效果,体现个性化服务,增强顾客对美容护理的信心。

1. 目测法 目测法是美容师肉眼对顾客皮肤进行观察、判断的方法。

(1) 前提条件:①在自然光下或白炽灯光下观察;②顾客须卸妆,并用洗面奶清洁面部,吸干水分,10分钟后再接受观察。

(2) 观察重点:直接用肉眼观察判断皮肤的基本情况,也可用拇指和食指在局部做推、捏、按摩动作,仔细观察皮肤毛孔、弹性及组织情况,或用手指掠过皮肤,感觉其粗糙、光滑、柔软及坚硬程度。

2. 美容放大镜灯观察法 这是借助放大镜灯来观察、分析皮肤的方法(美容放大镜灯观察法视频请扫二维码)。

(1) 前提条件:①顾客卸妆、洁肤后,采取坐位或仰卧位,用棉片遮住眼睛;②放大镜面与顾客的面部平行,不要有角度,有序观察皮肤。

(2) 观察重点:着重观察皮肤纹理、毛孔状态、粉刺性质、面部瑕疵。

美容放大镜灯观察法

1) 皮肤纹理：细腻或粗大，是否形成皱纹。
2) 毛孔状态：毛孔大小，毛囊口是否有"死皮"堆积。
3) 粉刺性质：白头粉刺是否发红，黑头粉刺大小，皮脂栓的深浅；是否有脓疱。
4) 面部瑕疵：斑、痣的大小、颜色的深浅，是否凸出皮肤。

3. 伍德灯检测法 伍德灯又称伍氏灯，也经常被称作滤波紫外线灯，它通过含氢化镍之滤片而获得 320～400 nm 长波紫外线，是根据不同皮肤对紫外线吸收和反射的差异为原理制成的。可用来判断皮肤的类型。

(1) 前提条件：①顾客卸妆、洁肤，待紧绷感消失后，采取坐位或仰卧位，并闭上双眼或用棉片遮住眼睛；②伍德灯检测要在黑暗环境下操作。

(2) 观察重点：不同类型的皮肤在紫外线照射后会反射出不同的颜色，如表 1-3-2 所示。

表 1-3-2 伍德灯下皮肤表现

皮肤状态	伍德灯下呈现	皮肤状态	伍德灯下呈现
中性皮肤	青白色	皮脂部位	橙黄色
油性皮肤	青黄色	化脓部位	淡黄色
干性皮肤	青紫色	色素沉着部位	褐色、暗褐色
超干性皮肤	深紫色	表面老化角质	悬浮的白色
敏感皮肤	紫色	化妆品的痕迹或灰尘	亮点

4. 智能皮肤检测 皮肤分析仪是一种电子设备，通过光学高清摄像头、聚焦镜及特殊视频分析软件等来观察和分析皮肤状况。可以用来检测色斑、皱纹、痤疮等皮肤问题(图 1-3-1)。

图 1-3-1 智能皮肤检测仪

活动实施

我们通过观察 AR 皮肤模型、真人实践等练习来进一步掌握各种类型皮肤特点。

1. 第一步：AR 数字成像探究皮肤类型与特征

请扫表 1-3-3 中二维码进入小程序，通过 AR 立体成像，观测特征，做好记录。

表 1-3-3 皮肤类型特征记录表

序号	皮肤类型	扫二维码进入小程序	使用小程序对准识别图	观察并记录皮肤特点
1	中性皮肤			

（续表）

序号	皮肤类型	扫二维码进入小程序	使用小程序对准识别图	观察并记录皮肤特点
2	痤疮性皮肤			
3	色斑性皮肤			
4	衰老性皮肤			

2. 第二步：两人一组，进行真人实践 通过目测法，结合皮肤检测结果分析，判断对方皮肤的类型，并进行记录。

3. 第三步：观看敏感性肌肤的案例，进行讨论 拓展性地学习一下敏感肌肤如何保养，可以邀请有经验的美容师、企业带教老师来讲一讲。

李女士属于敏感性皮肤。这种类型皮肤应远离过敏源，并做好日常防护保养。

（1）敏感性肌肤角质层浅薄，不能够锁住足够的水分，往往会导致皮肤干燥，建议日常加强保湿，洁面后可使用温和的保湿喷雾、保湿乳等。

（2）建议停用一切功效性护肤品，一定要选择温和有效的敏感肌护肤品。避免过度清洁皮肤。

（3）对于敏感性肌肤要注意做好防晒工作，外出要佩戴遮阳伞、遮阳帽，涂抹防晒霜。

（4）不熬夜，保证充足睡眠。

4. 第四步：团队总结 谈一谈目测法、放大镜观察法、伍德灯检测法、智能皮肤检测仪方法的特点和侧重点。每种皮肤检测方式检测重点不同。

（1）目测法：重点观察面部肤质、皮肤光泽度、毛孔大小、皮肤湿润度、皮脂分泌情况等，来判断皮肤状态。

（2）放大镜观察法：重点观察皮肤的纹理和毛孔状态来判断皮肤状态。

（3）伍德灯检测法：不同类型的皮肤在灯下会呈现出不同的颜色从而能够了解皮肤表层和深层的组织分布情况。伍德灯检测法也用于鉴别一些肉眼难以分辨的色素障碍性皮肤病。

（4）智能皮肤检测仪：不仅可以检测出暴露在皮肤表面的问题，还能够显示出隐藏在皮肤基底层的问题。有些难以用肉眼辨识的皮肤问题，通过智能皮肤检测仪，可以使深层皮肤问题可视化，便于提前预警和正确判断皮肤问题。

 活动总结

通过有效的分析手段，帮助准确判断皮肤状况，并成为我们制定皮肤护理方案的依据。我们在判断和分析的过程中要秉持严谨、务实的作风，尊重科学，用客观的数据支撑主观判断，确保判断的精准性。

 练一练

同学两人一组，借助智能皮肤检测仪器相互分析及判断组员的皮肤类型。

 想一想

1. 哪种皮肤类型是最理想的？
2. 通常进行皮肤检测的前提条件是什么？

（薛久娇　李凌霄）

学习活动四　熟悉美容经络与腧穴

学习目标

1. 通过经络腧穴的系统化学习，了解美容经络的走向及气血运行的规律。
2. 能够准确找到美容腧穴的定位，并熟悉腧穴的作用功效，为后续技能模块提供理论基础。
3. 培养严谨求实、认真仔细的工作态度，为顾客提供专业、恰当的护理指导及居家护理建议。
4. 对传统文化有传承和创新的责任和使命。

情景导入

30多岁的女顾客杜某在美容院进行面部皮肤护理,美容师点按面部腧穴时,杜女士觉得很舒适。杜女士较为关注眼部抗衰美容,咨询美容师能否日常居家按摩眼周腧穴,以改善眼部细纹,请美容师选择合适的腧穴并给出相应护理建议。

 活动分析

美容经络腧穴是进行美容按摩的理论基础,顾客在护理过程中经常会咨询自我保养方法,所以一个合格的美容师除了熟练掌握技能操作,也一定要注重基础理论知识的积累。要了解经络的走行,熟悉腧穴的定位,并且在学习过程中反复记忆,并在人体上进行找穴练习。

从中医的角度来看,面部经络纵横分布,眼周美容腧穴众多,通过点按腧穴的方式,如瞳子髎穴、睛明穴、攒竹穴、承泣穴、丝竹空穴等穴位,能促进眼周气血运行,改善眼周细纹等问题。

 相关知识

一、美容经络

1. 经络　《黄帝内经》记载:"经脉者,所以行血气而营阴阳,濡筋骨,利关节者也。"说明经络具有调和气血、平衡阴阳、滋养筋骨的功能。通过按摩、推拿等操作,能有效疏通经络、调理气血,从而达到美容养颜、塑形美体的目的。

经络是运行气血、联络脏腑体表、贯穿上下的通路,包括经脉和络脉。其中经脉为主干,分别有十二经脉及奇经八脉,络脉为旁支,分别有十五别络、孙络及浮络。

> **知识链接**
>
> 经脉分类及其名称
>
> 1. 十二经脉
> (1) 手三阴经:手太阴肺经、手厥阴心包经、手少阴心经。
> (2) 手三阳经:手阳明大肠经、手少阳三焦经、手太阳小肠经。
> (3) 足三阳经:足阳明胃经、足少阳胆经、足太阳膀胱经。
> (4) 足三阴经:足太阴脾经、足厥阴肝经、足少阴肾经。
> 2. 奇经八脉
> 奇经八脉包括督脉、任脉、冲脉、带脉、阳维脉、阴维脉、阴跷脉、阳跷脉。

2. 面部经脉分布及其规律　面部气血充盈,经络分布丰富,共有9条经脉交叉贯穿分布,其中面部正中线走行任、督二脉,正中线两侧走行足太阳膀胱经、足阳明胃经、手阳明大肠经、手太阳小肠经、足厥阴肝经,面部耳侧面走行手少阳三焦经、足少阳胆经。

二、美容腧穴

1. 腧穴 腧穴是人体脏腑经络之气输注于体表的部位,能输注脏腑经络气血,并且沟通体表与体内脏腑的联系。

2. 美容腧穴的分类

(1) 十四经穴,是指十四经脉(十二经脉、任督二脉)所属的穴位,有固定的名称、具体的定位、相对固定的主治作用,绝大多数的美容腧穴中都属于此类。

(2) 奇穴,是指除十四经穴以外,既有固定的名称,又有具体的定位,也有相对固定的主治,是经验效穴。

(3) 阿是穴,是指那些没有明确定位的穴位,也被称为"不定穴"或"天应穴"。这些穴位的位置不确定,需要根据阳性反应点进行刺激,具有一定的灵活性和适应性。

3. 美容腧穴的作用 美容腧穴主要通过刺激人体特定部位,疏通经络、调理气血,从而达到调整机体平衡、维护健康的作用。

具体而言,美容腧穴可以通过按摩等方式,改善面部血液循环,增加皮肤弹性光泽,改善皮肤质量,减少皱纹和色斑等皮肤问题。同时,美容腧穴还可以调节内分泌系统,改善睡眠质量,缓解压力和紧张焦虑等身体亚健康状态。

一、第一步:腧穴的定位方法

1. 骨度分寸法 以解剖结构为主要标志,测量各部的长度,并依其比例折算尺寸,可参考表1-5-1。两人在人体身上进行演练,一人作为模特,另一人进行测量标注。

表1-5-1 骨度分寸表

部位	起止点	长度(寸)
头部	前两额头角之间	9
	耳后两乳突之间	9
胸腹部	胸骨上窝至胸剑联合	9
	胸剑联合中点至脐中	8
	脐中至耻骨联合	5
	乳头至前正中线	4
背部	肩胛骨内缘至背正中线	3
上肢部	腋前(后)横纹至肘横纹	9
	肘横纹到腕掌(背)侧横纹	12
下肢部	耻骨联合上缘到股骨内上髁上缘	18
	胫骨内侧髁下缘到内踝尖	13
	股骨大转子到膝中	19
	膝中到外踝尖	16

2. 手指同身寸 以本人手指部位折定分寸,作为量取穴位的长度单位。参照图1-5-1的方法,进行自我测量。

(1) 拇指同身寸:用本人拇指指关节的宽度作为1寸。

(2) 横指同身寸:食指、中指、无名指和小指者四指并拢,以中指中节横纹处为准,四指横量作为3寸。

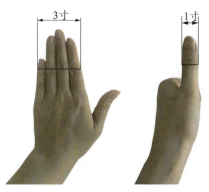

图1-5-1 手指同身寸示意

二、第二步:标注面颊部美容腧穴

请两人互相在对方面颊部标注美容腧穴,可选安全的化妆品,如口红等产品来标识别。

1. 面部腧穴(上部) 学习表1-5-2,完成面颊上部腧穴的选取,并掌握对应的主治作用。

表1-5-2 面部腧穴(上部)

名称	定位	主治
印堂穴	在面部,两眉头连线中点	头痛、抬头纹明显、肤色暗沉等
攒竹穴	在面部,眉头凹陷处	眼睑下垂、迎风流泪、视疲劳等
鱼腰穴	在面部,瞳孔直上,眉毛中央	面部皱纹、眼睑下垂等
阳白穴	在面部,眉毛中央上1寸	皮肤蜡黄、痤疮、额头皱纹等
丝竹空穴	在面部,眉梢凹陷处	眼干涩、眼皮跳动、眼周皱纹等
太阳穴	头部侧面,眉梢和外眼角中间向后一横指凹陷处	眼部水肿、鱼尾纹、头痛等

核对腧穴标识位置是否准确,可参考图1-5-2。

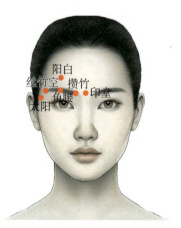

图1-5-2 面部腧穴(上部)示意

2. 面部腧穴(中部) 学习表1-5-3,完成面颊中部腧穴的选取,并掌握对应的主治作用。

表 1-5-3 面部腧穴(中部)

名称	定位	主治
睛明穴	在面部,眼内眦角稍上方凹陷处	视疲劳、眼睑下垂、眼角皱纹等
瞳子髎穴	在头部,目外眦外侧 0.5 寸凹陷中	眼袋、鱼尾纹、视疲劳等
球后穴	在面部,眶下缘外 1/4 与内 3/4 交界处	眼部红肿、去眼袋、视疲劳等
承泣穴	在面部,瞳孔直下,当眼球与眶下缘之间	结膜炎、近视、眼袋松弛等
四白穴	在面部,瞳孔直下,眶下孔处	眼部皱纹、肤色暗沉等

核对腧穴标识位置是否准确,可参考图 1-5-3。

图 1-5-3 面部腧穴(中部)示意

3. 面部腧穴(下部) 学习表 1-5-4,完成面颊下部腧穴的选取,并掌握对应的主治作用。

表 1-5-4 面部腧穴(下部)

名称	定位	主治
巨髎穴	在面部,瞳孔直下与鼻翼平齐,颧骨下缘中点稍外侧凹陷处	口角下垂、法令纹、齿痛等
地仓穴	在面部,口角外侧延长线的凹陷处	
颧髎穴	在面部,目外眦直下,颧骨凹陷处	
迎香穴	在面部,鼻翼外缘中点与鼻唇沟的中间	鼻塞、流涕、法令纹等
鼻通穴	在鼻部,鼻骨下凹陷中,鼻唇沟上端尽处	
水沟穴	在面部,人中沟的上 1/3 与下 2/3 的交点处	晕厥、中暑等
承浆穴	在面部,颏唇沟的正中凹陷处	双下巴、颈纹、龈肿等

核对腧穴标识位置是否准确,可参考图 1-5-4。

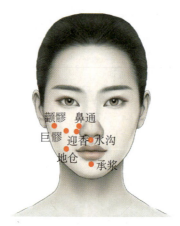

图 1-5-4 面部腧穴(下部)示意

三、第三步:标注肩颈部美容腧穴

两人一组互相在对方肩颈部标注美容腧穴,可选择安全的化妆品,如口红等产品来标识别。学习表 1-5-5,完成肩颈部腧穴的选取,并掌握对应的主治作用。

表 1-5-5 肩颈部腧穴

名称	定位	主治
风池穴	颈部,当枕骨之下,胸锁乳突肌与斜方肌上端之间的凹陷处	头晕、头痛、颈部酸痛、神经衰弱、失眠等
风府穴	颈部,后发际正中直上1寸,枕外隆凸直下,两侧斜方肌之间的凹陷中	
大椎穴	颈部,第7颈椎棘突下凹陷中,低头时在颈部后侧凸起的高点	中暑、感冒、颈部酸胀、面部色斑等
肩井穴	在肩部,前直乳中,当大椎穴与肩峰端连线的中点	肩背痛、上肢酸痛、产乳缺乳等

核对腧穴标识位置是否准确,可参考图 1-5-5。

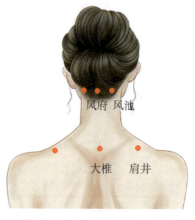

图 1-5-5 肩颈部腧穴示意

四、第四步：标注胸腹部美容腧穴

两人一组互相在对方腹部标注美容腧穴，可选择安全的化妆品，如口红等产品来标识别。学习表1-5-6，完成胸腹部腧穴的选取，并掌握对应的主治作用。

表1-5-6 胸腹部腧穴

名称	定位	主治
膻中穴	在胸部，前正中线上，平第4肋间，两乳头连线的中点	胸闷、胸痛、心悸、咳嗽、缺乳等
乳根穴	在胸部，乳头直下，第5肋间隙，距前正中线4寸	
期门穴	在胸部，乳头直下，第6肋间隙，距前正中线4寸	胸胁胀痛、呕吐、呃逆等
中脘穴	在腹部，前正中线上，脐中上4寸	腹胀、泄泻、消化不良、肥胖等
神阙穴	在腹部，脐中央	
天枢穴	在腹部，脐中旁开2寸	

核对腧穴标识位置是否准确，可参考图1-5-6。

图1-5-6 腹部腧穴示意

五、第五步：标注背腰部美容腧穴

两人一组互相在对方背腰部标注美容腧穴，可选择安全的化妆品，如口红等产品来标识别。学习表1-5-7，完成背腰部腧穴的选取，并掌握对应的主治作用。

表1-5-7 背腰部腧穴

名称	定位	主治及功效
天宗穴	肩胛区，肩胛骨中央，肩胛冈与肩胛下角连线中上1/3处	肩颈不适等
肺俞穴	背部，第3胸椎(T3)棘突下，后正中线旁开1.5寸	内调脏腑，美容美体
心俞穴	背部，第5胸椎(T5)棘突下，后正中线旁开1.5寸	
肝俞穴	背部，第9胸椎(T9)棘突下，后正中线旁开1.5寸	
脾俞穴	背部，第11胸椎(T11)棘突下，后正中线旁开1.5寸处	
肾俞穴	腰部，第2腰椎(L2)棘突下，后正中线旁开1.5寸处	

核对腧穴标识位置是否准确,可参考图1-5-7。

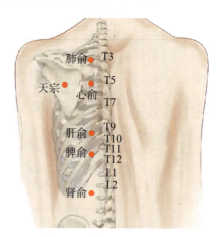

图1-5-7 背腰部腧穴示意

六、第六步:标注四肢部美容腧穴

两人互相在对方四肢部标注美容腧穴,可选择安全的化妆品,如口红等产品来标识别。学习表1-5-8,完成四肢部腧穴的选取,并掌握对应的主治作用。

表1-5-8 四肢部腧穴

名称	定位	主治
曲池穴	肘部,肘横纹外侧端,屈肘,当尺泽与肱骨外上髁连线的中点	手臂不举、肘腕疼痛等
臂臑穴	上臂外侧,三角肌止点处,当曲池与肩髃连线上,曲池上7寸	手臂粗壮、颈肩不适等
手三里穴	前臂桡侧,当曲池与阳溪的连线上,曲池下2寸	
足三里穴	小腿前外侧,当犊鼻下3寸,距胫骨前缘一横指(中指)	胃痛、腹胀、便秘等
丰隆穴	小腿前外侧,当外踝尖上8寸,距胫骨前缘二横指(中指)	痰多肥胖、下肢粗壮等

核对腧穴标识位置是否准确,可参考图1-5-8。

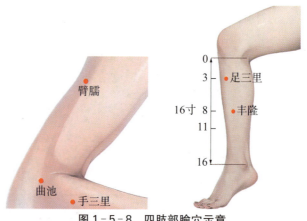

图1-5-8 四肢部腧穴示意

练一练

同学两人一组,进行腧穴辨识训练。

(1) 根据面部 AR 所示腧穴位置(请扫二维码和图片),相互说出具体腧穴名称。

(2) 用点穴笔将上述腧穴在人体上标记出来,同时点按腧穴,感受是否有酸胀感。

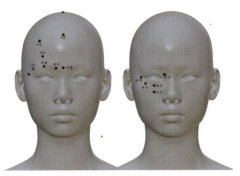

面部腧穴位置 AR

 活动评价

熟悉美容经络与腧穴任务的考核评分标准见表 1-5-9。

表 1-5-9 熟悉美容经络与腧穴考核评分标准

类别		评分标准	分值	得分
经络考核 (15 分)	经络名称	口述并书写名称正确,阴阳脏腑一一对应,无错别字	10 分	
	经络分布	能口述面部经络大致分布规律	5 分	
腧穴考核 (85 分)	腧穴定位法	能准确在人体上指明骨度分寸及手指同身寸	10 分	
	面部美容腧穴	能准确在人体上指出腧穴具体所在位置	10 分	
		能口述美容腧穴相对应的主治	5 分	
	肩颈部美容腧穴	能准确在人体上指出腧穴具体所在位置	10 分	
		能口述美容腧穴相对应的主治	5 分	
	胸腹部美容腧穴	能准确在人体上指出腧穴具体所在位置	10 分	
		能口述美容腧穴相对应的主治	5 分	
	背腰部美容腧穴	能准确在人体上指出腧穴具体所在位置	10 分	
		能口述美容腧穴相对应的主治	5 分	
	四肢部美容腧穴	能准确在人体上指出腧穴具体所在位置	10 分	
		能口述美容腧穴相对应的主治	5 分	
总分			100 分	

想一想

1. 在居家护理过程中,哪些腧穴需要谨慎按摩?
2. 请思考经络学说在美容中的应用,并举例说明。

(陈芸芸 李凌霄)

单元二　美容美体服务准备

单元介绍

　　本单元依据美容门店的标准化服务流程，基于实际的工作场景，设置了美容美体服务前的准备工作，包括环境准备、消杀准备、接待准备和物品准备。培养学习者在服务过程中，关注服务环境的卫生、安全和舒适度，规范、科学地使用服务用品，从而提升综合服务能力，体现较高的职业素养。

学习导航

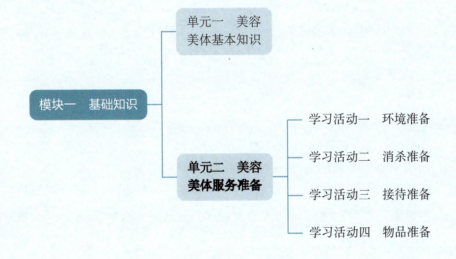

美容美体技术（第二版）

学习活动一　环境准备

学习目标
1. 掌握美容美体服务前环境布置的要求和标准。
2. 能够结合顾客在视觉、味觉等方面的需求，布置安全、卫生、舒适的环境。
3. 能够按优质的服务标准，提前做好环境布置。确保顾客在安全、卫生、舒适的环境中体验服务。培养全过程、各环节提升品质的服务意识。

 情景导入

美容师小谷休假期间，常客郝女士前来美容，前台经询问与协调，安排了小贾为其服务。尽管小贾手法娴熟，郝女士却因房间灯光过亮及熏香不合喜好，体验欠佳，遂向店长表达了偏好小谷服务的意愿。小谷返岗后，小贾全程观摩了她为郝女士服务的过程，从中汲取了宝贵经验，实现了技能与服务细节的提升。

活动分析

美容护理房间的精心准备，是高品质服务的开始，每一个细节都会给顾客带来不同的感受，这些细节更能体现经营者的用心，也将赢得顾客的认可。

每一位顾客对于服务环境的要求及适应性不同，有些顾客怕冷，有些顾客怕热，有些顾客需要在服务过程中听轻音乐得到放松，也有些顾客对光线、气味敏感，喜欢较为幽暗的、略有香味的休息环境。这样，就需要我们在服务前对顾客的习惯及爱好有所了解，帮助我们在温度、光线、视觉和声觉感官等方面考虑周全，细心布置，以体现服务品质。

相关知识

为达到提供安全、卫生、舒适的环境，我们可以通过调节护理房间的温度、灯光、视觉、气味、安全等进行准备。

一、适宜的室温

一般情况下，人体感觉比较舒适的室内温度是25℃。在这个温度下，身体内的毛细血管舒张平衡，通常没有明显的冷热感。当然，由于顾客的温度体验会受到一些外界因素影响，因此要根据实际情况进行调节。一般情况下，需要提前15～20分钟开启护理间的空调，以保障顾客进入护理间时,温度适宜。

> **知识链接**
>
> 影响温度体感的因素
>
> 1. 环境因素:人体的温度会随季节变化而有所不同,比如夏季人体比较舒适的温度较高,冬季相对来说较低。
> 2. 运动因素:运动状态下,人体的舒适温度要求低一些,因为运动会使机体产生热量导致机体发热,所以刚运动完的顾客,舒适温度要求会低一些。
> 3. 年龄因素:老年人由于基础代谢率降低,舒适温度要求高一些,而年轻人舒适温度要求低一些。
> 4. 性别因素:女性基础代谢会比男性低,要求的舒适温度比男性会高一些。

二、舒适的灯光

一般护理服务都是在室内进行,使用不同的灯光,可以带来不一样的体验。冬天一般会开暖色光,给人温暖、柔和的感受(图2-1-1);夏天可以采用冷色光,让人感到安静、凉爽、通透(图2-1-2)。

图2-1-1 暖色光美容护理室

图2-1-2 冷色光美容护理室

顾客进入房间时,灯光可以明亮一些。但在顾客护理的过程中,可以把灯光调暗,让顾客更好地休息、放松。

> **知识链接**
>
> 色彩心理效应
>
> 1. 暖色光:暖橙色、淡黄色等,象征着太阳、火焰,让人感到温暖、温馨、舒适。
> 2. 冷色光:青绿色、浅蓝色等,象征着森林、天空、大海,让人感到平静和清凉。

三、悦耳的音乐

据科学研究证实,聆听平和舒缓的音乐有助于减轻精神压力,缓解身心疲劳,对促进身心健康具有积极作用。鉴于此,美容机构通常在公共区域及护理室内播放柔和的钢琴曲,旨在营造宁静舒适的氛围。近年来,伴随大众审美趋向多元化,尤其是对传统民族音乐的兴趣日益浓厚,美容场所可根据顾客的个性化需求,精选古筝、琵琶、二胡等传统乐器演奏的曲目,以进一步提升顾客的感官体验与满意度,营造更具文化韵味与情感共鸣的服务环境。

四、怡人的气味

怡人的味道可以舒缓人们紧张的情绪,让顾客尽快进入一个身心放松的状态,所以美容服务场所一般都会使用鲜花、精油、檀香等来进行空间的气味管理。因此,精心的气味布置也是体现高品质服务不可忽视的一个环节。

除了公共空间的气味管理外,护理间也需要香味布置。一般情况下,我们在基本信息采集表中可以获得关于顾客喜好的信息,可以根据顾客的个人倾向来布置气味,如有些顾客喜欢水果的味道,有些顾客喜欢植物的味道,也有顾客喜欢某个品牌的香水味道。

> **知识链接**
>
> 门店气味管理基本要求
>
> 1. 门店不得出现来自下水道、食物、装修材料等散发的异味。
> 2. 员工在服务当天不吃榴莲、大葱、大蒜、酸辣粉、酸菜鱼等有异味的食物。
> 3. 前台大堂统一配置香薰机,卫生间配置统一香味的喷香机,营业期间保持机器的正常使用,香薰材料使用完毕后要及时更换,香薰机统一由专业公司定期上门维护。
> 4. 新装修的门店,在达到服务营业标准后,也要配有炭包、茶叶等工具祛除余味。

五、安全的空间

在服务过程中提升品质固然重要,但给顾客提供一个安全的环境是最基本也是最重要的要求,美容师在开展服务之前需要从三个维度检查环境:首先是隐私安全,服务前必须检查门、窗帘等是否关好。其次是用电安全,检查插座或仪器的接口是否正常,避免发生漏电、断电等意外情况。最后检查床、物品台等是否存在尖锐物品,以免顾客在护理过程中不小心受伤。

活动实施

第一步:小谷对护理间提前进行了通风,然后关闭窗户和窗帘。由于天气炎热,小谷开启了冷色灯光,希望帮助顾客通过视觉感官获得比较清凉的心理感受。

第二步:郝女士比较怕热,为了提供最舒适的体验,小谷在郝女士到店前提前30分钟启动了护理间的空调,并设定24℃的温度以确保郝女士进入房间时,室温最为适宜。

第三步:郝女士近一年工作较忙,在护理过程中经常小憩一会儿,所以小谷选择了具有助眠功能的檀香作为熏香。

第四步:小谷检查了护理间的仪器、电插座等,排除用电隐患问题。

第五步:小谷接待郝女士,引导其进入护理间,交流、征求意见后,开启合适的音乐。

郝女士,室内温度可以吗?如果还觉得热,我再调节温度。

我看您特别喜欢中国民乐,这次我准备了几首经典的曲目:筝曲《渔舟唱晚》《寒鸦戏水》和笛曲《五梆子》《鹧鸪飞》,来欣赏一下吧?

结合本任务的教学目标和教学内容,模拟训练,按照标准进行布置,完成护理间的环境准备工作。

环境准备任务的考核评分标准见表2-1-1。

表2-1-1 环境准备考核评分标准

任务	评 分 标 准	分值	得分
室温(10分)	提前15~20分钟开启空调,把室温调至25℃	10分	
灯光(20分)	待客状态时,灯光全开,让顾客可以看清房间的摆设	10分	
	确定各个灯的开关可正常调节,在护理时可把灯光调暗	10分	
音乐(20分)	测试音响设备可正常工作,打开舒缓音乐,并把音量调整至合适大小	10分	
	额外准备几种风格的音乐,以备顾客选择	10分	
气味(20分)	检查房内气味是否正常,若有异味则安排换房	10分	
	确定房内的香氛设备可正常工作,提前10分钟启动香氛设备	10分	
安全(30分)	检查门窗、窗帘,确保良好,保护好顾客的隐私	10分	
	检查插座仪器的接口,确定无漏电断电等风险	10分	
	检查床上、物品台上是否存在尖锐物品,避免顾客在护理过程中不小心受伤	10分	
总分		100分	

1. 除了上述环境准备要素外,我们还能做哪些准备?

2. 冬天,顾客预约进行护理,你会提前做什么准备呢?

(吴红霞　陈雅玉　章　益)

学习活动二　消杀准备

学习目标

1. 掌握美容美体服务前消杀准备的要求和标准。
2. 能够在服务前,对服务过程中所涉及的产品、工具及个人的双手等进行规范化消毒。
3. 能够高度重视并全过程识别潜在安全风险。认识到安全、卫生的护理环境是为顾客提供优质服务的保障。

 情景导入

美容师小贾在一次规范考核中,技术导师给予考核结果不合格。原来小贾在服务前,对产品、工具进行了规范化消毒,然而对自己的双手仅仅进行了清洗,未使用75％乙醇消毒。小贾认为一点小失误可以扣分,但不至于考核结果连及格都没有达到。店长的回复是:公司实施安全规范"零容忍"制度,即一切对顾客有安全隐患的操作得分均为"零分"。接下来,小贾需要重新学习规范化消毒的相关知识和技能。

 活动分析

做好常规清洁消毒工作,为顾客提供一个安全、卫生、舒适的服务环境是美业从业人员的基本要求。服务过程中,工具和美容师的双手会直接接触顾客的皮肤,在消毒不规范的情况下,可能会威胁到顾客的健康。因此,在服务前,美容师要执行严格的清洁与消毒标准操作流程。

 相关知识

美容院消杀的内容主要包括:场域消毒、床品毛巾消毒、护理工具消毒以及美容师手部消毒等。针对不同的消毒对象,消毒的方式也不一样。

一、场域消毒

针对场域的消杀工作,常用的方式主要是紫外线消毒、臭氧消毒和熏蒸消毒。紫外线消毒可以有效杀灭细菌、病毒和真菌等微生物,臭氧消毒则可以去除空气中的异味和有害气体;熏蒸消毒则可以有效祛除空气中的细菌和病毒。不同的消毒方式适用于不同的场所,美容院可以根据实际情况选择适合的消毒方式。目前,最常用的还是紫外线灯照射10～20分钟进行消毒,但是要强调的是:紫外线照射对人体有伤害,必须在无人状态下进行消杀,紫外线灯的开关应特别标识,并做好监管(紫外线灯消毒方法请扫二维码)。

紫外线灯消毒方法

消毒的频率和方式要根据美容院的规模、服务项目和顾客数量等因素确定。一般来说,美容院每天需要进行一次全面消毒,服务项目多、顾客数量大的需要增加消毒频率。

二、床品、毛巾消毒

床品是顾客贴身使用的物品,如果床品消毒不到位,不仅会影响顾客的体验感,也容易引起皮肤过敏,所以床品及毛巾浴巾等都必须按照要求做到一客一消毒。消毒的方式有多种,可以将清洗干净的床品、毛巾分类放入紫外线消毒柜进行消毒,也可以在沸水中煮20分钟,起到有效除菌的作用。

消杀工作完成后的护理空间

三、护理工具消毒

美容工具的消毒是确保服务安全与卫生的核心环节。遵循消毒流程和消毒剂的使用指南,执行恰当的消毒程序,不仅能够有效预防感染,还能避免因使用不当而引起的潜在伤害(扫二维码查看工具消毒的正确示范)。

消毒的正确示范

消毒方法:对于小型工具(如暗疮针、镊子、拨筋棒、刮痧板),采用溶液浸泡法;对于大型或结构复杂的工具(如物料盘、导入仪),采用擦拭消毒法。

消毒流程要点有以下几方面。

(1) 彻底预清洁:消毒前,必须彻底清洁工具,去除所有残留物。

(2) 消毒剂浓度控制:严格参照消毒剂说明书,精确调配溶液浓度,确保既达到消毒效果又不对皮肤或工具造成伤害。

(3) 浸泡消毒:确保工具完全浸没于消毒溶液中,按照推荐时间进行浸泡,通常为30分钟。

(4) 擦拭消毒:使用消毒剂浸润的棉球或湿巾细致擦拭工具表面,确保每个接触点都被充分覆盖。

(5) 彻底干燥:消毒后,工具需完全干燥,避免细菌在潮湿环境中滋生。

(6) 一人一用一消毒:遵循"一人一用一消毒"的原则,避免交叉感染。

四、美容师手部消毒

美容师的双手要保持干净、卫生,指甲不能超过1 cm。在接触顾客皮肤前,需对双手进行消毒。手部消毒可以有两种方式:第一,用75%乙醇进行擦拭消毒;第二,用75%乙醇喷在手部,然后进行揉搓消毒。

活动实施

第一步:在接到任务后,提前对护理室进行消杀准备,开启紫外线灯并离开房间,15分钟后返回关闭,并切断了连接紫外线灯的总电源,这样即使误按了开关,紫外线灯也不会开启。

第二步：用七步洗手法完成双手清洁，然后去物品间取来已经消过毒的床品、毛巾和一次性拖鞋。

第三步：将护理过程中会使用的暗疮针、镊子冲洗干净后，提前30分钟在消毒液中浸泡，以备使用。

第四步：用75%乙醇的棉片，对未接电源的仪器用75%乙醇棉球进行擦拭消毒。

第五步：将刮板、调配碗等护理工具、器皿用75%乙醇棉球进行擦拭消毒，然后备上75%乙醇喷壶，用于操作前的手部消毒。

您好，我们所有的床品均已消毒，并且是一客一换的，您可以放心使用。

我们的所有护理工具均已消毒。护理前，我先用75%乙醇进行手部消毒，会有点乙醇的味道，请您勿介意。

结合本任务的教学目标和教学内容，模拟训练，按照标准对护理工具进行擦拭消毒，按照七步洗手法对双手进行揉搓消毒。

消毒准备任务的考核评分标准见表2-2-1。

表2-2-1 消杀准备考核评分标准

类别	评 分 标 准	分值	得分
床品	检查美容房的床品、毛巾、拖鞋全部已消毒	20分	
护理工具	将暗疮针、镊子等工具，按照标准使用75%乙醇进行浸泡消毒。注意要完全浸没	20分	
	将物料碟、拨筋棒、刮痧板等器皿器具，按照标准夹取75%乙醇棉球进行擦拭消毒。注意不能往返擦拭	20分	
	将仪器接触面，按照标准夹取75%乙醇棉球进行擦拭消毒。注意不能往返擦拭	20分	
双手	对双手进行揉搓消毒	20分	
总分		100分	

想一想

擦拭消毒时，为什么不能进行往返擦拭？

（吴红霞　陈雅玉　章　益）

学习活动三　接待准备

学习目标

1. 掌握美容美体服务的接待要求和标准。
2. 能够完成优质的迎宾和接待工作。
3. 能够按照要求摆放床品，呈现标准、美观、舒适的待客状态。

 情景导入

实习生小王进入美容机构需要轮岗学习接待、咨询、护理服务、电话随访等所有的服务环节。在学习一个阶段后，企业导师对她的接待准备工作做了一个综合考核。她需要接待顾客陈女士，来完成美容服务前的床品准备等相关工作。

 活动分析

接待的重点就是满足顾客的需求和期望，所以要注重服务的专业性及个性化。在服务顾客的过程中，不管是电话咨询还是护理前的接待准备、现场护理、售后跟进都需要做到一丝不苟，让顾客感受到无微不至的服务体验。

很多美容师在上岗前虽然接受了服务标准的培训，但没有树立执行标准的意识，加上工作忙碌，导致在服务标准执行中存在偏差。随着一次次自我要求的降低，慢慢变成习惯。顾客一旦发现服务标准下降后，便可能失望离开，想要再次建立良好关系则难上加难。因此，只有严格执行服务标准，才能真正做到优质服务。

 相关知识

一、美容房基础用品的摆放标准

（1）美容床和床上用品布置如图 2-3-1 所示。美容机构服务类型、内容不同，服务标准也不尽相同,床品清单与摆放标准可参考表 2-3-1。

图 2-3-1 床上用品布置

表 2-3-1 美容房的床品摆放标准

序号	类别	标准说明
1	美容床的摆放要求	摆放平稳、无松动、无异响
2	床上用品标准	无发黄、无发硬、无破损
3	标准铺床顺序	夏天:美容床→大毛巾→床头小毛巾→一次性床罩(床单)→床旗→"豆腐块"状被子 冬天:美容床→大毛巾→床头小毛巾→一次性床罩(床单)→棉被→床旗→"豆腐块"状被子
4	床上用品摆放标准	(1) 大毛巾:平铺在美容床上、露出床头洞,保持平整 (2) 床头巾:与床头洞呈正方形,毛边不外露 (3) 一次性床罩/床单:贴合美容床,保持两边对称 (4) 被子:对折平铺于床的1/2处,不使用时折成长方形抱枕放入床下储物柜 (5) 床旗:放于美容床1/3处 (6) "豆腐块"状被子放于床旗正中央
5	美容凳	房内只允许有一张美容凳,放于美容床床头洞正对下方

(2) 美容推车上摆放常用物料,摆放的原则是整齐、干净、取用方便。常见的美容推车分为三层:第一层是摆放最为常用的物料,如准备好的护理产品、消毒用品等;第二层则摆放次常用物料,如纸巾盒、手镜、刮痧板等工具;第三层则摆放最不常用物料,如插线板、小仪器等。美容推车的物料与要求如表 2-3-2 所示。摆放位置可参考图 2-3-2 和图 2-3-3。

表 2-3-2 美容推车的物料与要求

序号	物料	标准说明
1	首饰盒	无脏污
2	纸巾盒	无脏污,内含充足的纸巾
3	手镜	镜面朝下,镜面干净无印痕
4	常用易耗品,如75%乙醇棉球、棉片、棉棒、75%乙醇、发夹等	摆放整齐

(续表)

序号	物料	标准说明
5	其他,如吹风机、插线板等	干净无油渍,电源线捆绑整齐
6	仪器,如离子喷雾仪、超声波美容仪等	干净无油渍,电源线捆绑整齐

图 2-3-2 美容推车

图 2-3-3 美容推车的易耗品摆放

二、护理仪器准备

将仪器移动到美容房后,需要对仪器进行以下四方面的检查,确保其在护理过程中能正常使用。

（1）保持仪器干燥:用干布擦拭仪器、设备。
（2）检查电源:检查电源是否通电,是否漏电。
（3）调试性能:检查仪器是否正常,确保正常工作。
（4）仪器消毒:确保仪器头的接触面已经消毒。

三、饮品准备

引导顾客入座后,美容师应及时奉上一杯茶水,让顾客感到亲切、温暖,有宾至如归的感觉。茶水可以根据主题活动、季节气候变化、顾客喜好、顾客身体情况等来提供。例如,夏天提供清热解毒的菊花茶,冬天提供补血养颜的红枣茶。顾客如果是正在生理期,则可以提供红糖水。

 活动实施

第一步:按照要求将美容房的床品严格摆放好。
第二步:按照要求将推车上的物品一一摆放好,并且把上次护理残留的污渍擦掉,不留痕迹。
第三步:预约的面部护理项目会用到导入仪器,提前把仪器移动到护理房的角落,并进行了检查和消毒,以便护理时使用。
第四步:如遇顾客预约的时间接近饭点,可以提前准备一些小食,以备不时之需。

陈女士,您护理的房间已经准备好了,因为您刚下班,稍后护理时间有点长,所以我为您准备了一碗红豆沙糖水,请您先品尝。

我现在去为您准备护理的产品,您吃完后就可以进行护理了。

结合本任务的教学目标和教学内容,请按照本任务中标准进行床品的布置。

接待准备任务的考核评分标准见表2-3-3。

表2-3-3 接待准备考核评分标准

类别		评分标准	分值	得分
美容床	床品要求	清洁、无折痕、无破损	10分	
	床品摆放	(1) 大毛巾:平铺在美容床上,露出床头洞,保持平整 (2) 床头巾:与床头洞呈正方形,毛边不外露 (3) 床单:贴合美容床,保持两边对称 (4) 被子:对折平铺于床的1/2处,不使用时折成长方形抱枕放入床下储物柜 (5) 床旗:放于美容床1/3处 (6) 毛巾折成豆腐块状,放于床旗正中央	30分	
	美容凳	一张床对应一张美容凳,放于美容床床头洞正对下方	10分	
美容推车	推车物料	核心物料齐全:首饰盒、纸巾、手镜、棉片、棉棒、75%乙醇、发夹等	15分	
	推车摆放	物料摆放整齐,推车和物料干净无污渍	10分	
仪器	准备	(1) 仪器外表干燥整洁 (2) 能正常工作,无漏电断电情况 (3) 提前完成消毒	15分	
	摆放	(1) 摆放在美容房角落,不影响人员走动,移动方便 (2) 保证电线够长,配备合适的插线板	10分	
总分			100分	

想一想

1. 简述床品摆放的标准。
2. 简述仪器检查的流程。

（吴红霞　陈雅玉　章　益）

学习活动四　物品准备

学习目标

1. 掌握美容美体护理产品的调配与摆放标准。
2. 能够按照产品清单进行产品调配，规范操作。
3. 完成美容推车物料的准备，用量适宜不浪费。

情景导入

美容师小贾在实习轮岗期间，对于物料准备工作比较随意，有好几次，在美容服务完毕后，产品余留较多，存在丢弃浪费的现象。

活动分析

美容项目的实施，涉及众多产品，每个产品的使用量如果没有取量标准，会给企业核算成本带来难度。如产品用量基本一致，不但可以避免了人为因素带来的浪费，也可以促进服务的规范化。

相关知识

很多大型美容机构的调配间相当于医院的药房，设有专职人员，他们会按照标准给顾客调配产品和准备用品。

一、产品调配标准

美容顾问在顾问室设计好服务项目（相当于开出"处方"），通过系统传送到调配间，调配师接收到调配信息后，开始实行产品标准化配料和用品准备。产品量具包括：量杯、空吸管、针筒（规格有 5 mL、10 mL、20 mL、50 mL）、物料秤、量勺（量膜粉）等；用品包括洗面巾、倒膜碗、调膜棒、物料碟等。用料标准因项目的不同而存在差异,以"水芙蓉面部护理项目"为例,来学习一下用料标准(表2-4-1)。

表2-4-1 水芙蓉面部护理项目用料标准表

物料名称	编号	数量	单位
洗面巾	MH02011	1	条
深层净化洁面乳	MK03526	0.5	g
四季保湿精华	KJ055416	8	mL
水疗膜	MK06154	1	片
纯净水	CJS001	20	mL
按摩膏	HU02152	6	g
防敏修复啫喱	MK02541	1	g
提拉紧致眼精华液	JH24466	1	mL
柔肤调理啫喱	LK025101	2	mL
零岁眼贴	YT02355	1	对
水分保湿增白软膜	MM00022	35	g
补水王	LM00324	3	mL
双效补水霜	MK	3	g
HA祛皱润泽眼霜	YS03025	0.3	g
青春多重防护乳	FS00021	0.3	g

二、产品摆放标准

产品应有序、分层放置于美容推车内,如图2-4-1所示。产品独立包装、配料容器盖上盖子,按照使用顺序从左到右放至托盘内,托盘放至小推车第一层;用一次性塑料袋套好洗脸盆,装好水,将洗脸盆放至小推车第二层;第三层则可以放置较为小型的仪器。

图2-4-1 美容推车待客状态的摆放

活动实施

第一步:向美容顾问确认顾客的护理项目。

第二步:按照护理项目的配料清单准确量取产品。

第三步:将产品和其他物料按照标准要求摆放在美容推车上。

第四步：护理前向顾客说明本次护理的项目以及时长。

第五步：护理过程中，要尽量把量取的护理产品用完，如果面霜等护肤品有少许剩余，可以帮顾客涂在颈部和手部。

您本次护理的品项是水芙蓉面部护理，护理时长一共是 60 分钟。现在是 14:10，护理开始。护理将在 15:10 结束。请您舒心地享受这次护理旅程。

我们这款面霜的营养成分比较高，您的皮肤现在吸收还不是很好，如果全部涂于脸上，可能容易长闭口，所以我帮您把多余的产品涂在颈部，让颈部也得到很好的呵护。

结合本任务的教学目标和教学内容，请选用一个护理项目，并按照标准调配产品，然后将调配好的产品与其他辅助用具有序摆放到小推车上。

物品准备任务的考核评分标准如表 2-4-2 所示。

表 2-4-2　物品准备考核评分标准

类别	评分标准	分值	得分
产品取用（60分）	产品种类取用齐全	20 分	
	产品用量量取准确	20 分	
	产品量取操作规范	20 分	
物料摆放（40分）	物料准备齐全	20 分	
	物料在美容推车上摆放整齐	20 分	
总分		100 分	

想一想

1. 谈谈你对美容机构建立服务标准的认识。
2. 建立产品调配标准有什么好处？

（吴红霞　陈雅玉　章　益）

模块二

基础技能

单元三　美容美体基本手法

本单元以中医理论为指导,基于美容实际工作场景,学习美容美体的基本手法及训练方式,包括手法基本功训练、基础按摩手法训练。帮助学习者掌握科学的发力方式和基础的按摩手法,为后续学习各类美容美体护理方法奠定坚实的基础。

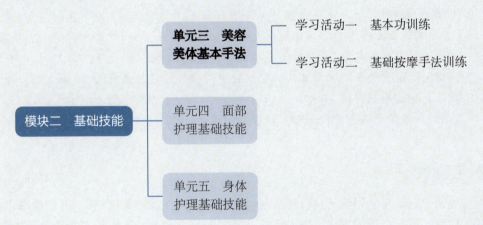

 # 学习活动一　基本功训练

> **学习目标**
> 1. 掌握科学的训练方法,保护学习者的身体健康。
> 2. 锻炼手部力度、柔软度、灵活度、贴合度,使双手能够柔性地按摩。
> 3. 在反复练习、不断提升和突破瓶颈的过程中,能吃苦耐劳,保持乐观心态。

 情景导入

美容师小芳外形娇小,从事美容工作1年有余,有20多位专属顾客。顾客认为小芳的手"够力、舒服"。她一天下来操作六七位顾客都不会觉得手痛、手累,为何如此娇小的身型却有这么大的手力?原来她每天坚持在沙袋上反复地训练。训练初期,手腕、手指酸痛,胳膊都抬不起来,严重时还会磨破手指皮肤,但她从来没有中断练习,如果没有当年的坚持,她肯定早就被顾客淘汰了。她觉得沙袋练习非常有必要,手上有力才能胜任工作,让顾客感到舒服、满意。

我们能从故事中悟出什么道理?请带着问题学习。

 活动分析

据《史记·扁鹊仓公列传》记载,黄帝时代的名医俞跗,已将"案扤"这一古代推拿术应用于临床,而后经过千百年的发展,中国形成了诸多的推拿流派,众多医院也开设了推拿科。在美容机构通常将"推拿"称为"按摩",实则殊途同归,都是利用操作者的手或者肢体的其他部位,或借助一定的器具,帮助被操作者防病治病、调理身心。

事实上,美容按摩并不是力气大、身材壮就能够在按摩时产生好的效果,而是需要采用正确的按摩姿势、发力技巧,才能够像杠杆一样,以一个小支点产生较大的能量,带给顾客温暖、柔和、有力的舒适体验。这就需要学习者了解力度、柔软度、灵活度、贴合度的训练方式,并勤加练习和掌握,从而掌握正确的按摩姿势与发力技巧,避免给自己造成不可逆的伤害。

 **相关知识**

美容手法基本功训练,我们可以从四个方面进行,分别是力度、柔软度、灵活度、贴合度。

一、力度训练

1. 训练原理 美容美体护理操作时利用垂直原理,即让手指、手腕、手臂、腰部、腿部与地面保持垂直状态,力度从身体发出。

2. 训练方式

(1) 撑床:学习者自然站立,身体离美容床沿相隔一臂距离。双腿打开与肩同宽,双手指腹撑床,五指张开,指腹用力,掌心悬空,身体向前压。训练时,引导者发出"1、2"口令的方式进行训练。"1"的时候身体向前倾,脚跟抬起助力,手臂伸直,肩与手掌呈垂直状态,停留3~5秒,时间可逐次叠加。"2"的时候放松,回原位。重复30遍,随着学习者体能增加,训练次数和时间可以逐渐增加。

(2) 撑地:学习者腰背挺直,身体下蹲,双手臂自然垂直撑地,放至脚的两边,先往后伸出一条腿,再伸出另一条腿,五指张开指腹用力,掌心悬空,背臀腿呈一条直线。训练时,以"1、2"口令进行训练。"1"的时候屈肘身体下压,整个身体重量在手臂上,背臀腿须呈一条直线,腰不可弯曲,保持3~5秒;"2"的时候手臂伸直,撑起身体,休息5秒后,再继续重复10~30遍,动作标准后可以取消喊口令方式,学习者自主把握节律训练。随着学习者体能增加,训练次数和时间可以逐渐增加。

(3) 撑墙:学习者自然站立,身体离墙壁相隔一臂距离,手指指腹撑墙,与肩同高同宽再外移一掌的距离,五指张开指腹用力,掌心悬空。手肘平行弯曲,身体向前用力压时肘关节呈90°。训练时,引导者以发出"1、2"口令的方式进行练习,"1"的时候身体向前倾,脚跟抬起,停留3~5秒。"2"的时候放松,回原位,重复30遍。随着学习者体能增加,训练次数可以逐渐增加。

> **知识链接**
>
> **力度训练过程中常见现象**
>
> 1. 疼痛现象:在训练前期出现手抖、手痛等现象是训练的正常反应,如果在训练前期没有这种现象反而证明训练动作不到位,老师要细心观察并纠正。
>
> 2. 凹陷深度:在练习过程中要观察手指按压时的凹陷深度,尽量保持十指凹陷的深度一致,并且左右手力度保持一致,在发力时,小指主要起辅导支撑的作用,如力度偏小,属正常现象。

二、柔软度训练

1. 训练原理 通过手部特定的动作训练,将手腕、手指的关节打开,让手部肌肉变得柔软。通过不断的训练后,手部开始变得柔软灵活,可增强顾客体验的舒适度。

2. 训练方式

(1) 旋腕。两臂伸直在胸前,双手对掌十指相扣,同时进行前、后、左、右手腕旋转运动,如图3-1-1所示。该方式可活动腕关节,舒展腕部肌肉和肌腱,增加手的柔软度。

(2) 掌横推。双手抬肘同时向内屈肘,双手掌横放于胸前,掌心向外交替推手掌,如图3-1-2所示。该方式可增强手部及腕部的柔软度,以及双手的协调性。

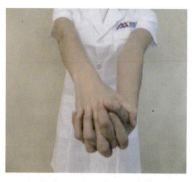
图 3-1-1　旋腕训练

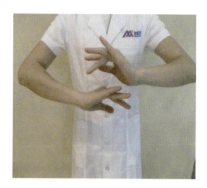
图 3-1-2　掌横推训练

（3）手波浪。双手抬肘同时向内屈肘，双手十指相扣，平放于胸前，从右手手腕依次以波浪起伏运动到左手，反复进行，如图 3-1-3 所示。该方式可增强手指关节、腕关节的柔软性、协调性。

（4）掌前推。双手抬起与肩同宽，指尖向前，双手交替向前呈波浪形推动，如图 3-1-4 所示。该方式可增强手指及手掌的柔软性和协调性。

（5）甩手。屈肘抬手置于腹前，双手腕关节放松呈自然下垂状，十指略微分开进行上下甩动，如图 3-1-5 所示。该方式可使手部肌肉松弛，手部关节放松，改善手部僵硬状态。

图 3-1-3　手波浪训练

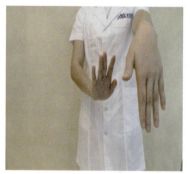
图 3-1-4　掌前推训练

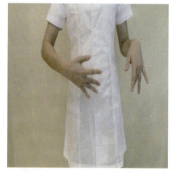
图 3-1-5　甩手训练

三、灵活度训练

1. 训练原理　通过手部特定的动作训练，将身体、手腕、手指的关节打开，可以让手指变得更加灵活，不再僵硬，增强顾客体验的舒适感。

2. 训练方式

（1）压指。双手抬肘同时向内屈肘，双手掌相对，指尖向上，与胸齐平，双手指相对交替用力施压，抻拉掌指关节和指关节韧带，如图 3-1-6 所示。该方式可抻拉手指韧带，增强手指的灵活性、柔韧性。

（2）轮指。①正轮指：双手自然伸开，掌心向下，放于腰间，从拇指至小指依次向内呈扇形收入掌心，呈握拳状，反复进行，如图 3-1-7 所示。②反轮指：双手自然伸开，掌心向下，放于腰间，从小指至拇指依次向外或呈扇形收入掌心，呈握拳状，反复进行，如图 3-1-8 所示。该方式可增强手指和掌指关节的灵活性以及手指间的协调性。

 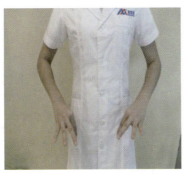 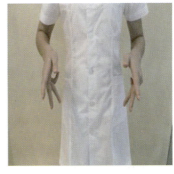

图 3-1-6　压指训练　　　　图 3-1-7　正轮指训练　　　　图 3-1-8　反轮指训练

（3）弹指。双手握拳，双肘微屈，一上一下放在左侧头侧部，双手五指同时用力向外弹出，重复进行，先左后右。向外弹出时要有爆发力，同时手指要尽量张开并向手背方向绷紧，如图 3-1-9 所示。该方式可抻拉掌部韧带，增加手的灵活性。

（4）拉指。向内屈肘，双手十指相互交叉至手指根部，掌心向下，平放于胸前，双手用力向两边拉开，重复进行，如图 3-1-10 所示。该方式可促进手指血液循环，抻拉指关节，增加手指的灵活性。

 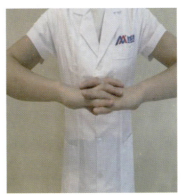

图 3-1-9　弹指训练　　　　图 3-1-10　拉指训练

四、贴合度训练

1. 训练原理　结合身体凹凸相对的原理，通过手部特定的动作训练，如抚触、拉抹等动作，训练手掌的整体贴合度，从而达到贴合的效果。

2. 训练方式

（1）掌贴合度。双臂屈肘于胸前，右手握住左肘部向指尖方向拉出，然后换手做相同动作。注意要全掌握住手臂，并保持相同的贴合度，从手指尖拉出，如图 3-1-11 和图 3-1-12 所示。该方式可增加掌与肌肤的贴合度，培养施力始终如一的习惯。

（2）掌指贴合度。双手掌放于左边胯部，从掌根开始逐渐到指尖向上拉抹，双手交替进行，先左后右，如图 3-1-13 所示。该方式可增强掌指的贴合度和柔软度。

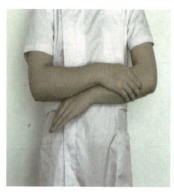
图 3-1-11 掌握肘部

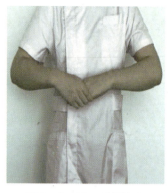
图 3-1-12 手指拉出

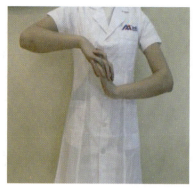
图 3-1-13 掌指贴合度训练

五、综合训练

"基本功"手操舞视频

1. "基本功"手操舞 美容师的双手在按摩时要灵活适应面部和身体的结构变化，并且要通过手的柔软度和贴合度来增强顾客的舒适感，这就要求美容师的双手要灵活、柔软，操作时动作要协调。为了便于训练和掌握，达到教学目的，特编制"基本功"手操舞。手操舞以优美、有节奏的手部动作，配上轻松、活泼的音乐，不仅体现了美容师的青春活力，还帮助强化手部训练，如表 3-1-1 所示（"基本功"手操舞视频请扫二维码）。

表 3-1-1 "基本功"手操舞

序号	手操步骤	手操要点指引
1	十指对压	双脚分开与肩同宽，十指指腹相对用力对压，从胸前至头顶上下移动
2	单手轮指	站姿马步，右手从外往内轮指，再换左手从外往内轮指，胯部跟随同侧手而律动
3	双手抓放	自然站立，手指快速握拳，再快速张开，连续抓放，从左到右来回移动
4	前后转腕	向前正弓步，重心向前，双手腕并拢，同时向前转动手腕和前臂，身体随着手部转动而律动
5	上下安抚	双脚分开与肩同宽，身体自然，双手交替做抚摸动作，从膝关节至头顶上下移动
6	平地指撑	双手五指分开，指腹撑地，双手间距与肩同宽，双腿向后伸直，用指尖和脚尖作为支撑点，手臂与地面成 90°，背、臀、腿部呈一条直线
7	平地掌撑	双手掌撑地，两手间距与肩同宽，两腿向后伸直，用两手掌和脚尖作为支撑点，手臂与地面成 90°，背、臀、腿部呈一条直线，保持 2～3 秒，再向后屈髋，脚后跟平放地面
8	极速甩手	双脚分开与肩同宽，双臂展开手腕手臂放松甩动手腕，从腰侧至头顶上下移动，身体随着手部甩动节奏律动
9	波浪摇手	双脚分开与肩同宽，双手十指双扣，波浪形摇动
10	蝴蝶飞扬	双脚并拢膝关节左右摆动，双手在大腿两侧从下向上转动手腕、手臂，转至头顶，来回飞扬

注：这是一个将基本功训练动作组合在一起的手操舞蹈。

2. 易筋操　"易筋经"是中国流传了两千多年的一种以养筋为特色的养生功法,是国家体育总局认证并大力推广的保健方法。"易"是指改变、改善之意,"筋"指的是筋骨、肌肉、筋膜,"经"是方法、技巧的意思。"易筋经"就是通过改变筋骨,从而改善全身气血的方法。易筋操则是融汇了"易筋经"的养筋理论精华,让练习者骨正筋柔,体态柔韧。相关练习方法可以上网搜索下载,建议在教师指导下练习。

力度、柔软度、灵活度、贴合度的学习安排。

1. 第一步:力度训练　每天标准训练 30 分钟,方法必须正确,增加重量训练,如背后背人,练习周期一个月。

2. 第二步:柔软度训练　每天进行手操训练 30 分钟,方法必须正确,练习周期一个月,可配合手操舞进行,增强趣味性。

3. 第三步:灵活度训练　每天标准训练 30 分钟,方法必须正确,可增加时长训练,练习周期一个月,可配合手操舞进行,增强趣味性。

4. 第四步:贴合度训练　每天标准训练 30 分钟,方法必须正确,可增加时长训练,练习周期一个月。

结合本学习活动的学习目标和内容,按节奏训练动作,直至完全掌握并通过验收考核。

活动评价

手法基本功训练的考核评分标准见表 3-1-2。

表 3-1-2　手法基本功考核评分标准

任务	动作	评分标准	掌握	未掌握
力度训练	撑床	(1) 站姿标准:学习者自然站立,身体离美容床壁相隔一臂距离,双腿打开与肩同宽 (2) 用力标准:双手指腹撑床,五指张开指腹用力,掌心悬空,身体向前压		
力度训练	撑地	(1) 站姿标准:学习者腰背挺直,身体下蹲,双手臂自然垂直撑地,放至脚的两边,先往后伸出一条腿,再伸出另一条腿 (2) 用力标准:五指张开,指腹用力,掌心悬空,背臀腿呈一条直线		
力度训练	撑墙	(1) 站姿标准:学习者自然站立,身体离墙壁相隔一臂距离,手指指腹撑墙,与肩同高同宽再外移一掌的距离 (2) 用力标准:五指张开指腹用力,掌心悬空。手肘平行弯曲,身体向前用力压时肘关节呈 90°		
柔软度训练	旋腕	(1) 站姿标准:两臂伸直在胸前,双手对掌十指相扣 (2) 操作标准:进行前、后、左、右手腕旋转运动		
柔软度训练	掌横推	(1) 站姿标准:双手抬肘同时向内屈肘,双手掌横放于胸前 (2) 操作标准:掌心向外交替推手掌		

(续表)

任务	动作	评分标准	掌握	未掌握
灵活度训练	手波浪	(1) 站姿标准：双手抬肘同时向内屈肘，双手十指相扣，平放于胸前 (2) 操作标准：从右手手腕依次以波浪起伏运动到左手		
	掌前推	(1) 站姿标准：双手抬起与肩同宽，指尖向前 (2) 操作标准：双手交替向前呈波浪形推动		
	甩手	(1) 站姿标准：屈肘抬手置于腹前，双手腕关节放松呈自然下垂状 (2) 操作标准：十指略微分开进行上下甩动		
	压指	(1) 站姿标准：双手抬肘同时向内屈肘，双手掌相对，指尖向上，与胸齐平 (2) 操作标准：双手指相对交替用力施压，抻拉掌指关节和指关节韧带		
	轮指	(1) 站姿和操作标准：正轮指，双手自然伸开，掌心向下，放于腰间，从拇指至小指依次向内呈扇形收入掌心，呈握拳状，反复进行 (2) 站姿和操作标准：反轮指，双手自然伸开，掌心向下，放于腰间，从小指至拇指依次向外或呈扇形收入掌心，呈握拳状，反复进行		
	弹指	(1) 站姿标准：双手握拳，双肘微屈，一上一下放在左侧头侧部 (2) 操作标准：双手五指同时用力向外弹出，先左后右，向外弹出时要有爆发力，手指要尽量张开并向手背方向绷紧		
	拉指	(1) 站姿标准：向内屈肘，双手十指相互交叉至手指根部，掌心向下，平放于胸前 (2) 操作标准：双手用力向两边拉开		
贴合度训练	掌贴合	(1) 站姿标准：双臂屈肘于胸前 (2) 操作标准：右手握住左肘部向指尖方向拉出要全掌握住手臂，并保持相同的贴合度，从手指尖拉出		
	掌指贴合	(1) 站姿标准：双手掌放于左边胯部 (2) 操作标准：从掌根开始逐渐到指尖向上拉抹，双手交替进行		

想一想

1. 通过基本功训练，你的双手发生了哪些变化？
2. 如何才能把力用在腕部和指尖？
3. 什么是贴合的感觉？

（吴红霞　陈雅玉　章　益）

单元三 美容美体基本手法 3-9

学习活动二　基础按摩手法训练

学习目标

1. 掌握基础按摩手法的名称、分类和作用，明确基础按摩手法的施力部位及相关操作要领。
2. 认识基础手法训练的重要性，能够持之以恒、循序渐进地练习，遇到难点和感觉到枯燥乏味时，能够及时调整心态，积极面对。
3. 深耕传统，守正创新，既要传承优秀的中医传统技法，又能根据顾客需求和客观的耐受度，创新技术手法。

 情景导入

小白掌握比较好的施力技巧，双手也柔软、灵活、有力，但是在服务过程中不懂得科学实施，什么时候揉，什么时候推，什么部位拨，什么部位点都不是很清楚，随意组合按摩手法进行护理，顾客的服务反馈情况较差。

 **活动分析**

基础按摩是通过点、拨、揉、推、弹、拉、捻、按、捏等动作来实施的，通过基础动作灵活组合应用到身体的不同部位，便能够让顾客身心放松。学习手部每个部位的不同动作要领，反复练习后，将基础手法组合应用到面部、肩颈、腰背、腹部、乳房、四肢等，可以帮助顾客维护健康。

 **相关知识**

一、实施按摩的部位

双手可实施按摩的部位分别有：大拇指、指关节、四指、大鱼际、小鱼际、手掌、虎口、掌根、手臂、手肘。其中，中指和无名指合称"美容指"（图3-2-1）。

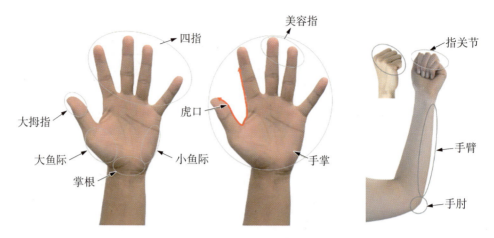

图 3-2-1　手部按摩部位

二、按摩手法的基本要求

1. 持久　持久是指手法能持续运用一定时间，保持动作和力量的连贯性。

2. 有力　有力是指手法必须具备一定的力量，这种力量不是固定不变的。依病人的体质、病症、部位等不同情况而增减。

3. 均匀　均匀是指手法动作的节奏性和平稳性。要求手法在速度、压力、动作幅度上要均匀。

4. 柔和　柔和是指手法动作的轻快灵活及力量的缓和，使手法轻而不浮，重而不滞。

> **知识链接**
>
> 实施按摩的禁忌人群
>
> （1）严重的心、脑、肺疾病患者或极度衰弱者。
> （2）有出血倾向和血液病患者。
> （3）局部有严重的皮肤损伤及皮肤病患者。
> （4）严重的骨关节病如骨结核、骨肿瘤及严重的骨质疏松患者。
> （5）诊断不明的脊柱损伤或伴有脊髓症状者。
> （6）妊娠及月经期女性的腹部、腰部等处。
> （7）精神病患者。
> （8）剧烈运动后或饥饿状态的人群。
> （9）下肢静脉炎或有栓塞等症状的人群。
> （10）有其他可疑症状诊断未明确者。

二、常用的手法分类

（1）"推"类手法及操作要领见表 3-2-1。

单元三 美容美体基本手法

表 3-2-1 推的手法及操作要领

手法分类	手法名称	手法图示	手法要领	手法作用	演示视频
推	1. 拇指推	可单手或双手拇指推	将力度沉于拇指指腹,四指固定,与操作部位保持90°垂直,拇指及腕部主动施力,短距离单向直线推进,着力部位紧贴皮肤,用力要稳,速度要均匀缓慢,推法可在人体各部位使用	刺激性强、力度持续久,用于肌肉放松、经络疏通	
	2. 虎口推	可单手或双手交替虎口推	虎口打开,四指并拢,将力度沉于虎口,与操作部位保持90°垂直,虎口及腕部施力,短距离单向直线推进,手掌贴合,用力要稳,速度要均匀缓慢,虎口推法圆柱形部位使用	用于面部以及身体大面积放松、收紧、提升	
	3. 跪拳推	跪拳推	拇指握拳,将力度沉于指关节面,与操作部位保持90°垂直,拳及腕部施力,来回直线推进,力度沉稳、贴合,速度均匀缓慢;多应用于背部、臀部、腿部	用于身体大面积放松、经络疏通和局部激活	
	4. 掌推	可单掌或双掌推	将力度沉于手掌,与操作部位保持90°垂直,手掌及腕部主动施力,短距离单向直线推进,手掌贴合,用力要稳,速度要均匀缓慢,掌推法可在人体各部位使用	用于大面积放松或手法衔接	

(2)"揉"类手法及操作要领见表 3-2-2。

表 3-2-2 揉的手法及操作要领

手法分类	手法名称	手法图示	手法要领	手法作用	演示视频
揉	1. 拇指揉拨	可单手或双手拇指揉	将力度沉于拇指指腹,手腕带动拇指,以环形轨迹运动在操作部位,注意操作时不要在体表移动,要带动深层皮肤组织回旋运动。揉法可使用在穴位上,甚至面部和全身各部位	力度柔和,用于肌肉僵硬处,起到松解肌肉作用	

(续表)

手法分类	手法名称	手法图示	手法要领	手法作用	演示视频
	2. 四指揉拨	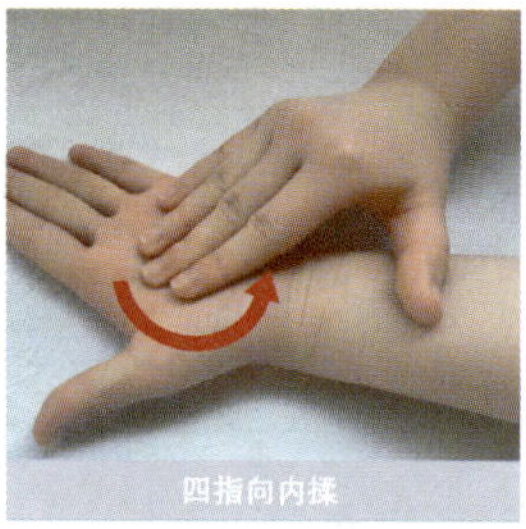 四指向内揉	将力度沉于四指指腹,四指微屈,与操作部位保持90°垂直,手腕带动指腹,力度由重到轻纵向或横向来回拨动肌纤维、肌腱、韧带,指腹不要离开皮肤,多应用于肌纤维、肌腱、韧带等软组织部位	刺激性弱,用于面部、颈部、胸部、腹股沟等部位,起到疏通放松的作用	
	3. 大小鱼际揉拨	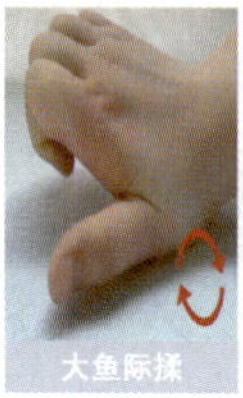 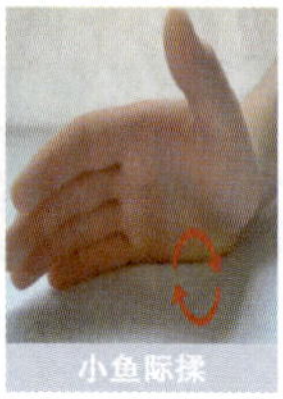 大鱼际揉 小鱼际揉	将力度沉于鱼际,手腕带动鱼际,然后以环形轨迹运动在操作部位,注意操作时不要在体表移动,要带动深层皮肤组织回旋运动。揉法可使用在穴位以及面部和全身各部位	用于局部的舒缓、肌肉安抚放松	

（3）"点"类手法及操作要领见表3-2-3。

表3-2-3　点的手法及操作要领

手法分类	手法名称	手法图示	手法要领	手法作用	演示视频
点	1. 一指禅	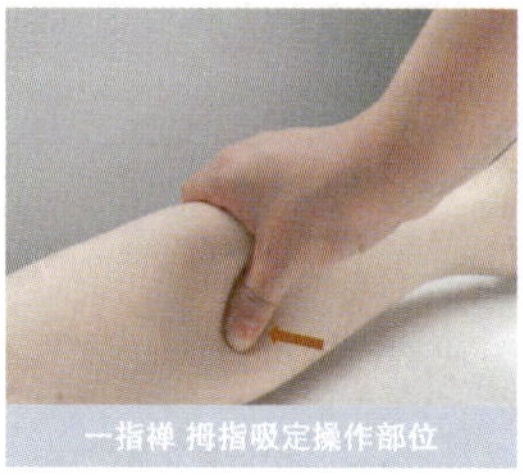 一指禅 拇指吸定操作部位	用力要点:腕关节的屈伸,拇指吸定,肩部放松,不耸起,肘关节要垂肘,不能抬起来	力度集中、刺激性强,用于面部、头部穴位、痛症处,起到舒缓放松的作用	
	2. 拇指点	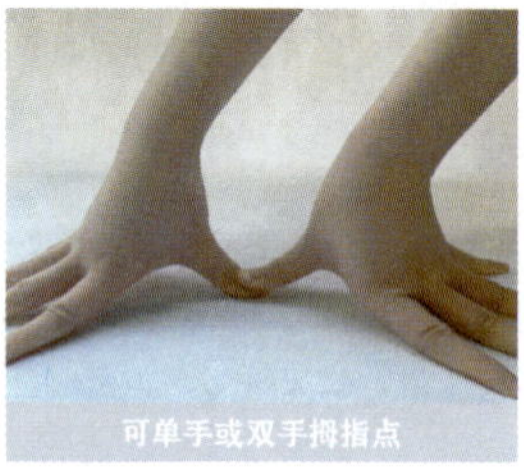 可单手或双手拇指点	将力度沉于指腹,与操作部位保持90°垂直向下按压,指腹保持稳定,力度由轻到重,持续3~9秒	力度集中、刺激性强,用于穴位、累点位置,起到缓解疼痛的作用	

（续表）

手法分类	手法名称	手法图示	手法要领	手法作用	演示视频
	3. 四指点	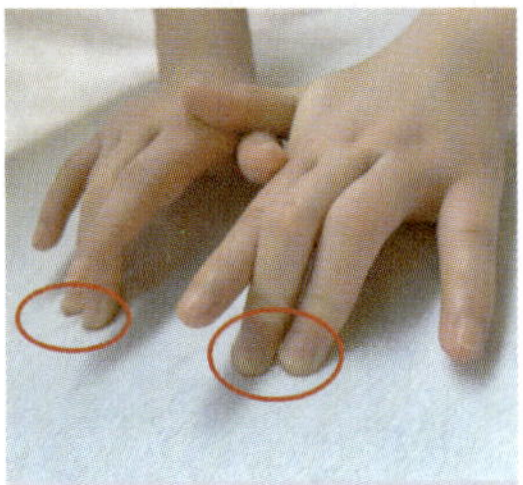 可单手四指或美容指点	将力度沉于四指指腹，与操作部位保持90°垂直向下按压，指腹保持稳定，力度由轻到重，持续3~9秒，多应用于穴位和痛点处	力度集中、刺激性强，用于面部、头部穴位、痛症处，起到舒缓放松的作用	

（4）"拨"类手法及操作要领见表3-2-4。

表3-2-4 拨的手法及操作要领

手法分类	手法名称	手法图示	手法要领	手法作用	演示视频
拨	指关节拨	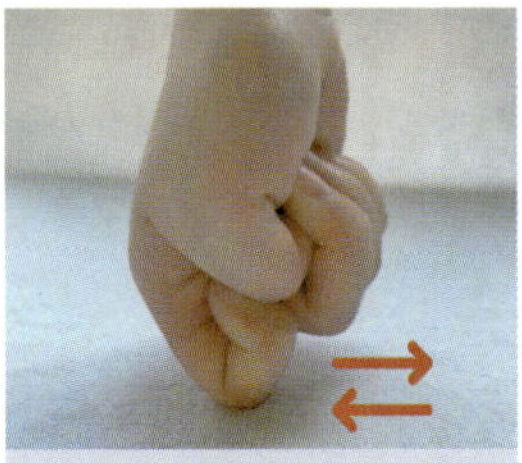 可单指或四指指关节拨	握拳屈指，将力度沉于指关节，与操作部位保持90°垂直，手臂来回摆动，力度由重到轻纵向或横向来回拨动肌纤维、肌腱、韧带，指关节不要离开皮肤，多应用于肌纤维、肌腱、韧带等软组织和痛点部位	用于身体肌肉僵硬处，起到舒缓放松的作用	

（5）"叩"类手法及操作要领见表3-2-5。

表3-2-5 叩的手法及操作要领

手法分类	手法名称	手法图示	手法要领	手法作用	演示视频
叩	四指击	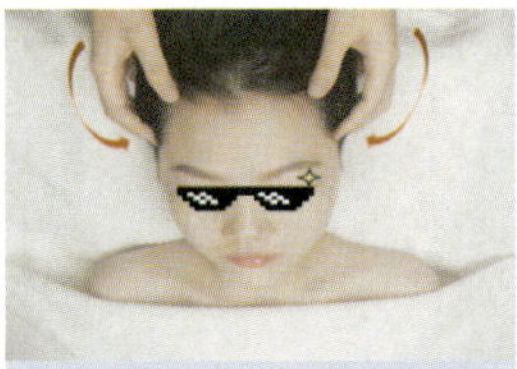 双手同时向头部叩击	用指端轻轻击打体表，如雨点下落，前臂用力，腕关节随之屈伸，使顾客感到轻松舒适	刺激性强、力度持续久，用于肌肉放松、经络疏通	

(6)"振"类手法及操作要领见表3-2-6。

表3-2-6 振的手法及操作要领

手法分类	手法名称	手法图示	手法要领	手法作用	演示视频
振	振法	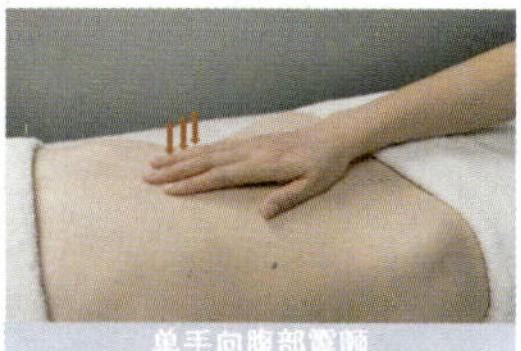 单手向腹部震颤	用手掌着力,肩部及上臂放松,以肘关节为支点,前臂主动振动,带动手掌振动过程中力量要集中于手掌上,自然呼吸,不要屏气。振动的频率约250~300次/分	用于全身的舒缓、肌肉安抚放松,和中理气,消食导滞,起到调节胃肠功能的作用	

(7)"搓"类手法及操作要领见表3-2-7。

表3-2-7 搓的手法及操作要领

手法分类	手法名称	手法图示	手法要领	手法作用	演示视频
搓	掌搓	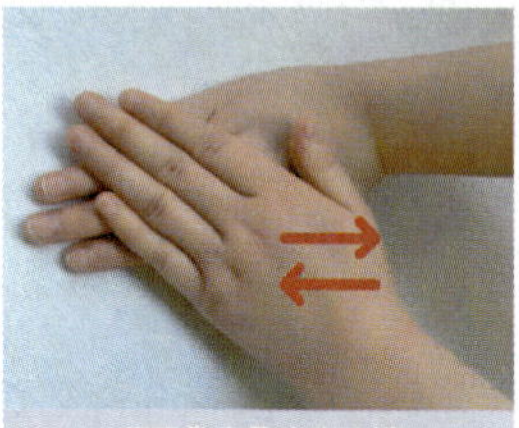 可双掌交叠或分开搓	将力度沉于手掌,腕关节带动手臂,持续连贯、贴合快速、有节奏的搓至局部发热为止,适用身体大部分位置	用于局部痛点放松、激活或大面积安抚	

(8)"拉"类手法及操作要领见表3-2-8。

表3-2-8 拉的手法及操作要领

手法分类	手法名称	手法图示	手法要领	手法作用	演示视频
拉	1. 四指拉	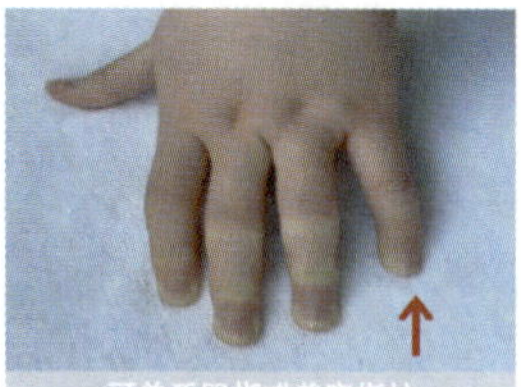 可单手四指或美容指拉	四指附着于操作部位,上肢和腕掌放松,上半身带动四指做单向的拉抹,力度均匀、贴合即可	力度沉稳,用于收脂、提升或手法衔接	

(续表)

手法分类	手法名称	手法图示	手法要领	手法作用	演示视频
	2. 掌拉	可双手掌交替或重叠拉	手掌附着于操作部位,上肢和腕掌放松,上半身带动手掌做单向的拉抹,力度均匀、贴合即可	力度沉稳,用于收脂、提升或手法衔接过渡	

活动实施

第一步:预习。提前预习基础按摩手法资料,牢记手法分类及操作要领。
第二步:练习。两人一组,跟随图示或相关教学视频,每天练习各个手法。
第三步:纠错。录制视频,同学之间互相纠正不当的姿势。
第四步:强化。反复练习,可结合游戏、竞技等活动提高学习兴趣(请扫二维码,欣赏学生原创案例)。
第五步:参加考核。

原创案例
——巧手·
妙语·匠心

练一练

结合本任务的教学目标和教学内容,完成基础按摩手法的练习与考核。

活动评价

基础按摩手法的考核评分标准见表3-2-9。

表3-2-9 基础按摩手法考核评分标准

分类	手法名称	评分标准	分值	得分
技术 (80分)	1. 拇指推	力度下沉:大拇指及手臂和背三点一线垂直着力于操作部位; 发力方向:操作部位能否与着力点保持90°垂直; 持续时间:操作能否保持稳定的节奏与时长; 动作要点:操作时有无滑脱,起点终点有无发力和提前泄力,力度是否持续,是否不连贯有停顿; 效果呈现:操作后皮表是否发红或微热、柔软	5分	
	2. 虎口推	力度下沉:能否将力度下沉集中于虎口并着力于操作部位; 发力方向:操作部位能否与着力点保持90°垂直,直线来回发力; 持续时间:操作能否保持稳定的节奏与时长; 动作要点:操作时有无滑脱,起点终点有无发力和提前泄力,力度是否持续,是否不连贯有停顿; 效果呈现:操作后皮表是否发红或微热、柔软	5分	

(续表)

分类	手法名称	评分标准	分值	得分
	3. 跪拳推	力度下沉:能否将力度下沉集中于指关节并着力于操作部位; 发力方向:力度是否向下、直线来回发力; 持续时间:操作能否保持稳定的节奏与时长; 动作要点:操作时有无滑脱,起点终点有无发力和提前泄力,力度是否持续,是否不连贯有停顿; 效果呈现:操作后皮表是否发红或是微热及柔软	5分	
	4. 掌推	力度下沉:能否将力度下沉集中于手掌并着力于操作部位; 发力方向:力度是否向下、直线来回发力; 持续时间:操作能否保持稳定的节奏与时长; 动作要点:操作时有无滑脱,起点终点有无发力和提前泄力,力度是否持续,是否不连贯有停顿; 效果呈现:操作后皮表是否发红或是微热及柔软	5分	
	5. 拇指揉拨(揉法)	力度下沉:能否将力度下沉集中于拇指并着力于操作部位; 发力方向:力度是否向下、横向或来回发力; 持续时间:操作能否保持稳定的节奏与时长; 动作要点:操作时有无滑脱,力度不持续; 效果呈现:是否揉拨到肌纤维,操作后皮表是否发红或是微热及柔软	5分	
	6. 四指揉拨	力度下沉:能否将力度下沉集中于四指并着力于操作部位; 发力方向:力度是否向下、横向或来回发力; 持续时间:操作能否保持稳定的节奏与时长; 动作要点:操作时有无滑脱,力度不持续; 效果呈现:是否揉拨到肌纤维,操作后皮表是否发红或是微热及柔软	5分	
	7. 大小鱼际揉拨	力度下沉:能否将力度下沉集中于大小鱼际并着力于操作部位; 发力方向:力度是否向下、横向或来回发力; 持续时间:操作能否保持稳定的节奏与时长; 动作要点:臂膀是否垂直,不能耸肩,操作时有无滑脱; 效果呈现:是否揉拨到肌纤维,操作后皮表是否发红或是微热及柔软	5分	
	8. 一指禅	力度下沉:能否将力度下沉集中于大拇指并着力于操作部位; 发力方向:力度是否向下、横向或来回发力; 持续时间:操作能否保持稳定的节奏与时长; 动作要点:过程中腕关节是否屈伸,是否沉肩垂肘; 效果呈现:操作后皮表是否发红或是微热及柔软	5分	
	9. 拇指点	力度下沉:能否将力度下沉集中于大拇指并着力于操作部位; 发力方向:力度是否向下、吸定不滑脱及晃动; 持续时间:操作能否保持稳定的节奏与时长; 动作要点:过程中手臂是否为直线,不能耸肩; 效果呈现:操作后是否皮表发红或是微热及柔软	5分	

(续表)

分类	手法名称	评分标准	分值	得分
	10. 四指点	力度下沉:能否将力度下沉集中于大拇指并着力于操作部位; 发力方向:力度是否向下、吸定不滑脱及晃动; 持续时间:操作能否保持稳定的节奏与时长; 动作要点:过程中手臂是否为直线,不能耸肩; 效果呈现:操作后皮表是否发红或是微热及柔软	5分	
	11. 指关节拨	力度下沉:能否将力度下沉集中于指关节并着力于操作部位; 发力方向:力度是否向下、不滑脱及晃动; 持续时间:操作能否保持稳定的节奏与时长; 动作要点:过程中手臂是否为直线,不能耸肩,动作卡顿不连贯; 效果呈现:是否揉拨到肌纤维,皮表是否发红或是微热及柔软	5分	
	12. 四指击(叩法)	力度下沉:能否将力度下沉集中于四指指尖并着力于操作部位; 发力方向:力度是否向下或是相对; 持续时间:操作能否保持稳定节奏与时长,如雨点落下; 动作要点:肘关节是否屈伸,腕关节是否放松; 效果呈现:皮表是否发红或是微热及柔软	5分	
	13. 振法(振腹部类手法)	力度下沉:能否将力度下沉集中于手掌并着力于操作部位; 发力方向:力度是否向下; 持续时间:操作能否保持稳定的节奏与时长,震动的频率250~300次/分; 动作要点:肩部及上臂是否放松,是否以肘关节为支点,是否由前臂带动手掌及手指振动; 效果呈现:是否带动全身震动面部是否微红腹部是否松软	5分	
	14. 掌搓(搓法)	力度下沉:能否将力度下沉集中于手掌并着力于操作部位; 发力方向:力度是否向下、直线来回发力; 持续时间:操作能否保持稳定的节奏与时长; 动作要点:操作时有无滑脱,起点终点有无发力和提前泄力,力度是否持续,是否不连贯有停顿; 效果呈现:操作后皮表是否发红或是微热及柔软	5分	
	15. 四指拉	力度下沉:能否将力度下沉集中于四指并着力于操作部位; 发力方向:力度是否与操作部位垂直向下、直线或打圈来回发力; 持续时间:操作能否保持稳定的节奏与时长; 动作要点:操作时有无滑脱,起点终点有无发力和提前泄力,力度是否持续,是否不连贯有停顿; 效果呈现:操作后皮表是否发红或是微热及柔软	5分	
	16. 掌拉	力度下沉:能否将力度下沉集中于手掌并着力于操作部位; 发力方向:力度是否与操作部位垂直向下、直线或打圈来回发力; 持续时间:操作能否保持稳定的节奏与时长; 动作要点:操作时有无滑脱,起点终点有无发力和泄力,力度是否持续,是否不连贯有停顿; 效果呈现:操作后皮表是否发红或是微热及柔软	5分	

(续表)

分类	手法名称	评分标准	分值	得分
素养 (20分)	规范	动作的规范性	5分	
	态度	练习认真、守时,保持清洁卫生,操作后认真整理	5分	
	精神	精神饱满、积极向上,会克服困难	10分	

想一想

1. 如何将力度沉到每个手法动作指定的部位上面?
2. 每个手法动作如何组合并连贯使用?

（吴红霞　陈雅玉　章　益）

单元四　面部护理基础技能

单元介绍

　　本单元学习的内容包括面部清洁、面部按摩、面部敷膜三部分,是面部基础护理技能,为后续各类皮肤护理项目的标准化服务奠定了技能基础。任务根据门店服务项目中真实操作需求设计,通过任务引导、案例解析、步骤分解等方式帮助学习者有效掌握操作规范、要领、方法、步骤及注意事项。

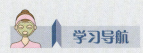

学习导航

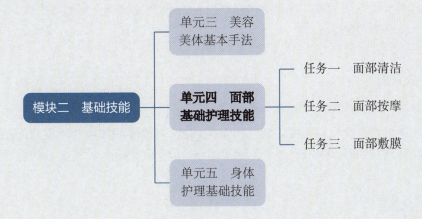

任务一　面部清洁

学习目标

1. 根据皮肤特征,选择合适的产品进行面部清洁。
2. 用熟练的手法独立完成面部清洁。
3. 能够用规范的流程实施面部清洁操作,服务过程中做到细心、周全。

 情景导入

　　小白在一次实操演练时,被老师亮了"黄牌"。原来,小白为模特朱女士实施面部护理操作过程中,在完成洁面环节后,朱女士的鼻翼根部、发迹边缘仍有洗面奶残留,而且模特描画的下眼线隐约可见。此类问题在美容会所的实际服务中也时有发生,那为什么会发生这样的问题呢?

　　面部清洁作为护肤程序的首要步骤,其重要性不容忽视。在日常环境中,面部皮肤受到日晒、灰尘、微生物及化妆品残留等理化因素的刺激,不彻底的卸妆会使皮肤问题频发。因此,采用科学合理的卸妆方法,有效清除面部油脂、尘垢及残留彩妆,是护肤流程中不可或缺的一环。

　　面部清洁,或称洁面,是指全面清除面部皮肤上的污垢与代谢产物的日常护肤程序。这一过程旨在彻底去除皮肤的油脂(皮脂)、汗液、已剥落但未自然脱落的角质层(死皮),以及附于皮肤表层的尘埃、微生物等杂质。如果缺乏有效清洁,将影响皮肤细胞新陈代谢,阻塞毛孔,进而影响皮肤正常生理机能,可能导致肤色暗沉、失去光泽,并可能触发过敏反应、炎性病变、痤疮及色素沉着等多种皮肤问题。

> **知识链接**
>
> **皮肤代谢周期**
>
> 　　皮肤代谢周期通常是28天左右,也就是将近1个月的时间。皮肤的表皮是由基底

层、棘细胞层、颗粒层和最外面的角质层所构成。基底层细胞分裂后逐渐向上运动,穿过棘细胞层、颗粒层到达表面,形成角质层细胞,然后再从皮肤表面脱落,这个过程大约需要28天的时间,也就是常说的表皮的新陈代谢周期(具体到每个人会有区别,比如年老的人皮肤代谢周期相对长一些)。

任务实施

一、面部皮肤的分析

根据顾客信息登记表(请扫二维码)信息,小白在情景演练过程中服务顾客朱女士,其皮肤为衰老性皮肤。在清洁过程中,小白需要选择符合皮肤类型特点的洁面产品,并注意手法力度不宜过大。

二、面部清洁方案的制定

小白根据朱女士的皮肤特点,为她制定了有针对性的面部清洁方案。在选择产品时选用了滋润类型的卸妆、洁面、爽肤产品,手法操作时力度轻柔,时间安排合理。具体流程见图4-1-1。

顾客信息登记表

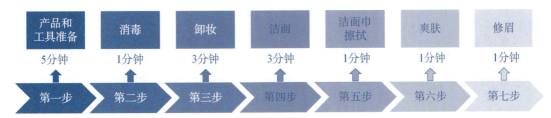

图4-1-1 面部清洁流程

三、面部清洁实施

1. 第一步:准备产品和工具 小白根据顾客皮肤特点准备所需的产品及工具(表4-1-1),将产品和工具有序地码放在工作车上,排列整齐并调整好美容床的位置、角度,摆放好毛巾,呈待客状态。

(1)基础用品:洗脸盆、洁面巾、棉片、棉签、修眉刀、温水等。
(2)产品选择:卸妆乳(水/乳)、洗面奶、爽肤水。

表4-1-1 面部清洁产品和工具准备

序号	类别	选品	备注
1	卸妆	卸妆油	呈油状,卸妆效果好,但感觉油腻,不适合油性皮肤
		卸妆乳	多为油包水型,比较适合油性皮肤
		卸妆水	呈水状,卸妆效果好,无油腻感,使用较广泛

(续表)

序号	类别	选品	备注
2	洁面	皂基类洗面奶	清洁能力强
		SLS洗面奶	清洁能力强
		氨基酸洗面奶	清洁能力好,亲肤温和
		洁面膏	膏状质地、泡沫丰富、清洁力强,适合油性肤质,用后有紧绷感
		洁面乳	乳液状、少量泡沫、清洁力较强,适合敏感、干性肤质
		洁面皂	碱性大、清洁力强,用后有干涩感
		洁面啫喱	果冻状、少量泡沫、清洁力适中,适用于敏感肤质
		洁面泡沫	清洁力强、清爽,适用于各种皮肤
3	爽肤	爽肤水	清爽,适合油、混合性肤质
		精华水	营养成分丰富,适合衰老性皮肤
		保湿水	较滋润,适合干、中性皮肤
4	修眉	修眉刀	可准备修眉剪、眉钳、棉片、修复霜备用

2. 第二步:消毒 面部清洁用品、用具等均用75%乙醇进行消毒。美容师的双手也应该进行严格的清洗消毒。

朱女士,现在为您做面部清洁。首先为您卸妆,请您闭上眼睛。卸妆可以卸除面部彩妆,为下一步的清洁就做好准备。

3. 第三步:卸妆 彻底清除附着在皮肤上的彩妆(粉底、眼影、眉粉和唇膏),为后续清洁做好准备。注意操作时选取合适的卸妆产品尤为重要,卸妆产品按质地可分为卸妆油、卸妆水、卸妆乳三类。卸妆油呈油状,卸妆效果好,但感觉油腻,不适合油性皮肤;卸妆水呈水状,卸妆效果好,无油腻感,使用较广泛;卸妆乳呈乳液状,多为油包水型,比较适合油性皮肤。朱女士的皮肤为衰老性皮肤,因此选择卸妆油或者卸妆水较为合适。在操作过程中要严格遵守操作流程,牢记操作要领,避免因操作不当导致顾客的不适,具体见表4-1-2。

表4-1-2 卸妆操作流程及操作要领

序号	操作流程	操作要领	注意事项
1	湿敷眼部	(1)将蘸有卸妆产品的棉片敷于眼部 (2)双手食指、中指、无名指轻压棉片,让棉片与眼部皮肤贴服,保证卸妆产品能够充分溶解彩妆	卸妆液不宜太多,以免流入顾客眼睛

（续表）

序号	操作流程	操作要领	注意事项
2	卸除睫毛膏、眼线	（1）将湿敷后的棉片对折放在顾客下眼睑、下睫毛，请顾客闭上眼睛 （2）左手固定棉片，右手拿蘸有卸妆产品的棉签从睫毛根部往梢部滚动擦拭 （3）换新棉签从内向外擦拭上眼线部位，若画有下眼线，请顾客睁眼并向上看，用同样方式进行擦拭 （4）将放在下眼睑的棉片向上对叠包住睫毛，左手提外眼角，右手将棉片从内眼角擦拭到外眼角（此时着力点在睫毛部位），不得来回擦拭	（1）动作轻柔，避免暴力 （2）卸妆彻底，不要残留 （3）注意保护眼睛 （4）先左后右
3	卸除眼影、眉毛	（1）重新拿两张蘸有眼部卸妆液的棉片 （2）从内向外擦拭上眼睑眼影 （3）擦拭眉毛，要来回擦拭	（1）眉毛卸妆要彻底 （2）先左后右
4	卸除唇膏	（1）拿一张蘸有唇部卸妆液的棉片，敷在唇部，在湿敷过程中手指轻压棉片，让卸妆液充分溶解唇膏 （2）左手指固定左嘴角，右手用棉片从左向右擦拭嘴唇 （3）左手指固定左嘴角，右手用棉片依唇部纹路擦拭	（1）卸妆液不宜太多 （2）避免过度拉扯唇部

注：以上操作流程配有视频，请扫二维码。

卸妆视频

朱女士，现在为您洁面，请您闭上眼睛。洁面可以清洁面部彩妆、油脂污垢，有助于护肤产品渗透吸收，为下一步的按摩做好准备。

4. 第四步：洁面 洁面产品根据表面活性剂可分为皂基洗面奶、SLS 洗面奶（SLS 为月桂醇酰酸酯钠）、氨基酸洗面奶三类。根据质地可分为洁面膏、洁面皂、洁面啫喱、洁面泡沫四类。小白的顾客朱女士是衰老性皮肤，故为其选择温和的氨基酸洁面乳较为合适。洁面时间不宜过长，一般在 2～3 分钟。洁面操作流程及操作要领如表 4-1-3 所示。

表4-1-3 洁面操作流程及操作要领

序号	操作流程	操作要领	注意事项
1	湿巾擦拭面部	(1) 用湿巾将面部擦拭一遍 (2) 擦拭顺序：额头—鼻梁（鼻侧）—面颊—下颌—颈部—上胸部	湿巾不宜过湿
2	五点分布法	(1) 取适量的洗面奶，用右手美容指将洗面奶均匀点涂于额头、脸颊（两侧）、鼻子、下巴 (2) 五点分布均匀，动作要干脆利落	(1) 与顾客沟通，告知正在进行的程序 (2) 五点分布时，量要一次到位，尽量不多次添加
3	展开洗面奶	(1) 双手掌交替拉抹下颌 (2) 双手四指向下打圈，圈揉面颊 (3) 双手美容指揉洗鼻翼和鼻沟 (4) 双手手心拱起在眼周向外打圈 (5) 双手掌交替横抹额部	(1) 抹开动作要贴合、轻柔，基本不用施力 (2) 避开嘴、鼻孔、眼 (3) 泡沫型洗面奶在手上打泡后，直接在脸上展开
4	揉洗额头	(1) 双手美容指在额头向下打小圈揉洗 (2) 从一边到中间，再到另一边，再到中间，重复三遍	注意指腹在皮肤上滑动，避免跳跃或过度施力
5	滑洗眼周	双手手心拱起从内向外在眼周打圈	(1) 时间不宜过长 (2) 注意不要将洗面奶弄到睫毛上
6	揉洗鼻部	(1) 双手美容指在鼻翼、鼻沟向下打圈揉洗 (2) 上下拉推鼻侧（上不超过眉毛，下不低于鼻翼）	(1) 手法贴合，力度轻 (2) 避免压挤鼻翼
7	推洗嘴周	(1) 双手沿鼻沟向下推至下巴 (2) 双手拇指上下推洗嘴周	注意不要将洗面奶弄入顾客嘴里
8	揉洗面颊	双手四指在面颊部向下打圈揉洗	注意根据面颊大小，调整揉洗范围
9	抹洗下颌、颈部	双手交替拉抹下颌部、颈部	
10	抹洗上胸部	(1) 双手交替拉抹上胸部 (2) 上胸部分近、远两层拉抹，远层拉抹后包肩至颈侧，向下打圈揉洗，重复三遍	注意做到无死角
11	揉洗耳朵	(1) 双手拇指、食指、中指揉洗耳朵 (2) 动作幅度可以略微加大	不要过度牵拉，避免将洗面奶弄进耳道

注：此操作流程配有视频，请扫二维码学习。

洁面视频

朱女士，现在为您擦拭面部，请您闭上眼睛。我会选择柔软的洗面巾为您清洁擦拭，一客一用，这样干净卫生又不会刺激到您的皮肤，请您放心。

5. 第五步：洗面巾擦拭 洗面巾的使用方法：选择方形面巾，约 15 cm×15 cm 大小，包住三指，用小指和拇指固定。洗面巾擦拭操作流程及操作要领(表 4-1-4)。

表 4-1-4 洗面巾擦拭操作流程及操作要领

序号	操作流程	操作要领	备 注
1	擦拭眼部	(1) 从内眼角擦到外眼角拉至发际处 (2) 动作沉稳，面巾纸贴紧皮肤 (3) 施力均匀，顺应眼部结构特点	(1) 洗脸盆的水不宜过满，水温以 30~40℃为宜 (2) 面巾纸蘸湿后要重叠印干，避免滴水和甩动 (3) 避免将水流入顾客的眼睛、鼻子、嘴巴和耳朵里 (4) 在擦拭过程中力度要轻，不能用力拉扯顾客皮肤 (5) 擦拭方向要根据肌肤纹理方向单向擦拭 (6) 面部擦拭要彻底，不能有洗面奶残留 (7) 每次擦拭后要清洗面巾 (8) 保持洗面盆里的水清澈(勤换水)
2	擦拭额部	(1) 面巾纸要贴紧皮肤 (2) 沿眉毛—发际、额中—发际、额上—发际三线，从中间向两边擦拭 (3) 每条线在擦拭时要重叠，不留空隙	
3	擦拭鼻部	(1) 从上至下擦拭鼻梁 (2) 从上向下擦拭鼻侧、鼻翼(先左后右) (3) 面巾纸要贴紧皮肤 (4) 擦至鼻翼沟时中指施力擦拭，避免残留	
4	擦拭面颊	(1) 过人中分三线擦拭：鼻侧—太阳穴(经眼睛下方)、鼻翼—耳中、嘴角—耳垂 (2) 面巾纸要贴紧皮肤 (3) 擦拭时，每线要重叠，不留空隙	
5	擦拭下巴	(1) 擦拭：下巴至耳垂前、下颌至耳垂后 (2) 面巾纸贴紧皮肤 (3) 擦拭要贴合，唇下死角位要擦拭干净	
6	擦拭颈、胸前	(1) 颈部从上向下擦拭：正中线、右侧 1 线和 2 线、左侧 1 线和 2 线 (2) 前胸从内向外擦拭：胸锁关节—肩峰—胸骨柄—肩关节、胸骨上端—腋前线 (3) 包肩、包颈至风池	
7	擦拭耳朵	(1) 用面巾包住耳廓，拇指、食指从上向下擦拭耳轮、耳背 (2) 用面巾包住中指或食指擦拭耳窝	

注：以上操作流程配有视频，请扫二维码。

洁面巾擦拭视频

朱女士，现在为您爽肤、修眉，请您闭上眼睛。我们会根据您的肤质选择合适的爽肤产品来平衡皮肤的 pH 值。修眉过程中如有不适，请及时与我沟通。

6. 第六步：爽肤、修眉 皮肤清洁后，皮肤表面在洗面奶的影响下，pH 值会有所升高，皮肤很容易呈现紧绷的现象，爽肤不仅缓解了紧绷现象，而且能调节皮肤表面的 pH 值，使其恢复弱酸性状态。此时，皮肤柔软、清爽，视野清晰，修眉恰到好处。爽肤、修眉操作流程及操作要领如表 4-1-5 所示。

表4-1-5 爽肤、修眉操作流程及操作要领

序号	操作流程	操作要领	备注
1	面部、颈部爽肤	(1) 将蘸有爽肤水的棉片从上向下擦拭面部和颈部：额头—鼻部—颧骨—脸颊—下颌—颈部 (2) 以指弹的方式弹拍皮肤至吸收	(1) 弹拍时避免实拍 (2) 不要忽略鼻部和上下唇部
2	修眉	(1) 分别用眉钳、眉剪、修眉刀对眉毛进行(拔、刮、剪)修理 (2) 用眉钳修理眉形，将影响眉形的眉毛顺眉毛生长方向一根根拔出，手法要稳、准、快 (3) 修眉刀与皮肤呈45°角，轻轻刮拭，将眉毛周边的杂毛清除 (4) 眉剪竖起剪去过长的眉毛 (5) 眉毛粗重的，修好后可涂修复霜舒缓皮肤	(1) 拔眉毛时尽量减轻疼痛 (2) 刮眉时要绷紧皮肤，避免刮伤 (3) 要在顾客眉形的基础上进行修理

注：以上操作流程配有视频，请扫二维码。

爽肤、修眉视频

小白操作偏差大，卸妆洁面操作不当，会影响护理效果，甚至导致皮肤受损。问题源于不够细心及技能掌握不牢。在接受专业指导以及自我勤奋练习后，小白快速精进，准确掌握技巧，显著提升服务水平。

面部清洁任务的考核评分标准如表4-1-6所示。

表4-1-6 面部清洁考核评分标准

任务	流程	评分标准	分值	得分
护理准备 (15分)	美容师仪表	(1) 淡妆，发型整洁美观，着装干净得体 (2) 无长指甲，双手不佩戴饰品(手镯、手表、戒指等)	5分	
	用物准备	(1) 三条毛巾(头巾、肩巾、枕巾)的正确摆放 (2) 产品、工具准备	5分	
	清洁消毒	用品用具、美容师双手清洁并彻底消毒，美容师须戴口罩	5分	
操作服务 (75分)	卸妆	卸妆使用棉片、棉签蘸取、承载卸妆产品	5分	
		卸妆的操作方法步骤准确，且流畅无卡顿	5分	
		产品未进入眼睛、口、鼻、耳，顾客无不适感	5分	
	洁面	正确选择洁面产品清洁	5分	
		洗面操作顺序正确，手法流畅	10分	
		手法贴合，时间控制合理	10分	
		产品未进入眼睛、口、鼻、耳，顾客无不适感	5分	

(续表)

任务	流程	评分标准	分值	得分
服务意识（10分）	洁面巾擦拭	洁面巾湿度适宜,擦拭顺序正确	5分	
		洁面巾拿法正确	5分	
	爽肤	用小喷壶将爽肤水喷在小棉片上	10分	
	修眉	修眉时绷紧皮肤,眉形自然	10分	
	顾客评价	与顾客沟通恰当到位	5分	
		面部清洁过程服务周到,对顾客关心、体贴,表现突出,顾客对服务满意	5分	
总分			100分	

 练一练

结合本任务内容为身边的亲人及朋友提供洁面服务,并给予技术指导。

 想一想

1. 谈谈面部清洁的目的。
2. 面部清洁的注意事项有哪些？

(邵　华　章　益)

任务二　面部按摩

学习目标

1. 了解面部按摩的流程与方法,能够讲解面部按摩知识。
2. 掌握头面部腧穴位置及基本的按摩技术。
3. 能够运用规范的面部按摩操作流程完成任务,并做到因客而异、细心周到。

 情景导入

一美容会所有顾客向店长反映,美容师小霞按摩手法不舒服,点穴也不准确,要求换一个美容师为自己服务。店长了解情况后,向顾客表示歉意,并把小霞送回管理中心培训部进行技术提升。

面部按摩作为美容护理中的核心技术,其执行效率和效果因人而异,包括个人的理解深度、天生手感灵敏度及专业知识积累。美容师在操作时对手法轻、重、缓、急的精准拿捏,直接关乎按摩品质及顾客满意度。因此,深入探究面部按摩知识及面部各区域特点,是提升顾客体验与建立专业信誉的关键所在。

面部按摩是利用专业的手法,在顾客头面部运用柔和而富有技巧性的专业手法操作,适度刺激皮肤,激发一系列有益的生理反应。此方法安全、舒适且高效,不仅提升肌肤健康,还是对抗衰老的有效手段,对维护和提升面部皮肤的活力具有积极作用。

一、面部按摩的作用

面部按摩的作用主要有 5 个方面,如图 4-2-1 所示。

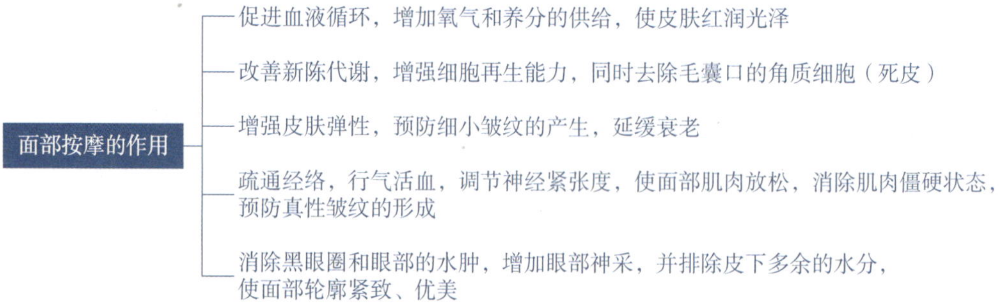

面部按摩的作用
- 促进血液循环,增加氧气和养分的供给,使皮肤红润光泽
- 改善新陈代谢,增强细胞再生能力,同时去除毛囊口的角质细胞(死皮)
- 增强皮肤弹性,预防细小皱纹的产生,延缓衰老
- 疏通经络,行气活血,调节神经紧张度,使面部肌肉放松,消除肌肉僵硬状态,预防真性皱纹的形成
- 消除黑眼圈和眼部的水肿,增加眼部神采,并排除皮下多余的水分,使面部轮廓紧致、优美

图 4-2-1　面部按摩的作用

二、面部按摩基本原则和要求

1. 基本原则

(1) 按摩顺序从下至上。
(2) 按摩从里到外,即从中间到两边。
(3) 按摩方向要与肌纤维走向一致,与皮肤皱纹方向垂直。
(4) 按摩时应尽量减少对皮肤的牵拉,同时要有抗重力的意识。

2. 基本要求

(1) 按摩要求连贯、准确,避免中途停止,避免双手同时离开皮肤。
(2) 要根据面部不同部位的骨骼结构、肌肉状态、组织特点随时改变手形和施力大小。
(3) 按摩速度要慢;按摩施力要先轻后重,逐渐加大力度,使按摩施力有渗透性。
(4) 根据不同皮肤,选用不同的按摩介质,同时要根据不同皮肤合理掌握按摩时间,一般在 15～20 分钟。

三、面部按摩操作禁忌

面部按摩操作的禁忌主要有 5 个方面,如图 4-2-2 所示。

单元四 面部护理基础技能　4-11

图4-2-2　面部按摩操作禁忌

任务实施

面部按摩的流程如图4-2-3所示。

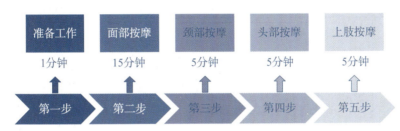

图4-2-3　面部按摩流程图

一、第一步：准备工作

（1）选择按摩介质。依据顾客朱女士的皮肤特点选择按摩介质。按摩介质要润滑，整个按摩过程不出现干涩现象，同时手感不油腻，顾客没有黏腻的感觉，容易清洗干净。按摩介质的取量不宜过多，也不宜太少，一般每次5~10 mL。

（2）与顾客沟通。操作前要告诉顾客进行按摩的主要内容，如果是新顾客，要了解其有什么特殊的要求，是否受力合适，以缓解顾客的紧张心情。

二、第二步：面部按摩

面部按摩手法操作流程及操作要领如表4-2-1所示。

现在为您做面部按摩，共分四个部分，请您闭上眼睛。您觉得这个力度合适吗？在后面的操作中，如果需要调整，请您随时和我沟通。

表 4-2-1　面部按摩手法操作流程及操作要领

操作流程	操作要领	备注
1　展开按摩膏	（1）取适量按摩膏，用中指将其 5 点分布在下巴、两侧面颊、鼻尖、额头 （2）双手掌交替拉抹下颌 （3）双手四指指腹在面颊部向上打圈滑揉 （4）双手美容指在鼻翼打小圈滑揉 （5）双手呈空掌在眼周向下打圈，经过下眼眶时施力滑至太阳穴提按 （6）双手掌横掌拉抹额头	（1）动作流畅、连贯、贴合、优美 （2）注意避开眼睫毛 （3）施力不宜过大
2　全脸按抚提升	（1）双手掌交替提拉一侧下颌至耳垂，3 遍 （2）双手掌交替提拉面颊至耳前，3 遍 （3）一手呈剪刀手交替提拉眼周至太阳，3 遍 （4）换手做另一边，动作同上 （5）双手竖掌向上交替拉抹额头，从右侧太阳穴至左侧太阳穴，再到额中间	（1）施力均匀，始终一致 （2）双手交替时一手保持施力状态，不能放松或离开皮肤
3　点按穴位	（1）双手美容指点按印堂穴、印堂穴上 1 寸处神庭穴，每穴 3 遍，之后双手三指向上交替拉抹、按抚点穴部位 （2）双手先后从眼眶下滑至眉头，点按攒竹穴、鱼腰穴、丝竹空穴、太阳穴，每穴 1 遍，重复 3 遍，之后双手三指由内向外拉抹、按抚眉骨至太阳 （3）双手美容指先后沿下眼眶滑至眉头下，点按睛明穴、承泣穴、球后穴、瞳子髎穴，每穴 1 遍，重复 3 遍，之后双手三指由内向外拉抹、按抚下眼眶至太阳 （4）双手四指先后从颧骨下滑至鼻翼，点按迎香穴、颧髎穴、下关穴，每穴 1 遍，重复 3 遍，之后双手三指由内向外拉抹、按抚颧骨下至耳门 （5）双手四指先后滑至嘴角，点按地仓穴、颊车穴、翳风穴，每穴 1 遍，重复 3 遍，之后双手三指拉抹、按抚下颌至翳风 （6）双手四指先后滑至廉泉穴，重叠后向上抬下巴 2 次，之后双手四指托下颌，拇指叠按承浆穴 3 遍，再沿嘴角上滑至人中穴叠按 3 遍，之后双手拇指上下交替推按（按抚）嘴周 （7）双手捏按下巴，再向两边捏滑下颌骨至下颌角处，重复 3 遍	（1）遵循轻—重—轻原则 （2）移动时轻滑至下个穴位，不跳跃，不离开皮肤 （3）避免使用猛力（爆发力） （4）施力要稳，避免伤及眼球 （5）与顾客沟通，关注顾客感受
4　全脸安抚提升	同流程 2	同流程 2
5　揉按额头	（1）左手中指、食指分开，固定在额头，右手美容指揉按额头，从右向左，双手移动缓慢，3 遍 （2）左手同动作（1），右手美容指弹拨额头，从右向左，双手移动缓慢，3 遍 （3）双手四指在额头从中间向两边拉提；在眉骨从中间向太阳穴拉提；在下眼眶从内向太阳穴拉提，每线 3 遍，之后食指、美容指交替向上提太阳穴 6 遍	重复时回手要轻，贴着皮肤
6　眼周提拉	一手美容指从同侧上眼眶推滑至另侧下眼眶，经外眼角、上眼眶到另侧攒竹点按，再滑至同侧下眼眶、外眼角回到同侧太阳穴点按；换手做相同动作，3 遍	避免把按摩膏弄到睫毛上

单元四　面部护理基础技能　4-13

(续表)

操作流程	操作要领	备注
7 推按额头、揉按面颊	(1) 双手拇指先后按住攒竹穴,之后沿眉骨推按至太阳穴,再沿下眼眶轻轻滑至额中横线,沿额中线推按至太阳穴,再沿下眼眶轻轻滑至发际线,沿发际线推按至太阳穴,3遍 (2) 双手四指沿颧骨向上打圈揉按至迎香穴,再沿颧骨下向下打扁圈揉按至下关穴为1遍,重复3遍	(1) 推按时施力沉稳,滑回时力提起在指尖 (2) 揉按时施力重心在颧骨下
8 全脸安抚提升	同流程2	同流程2
9 按压额头	(1) 双手掌重叠按压额头,之后一手从耳前滑至下巴,一手托住下巴向上提,一手压额头向下按;之后托住下巴的手从对侧耳前滑至额头,置于另一手下方叠掌按压;换手做相同动作3遍 (2) 双手竖掌交替拉抹额头前正中线处,3遍 (3) 双手合掌,用小鱼际按压额头前正中线,3遍 (4) 双手掌分推额头,从耳前滑至下颌,全掌从下向上包提面颊至太阳穴,重复3遍	(1) 施力沉稳,避免爆发力 (2) 动作缓慢,双手不能同时离开皮肤

注:此操作流程配有视频,请扫二维码。

面部按摩视频

三、第三步:拓展学习——头部按摩

头部按摩手法操作流程及操作要领如表4-2-2所示。

表4-2-2　头部按摩手法操作流程及操作要领

操作流程	操作要领	操作要求
1 整理头发	(1) 解开顾客的包头毛巾 (2) 理顺顾客的头发	美容师的双手要擦干
2 揉按头顶部	双手五指分开,固定在头顶部进行揉按,3遍	将顾客头发推松,再固定五指
3 点按头部穴位	(1) 双手拇指重叠点按神庭穴—百会穴至不可及处,3遍 (2) 双手拇指点按两侧膀胱经,从前发际线向后至不可及处,3遍	(1) 一寸一点按,移动缓慢 (2) 施力要遵循轻—重—轻原则
4 揉按颞侧	双手五指略微分开,指腹固定在风池穴部进行揉按,然后逐渐向上揉按至耳朵上方,3遍	(1) 移动要慢,避免跳跃 (2) 遇有筋结处,可逐渐加强
5 点按头顶部	(1) 双手拇指从神庭穴向两边沿前发际点按至耳门,3遍 (2) 双手拇指从神庭穴、百会穴连线中点向两边点按至耳尖,3遍 (3) 双手拇指从百会穴向两边点按至耳尖,3遍	(1) 穴位定位要准确 (2) 移动缓慢,遵循轻—重—轻原则

(续表)

操作流程	操作要领	操作要求
6 叩敲头部	(1) 左手掌放在头顶部,右手握空拳隔着左手叩敲督脉,移动缓慢,3 遍 (2) 左手掌放在头顶部,右手握空拳隔着左手叩敲膀胱经,移动缓慢,3 遍	(1) 左手轻置头部,避免对头部产生压迫 (2) 右手叩敲时以腕部施力,呈弹叩,连续 3 次,再移动,移动要缓慢,关注顾客感受
7 牵拉头皮	(1) 将头顶头发分为两层,拉起第一层头发,与头皮呈 90°垂直牵拉,3 次 (2) 拉起第二层头发,与头皮呈 90°垂直牵拉,3 次	(1) 施力均匀,避免爆发力 (2) 3 次牵拉分别由近至远
8 弹拉头皮	(1) 用双手五指略微分开插入发中,指腹触及头皮施力后快速离开头皮,似干洗头状 (2) 弹拉顺序:头顶、颞侧	施力点在头皮,避免拉扯头发

注:此操作流程配有视频,请扫二维码。

头部按摩视频

面部按摩完成后要进行整理收纳。

任务总结

面部按摩是面部护理中的关键步骤,手法精准度直接影响顾客的舒适感受与护理成效。顾客对美容知识的深入了解可能超乎想象。小霞深切体会到,任何按摩细节都需精益求精,不得有丝毫懈怠。加强头面部解剖学与经络穴位的学习,力求按摩技术的顶尖水平,是提升服务品质、树立顾客信任的根本所在。

任务评价

面部按摩任务的考核评分标准见表 4-2-3。

表 4-2-3 面部按摩考核评分标准

任务	流程	评分标准	分值	得分
准备工作(10 分)	选品	正确选择符合顾客皮肤特点的产品	5 分	
	沟通	按摩前与顾客沟通,了解顾客的需求	5 分	
面部按摩(80 分)	面部按摩手法	按摩手法顺序准确,无卡顿	5 分	
		取穴准确	5 分	
		按摩力度循序渐进,由浅入深,顾客无不适反应	5 分	
		美容师手部接触顾客皮肤舒适贴合,无翘手指现象	5 分	
	颈部按摩手法	按摩手法顺序准确,无卡顿	5 分	
		取穴准确	5 分	
		按摩力度循序渐进,由浅入深,顾客无不适反应	5 分	
		美容师手部接触顾客皮肤舒适贴合,无翘手指现象	5 分	

单元四　面部护理基础技能

(续表)

任务	流程	评分标准	分值	得分
	头部按摩手法	按摩手法顺序准确,无卡顿	5分	
		取穴准确	5分	
		按摩力度循序渐进,由浅入深,顾客无不适反应	5分	
		美容师手部接触顾客皮肤舒适贴合,无翘手指现象	5分	
	上肢按摩手法	按摩手法顺序准确,无卡顿	5分	
		取穴准确	5分	
		按摩力度循序渐进,由浅入深,顾客无不适反应	5分	
		美容师手部接触顾客皮肤舒适贴合,无翘手指现象	5分	
反馈(10分)	顾客感受	与顾客积极沟通,力度符合顾客要求,顾客体验感好	10分	
		总分	100分	

 练一练

结合本课内容,两人一组进行训练,互相反馈体验,帮助操作者在按摩实施时及时掌握合理的力度、速度、贴合度。

想一想

1. 为什么面部按摩会有禁忌？请举例说明。
2. 总结自己按摩手法的不足之处,如何纠正？

(邵　华　章　益)

任务三　面部敷膜

学习目标

1. 了解面膜的基本知识,能够根据顾客的皮肤特点选择合适的面膜产品。
2. 掌握调模、敷膜技术,能够讲解敷膜的技术要点。
3. 培养调模、敷膜过程中细心观察的能力。

情景导入

实训室里,大家正在进行倒模练习。小婷已经操作三次了,还是不能过关。第一次膜粉调稀了,流得到处都是;第二次膜粉又调得太稠,还没有敷完整个面部,膜粉就凝固了;第三次面膜涂敷得厚薄不均,整个面膜就像丘陵一样,有的部位高,有的部位低。小婷的脑门上都冒出汗珠了,她沮丧地说:"怎么这么难啊!"

面部敷膜是肌肤滋养的关键步骤,是面部护理程序中的重要环节,其效果直接反映美容师的技术熟练度。美容师对敷膜科学原理的深入理解与精湛技艺的练就,是保证敷膜质量的先决条件,而敷膜质量直接影响顾客的满意度及对美容师的信任度。因此,持续、反复的实践练习,对美容师掌握面部敷膜技术至关重要。

面膜的使用由来已久,在古时候人们就将某种黏土或植物汁液敷在皮肤上,让皮肤变得柔软、润泽,伤口很快愈合。现代医学也用封包的方法,加大伤口对药物的吸收率,促进创伤的修复、愈合。美容面膜技术就是在古法美容和现代医学基础上的技术延伸,具有安全性、针对性和广泛性。

> **知识链接**
>
> 优质面膜的特性
>
> 1. 安全性:面膜的基本成分是无毒、无依赖的,而且质地细腻,不含沙砾和杂质,却富含养分。
> 2. 针对性:面膜针对面部皮肤缺水、营养不良、过敏等状态,都能给予有效的调整。
> 3. 广泛性:没有时间、场所局限,不同年龄、性别的人群都可以敷膜。

一、面膜的种类

1. 调试类面膜 调试类面膜(粉状面膜)如图 4-3-1 所示。我们往往会以调和、敷膜后形成的状态来分为硬膜、软膜两种。有些美容机构也会使用中药粉调制面膜,它不会凝固,通常会称为中药面膜。

(1)硬膜。硬膜主要成分是医用石膏粉,有以下两个特点。

1)形成坚硬的模体:硬膜粉用水调和后很快凝固成坚硬的膜体,隔绝外界环境影响,阻止水分的蒸发,使膜体的温度持续渗透,达到美容功效。

图 4-3-1 调试类面膜

2) 根据膜体的温度可以分为热膜、冷膜:热膜对皮肤进行热渗透,使局部血液循环加快,毛孔、汗管扩张,促进水分和营养物质的吸收,适合干性皮肤、中性皮肤、衰老性皮肤使用;冷膜对皮肤进行冷渗透,具有收敛作用,可以收缩毛孔,减少皮肤油脂分泌,适合油性皮肤、痤疮皮肤、敏感皮肤使用。

（2）软膜。软膜是一种以高岭土为主要原料的粉末状面膜,有以下两个特点。

1) 可以凝结成膜:软膜粉用水调和后缓慢凝结成软性膜体,同样可以隔绝外界环境的影响,阻止水分蒸发,增加皮肤的含水量,促进营养成分、功效成分的吸收。具有补水润肤,使皮肤白皙,收缩毛孔,去皱抗衰等作用。

2) 性质温和,没有压迫感,容易清洁。

（3）中药面膜。中药面膜是一种以中药粉为主要成分的面膜,有以下三个特点。

1) 不会凝固:中药粉用温水调和后不会凝固,药物成分直接接触皮肤,发挥调理、养护作用。

2) 气味较大:中药面膜的中药气味较大,需在通风设备完善的环境中使用。

3) 会使皮肤着色:未经脱色处理的中药膜粉会加深皮肤颜色。

2. 膏霜类面膜 膏霜类面膜是生产厂家经过乳化加工制成的面膜(图4-3-2),有以下三个特点。

（1）使用简便,可以居家使用。

（2）种类较多,可以根据皮肤的需要选择。

（3）外观与润肤膏霜相似,其区别是敷面一定时间后需要清洗掉。

图4-3-2 膏霜类面膜

3. 纸（布）状面膜 纸（布）状面膜是以无纺布或蚕丝布为载体的面膜,有以下三个特点(图4-3-3)。

（1）使用简便,可以居家、出差使用。

（2）营养成分含量高,分子量小,更容易被皮肤吸收。

（3）美容效果显著。

图4-3-3 纸（布）状面膜

任务实施

一、面部皮肤的分析

根据顾客信息登记表(请扫本项目任务一中的二维码)信息,小婷在情景演练过程中所服务的顾客朱女士,为衰老性皮肤。在选择面膜产品时,要选择符合朱女士皮肤类型特点的软膜粉产品。在操作中,调膜技巧要达到熟练程度,做到心细、眼快、手快。

二、面部敷膜操作流程

软膜操作是美容师的基本功,需要对软膜性能有充分的认知;其技术标准要满足操作时间短,操作动作沉稳、准确、利落(不拖泥带水)、面膜厚薄均匀、表面光滑、周边整齐无外流,具体流程如图4-3-4所示。

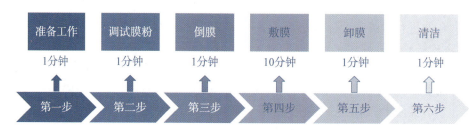

图4-3-4 面部敷膜流程

三、面部敷膜实施

1. 第一步:准备工具和软膜 准备调膜碗1个、调膜棒1根、蒸馏水1瓶、软膜粉25～30 g(滋润紧致)。

2. 第二步:软膜操作流程 软膜操作流程如表4-3-1所示。

朱女士,现在为您做敷膜,软膜可以为您的皮肤提供营养物质。请您闭上眼睛,操作中,如有不适,请您及时举手示意我。

表4-3-1 软膜操作流程

操作流程	操作要领	备注
1 调试膜粉	(1) 取25～30 g软膜粉,放置于干燥的调膜碗内 (2) 加入适量蒸馏水,用调膜棒以顺时针方向快速调试	(1) 动作要快,单方向搅动 (2) 掌握时间及水的比例,调成稠糊状,没有颗粒即可
2 倒膜	(1) 用调膜棒将软膜糊按"从中间向两边,从下到上"的顺序进行涂敷,动作要快,涂敷动作沉稳,幅度要大 (2) 面膜成型后表面光滑,厚薄均匀,敷到发际线即可 (3) 停留15～20分钟	(1) 避开顾客的口、鼻孔、眼睛部位 (2) 不要将面膜糊流、滴到顾客头发、脖子、耳朵 (3) 保持局部整洁、干净
3 卸膜	用湿巾轻按面膜边缘,边缘软化后从下至上将面膜成片卸除	对于干固的面膜不要用力抠,要用清水湿敷后去除
4 清洁	用洗面巾将面部清洁干净	面巾不能太干或太湿,以免摩擦皮肤或滴水

注:此操作流程配有视频,请扫二维码

软膜操作视频

单元四 面部护理基础技能

朱女士,现在面部已经清洁干净,请您慢慢睁开眼睛。眼部有哪里不舒服吗?
好的,我现在为您护肤。

任务总结

面部敷膜无论是在职业技能证书考核,还是各级比赛中,都是测评的核心重点项目。所以,练好面部敷膜至关重要。面部敷膜中,硬膜由于固化速度快,相对来说更难,要在有限的时间里,做出美观、整洁、符合要求的面膜,唯一的办法就是勤学苦练。只有坚持不懈地去探究、练习,学会坚持,才可以掌握这项技艺。

面部敷膜的考核评分标准见表 4-3-2。

表 4-3-2 面部敷膜考核评分标准

任务	流程	评分标准	分值	得分
准备工作 (15分)	选品	正确选择符合顾客皮肤特点的产品	10分	
	沟通	按摩前与顾客沟通,了解顾客的需求	5分	
面部敷膜 (75分)	调试膜粉	取量合适,满足顾客用量	5分	
		水、膜比例合适,调试成糊状,无颗粒	5分	
		单方向搅拌,无错乱	5分	
		动作熟练迅速,不盲目	5分	
	倒膜	涂敷顺序准确,动作快且沉稳,幅度大	10分	
		面膜成型后表面光滑,厚薄均匀,敷到发际线位置。不要将面膜糊流、滴到顾客头发、脖子、耳朵	10分	
		保持局部整洁、干净	10分	
	卸膜	用湿巾轻按面膜边缘	5分	
		从下至上将面膜成片卸除	5分	
		卸膜过程中顾客无不适感	5分	
	清洁	手法轻柔,顾客无不适感	5分	
		洁面巾湿度合适,清洁干净	5分	
反馈 (10分)	顾客感受	与顾客积极沟通,力度符合顾客要求,顾客体验感好	10分	
总分			100分	

结合本课内容为自己或身边的亲人及朋友进行面部敷膜服务,并收集评价、反馈意见。

1. 请总结面部护理过程中与顾客沟通的标准话术。
2. 简述优质面膜的特性。
3. 谈谈自己敷面膜的感受。

(邵 华 章 益)

单元五　身体护理基础技能

单元介绍

本单元根据身体护理项目中实际应用到的基础技能进行设计,学习目标依据岗位职业能力的按摩技术要求制定,内容包括身体不同部位的按摩技术:肩颈按摩、腰背按摩、腹部按摩、乳房按摩、四肢按摩。学习的技能结合岗位中标准化服务流程与规范,适用于为后续模块三服务技能中的身体护理项目。

学习导航

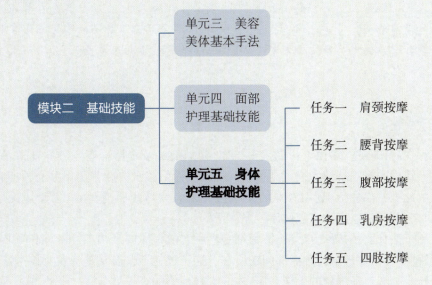

 # 任务一　肩颈按摩

学习目标

1. 通过观察顾客肩颈部生理曲度变化，并询问顾客主观不适感受，能够初步判断顾客肩颈部健康状况。
2. 以体贴、柔和的指触对顾客的肩颈部进行精准分析，并能有效分析肩颈部具体问题所在，并在此过程中，秉承认真负责的服务态度，展现专业可靠的服务形象。
3. 根据顾客肩颈健康放松的需求，完成个性化按摩手法选择并与顾客确认。

情景导入

　　美容师小钱刚入职一家美容店，由于小钱工作经验不足，主管让其先在管理中心培训部进行岗前集训。目前，小钱主攻肩颈方向，需要了解肩颈疲劳的顾客需求及针对顾客的肩颈部状态制定肩颈按摩方案，并能熟练进行肩颈按摩基本操作，方可正式上岗为顾客进行服务。

 任务分析

　　顾客存在肩颈不适，多由于长期伏案工作、频繁低头及维持不变姿势等日常习惯诱发。这些习惯导致肩颈肌肉持续紧绷，加剧局部压力，从而引起肌肉疲劳及相关问题。肩颈按摩主要是缓解此类肌肉疲劳，利用专业的按摩技巧来激发肩颈肌肉活力，缓解其紧张僵硬状态，改善肌肉疲劳，促进肩颈恢复健康。

　　在定制个性化肩颈按摩方案前，需仔细观察顾客的整体肩颈状态，细致询问顾客不适的感受及其程度，针对性地触摸颈肩部问题所在。这一过程不仅需要具备专业技术，还要具备高度的责任心和和严谨细致的工作态度，才能更好地为顾客提供个性化服务。

 相关知识

一、肩颈部解剖结构

　　肩颈部的骨骼结构是 7 节颈椎，肌肉结构包括颈阔肌、斜方肌、胸锁乳突肌、肩胛提肌等，共同起到支撑头部及维持肩颈部正常活动的作用（图 5-1-1）。

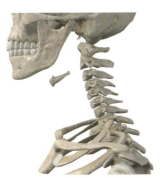
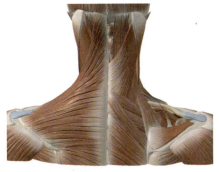

图 5-1-1　肩颈部解剖结构

颈部前部有颈总动脉、颈内静脉等大血管走行,颈椎附近有椎动脉走行。肩颈部神经主要包括来自颈丛的膈神经、支配肩丛的臂丛以及支配上肢的桡神经、尺神经、正中神经。

> **知识链接**
>
> **肩颈部相关骨骼肌肉**
>
> 1. 颈椎:由椎间盘和韧带相连,形成向前凸的生理弯曲。
> 2. 斜方肌:位于后背部,起于枕外隆凸、上项线、项韧带、第 7 颈椎及全部胸椎棘突。纤维分上、中、下三部分,分别止于锁骨外侧 1/3、肩胛冈和肩峰。
> 3. 胸锁乳突肌:位于颈部两侧。起自胸骨柄前面和锁骨的胸骨端,二头会合斜向后上方,止于颞骨的乳突。
> 4. 肩胛提肌:位于颈项两侧,起自 1~4 颈椎的横突,肌纤维斜向后外下行,止于肩胛骨上角和肩胛骨脊柱缘的上部。

二、肩颈按摩常用经穴

1. 肩颈常用经络　肩颈部主要循行的经络以阳经为主,包括有 3 条经脉(表 5-1-1),分别是督脉、足太阳膀胱经、足少阳胆经,呈纵向、两侧对称分布。

表 5-1-1　肩颈经络

名称	定位
督脉	后正中线
足太阳膀胱经	第一侧线:后正中线旁开 1.5 寸
	第二侧线:后正中线旁开 3 寸
足少阳胆经	肩颈侧面,经耳后—颈侧—肩—锁骨上窝

试着将表 5-1-1 中经络位置在图 5-1-2 中标注出来。

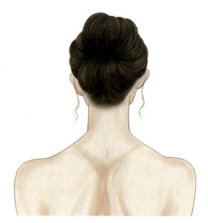

图5-1-2 肩颈经络标注练习

2. 肩颈按摩常用腧穴 肩颈按摩常用腧穴如表5-1-2所示。

表5-1-2 肩颈按摩常用腧穴

腧穴	归属经络	体表定位
翳风	手少阳三焦经	耳垂后,乳突与下颌角间的凹陷处
风府	督脉	后发际正中直上1寸,枕外隆凸直下,两侧斜方肌之间的凹处
风池	足少阳胆经	枕骨下,胸锁乳突肌与斜方肌上端之间的凹陷处,平风府穴
大椎	督脉	颈部,后正中线上,第7颈椎棘突下
肩井	足少阳胆经	在肩上,前直乳中,当大椎穴与肩峰端连线的中点上
天宗	手太阳小肠经	在肩胛部,冈下窝中央凹陷处,在肩胛冈下缘与肩胛骨下角之间连线上,当上、中1/3交点

试着将上述腧穴位置在图5-1-2中标注出来。

三、肩颈按摩功效作用

肩颈护理是依据颈椎以及肩颈部肌肉的生理结构特点,施以适合的按摩手法,对局部组织进行调理,达到调整局部气血,改善僵硬的肩颈肌肉,通经活络,活血化瘀,祛风止痛的目的。另外,具有缓解疲劳,改善周围血液循环,减轻疼痛,预防劳损加重的作用。

四、颈肩按摩注意事项

(1)操作施力以顾客感觉耐受为度,坚持"持久、有力、均匀、柔和"原则,力度由轻至重,注意循序渐进。

(2)操作时避开骨骼凸起处,切忌使用暴力。

(3)不能扳动颈椎,避免压迫颈部气管、颈动脉。

(4)注意吸定受术部位,带动肌肉,切忌摩擦皮肤。

任务实施

一、第一步：准备用品用具

美容师将肩颈按摩所需用品用具备齐(表5-1-3)，有序摆放；调整好美容床的位置、角度，摆放好毛巾呈待客状态。

表5-1-3 肩颈按摩用品用具

序号	类别	选品	备注
1	常用经穴定位	铅笔、橡皮	根据所学，将经穴解剖位置标注出来，进行腧穴定位练习
2	常用手法练习	毛巾、按摩油	两人一组，互为模特，进行基础手法练习，练习时注重力度的深透性。同时，颈椎部位有大动脉、脊髓走行，按摩时应小心谨慎，注意避免使用暴力，以免造成不可逆损伤

二、第二步：练习肩颈按摩常用手法

(1) 按抚法：常用的舒缓手法之一。双手掌指尖相对，水平横放，置于肩部，贴附于皮肤，由中间向两侧直线轻柔和缓推抚，到达肩外侧后顺势包肩拉回。

(2) 捏拿法：拇指和其余手指相对发力，在颈部或肩两侧进行捏拿。颈部捏拿尽可能收拢肌肉，做对称性有力的捏拿，同时避免过度压迫颈部前侧。捏拿肩部时候注意前侧锁骨部位力度轻柔，避免抠掐皮肤。

(3) 弹拨法：用拇指或掌根深按于肩颈部肌筋，于肌肉边缘或其缝隙之中，向下施力，使拇指或掌根陷于内，垂直肌肉纹理的方向做如拨琴弦的往返拨动，肩颈部两侧肌筋均进行连贯弹拨。若力量不足，可使用叠指或者叠掌操作。操作后局部应加以柔和的按揉手法，以缓解手法的刺激性。

(4) 掌按揉法：全掌或者叠掌紧贴肩颈部，着力点吸定按揉部位，按压需垂直向下，并逐渐用力，运用上臂带动手掌做小幅度的环旋揉动，带动深层组织，压力均匀。按揉过程中做到"按一揉三"，动作协调有节律。

(5) 指按揉法：用拇指或叠指用力于肩颈部腧穴，动作要领同上掌按揉法，但接触面更小，作用力更加集中深透，多作用于腧穴点按，对于疼痛不适部位可加强刺激。

(6) 推法：用指、掌等部位紧贴肩颈部，沿着肩颈部经络走行的方向，运用适当的压力，进行单方向的直线移动，推动速度匀速，一般可连续重复5～10遍。推至骨骼凸起处，如棘突、肩胛冈、肩峰端等部位，可减少向下压力，轻柔带过，以免造成顾客的疼痛不适等不良感受。

(7) 拍法：常用结束动作，五指自然并拢，掌指关节微屈，手掌腹面着力，使掌心空虚，然后以虚掌作节律地拍击肩颈部，单手或双手交替操作，动作轻快柔和而具有节奏，指实掌虚，做到拍击声清脆而不甚疼痛(可扫二维码观看操作视频)。

拍法操作视频

三、第三步:设计方案

请根据图5-1-3的方案,在起始手法、疏通手法、加强手法、舒缓手法、结束手法这5个模块中,各自搭配1~2个肩颈按摩手法,设计个性化肩颈按摩方案,根据示例填写表5-1-4,并进行实操。

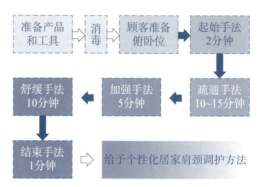

图5-1-3 肩颈按摩方案设计

表5-1-4 个性化肩颈按摩方案

手法大类	具体手法	实施部位及具体操作	时间分配
起始手法	例:按抚法	双手展油,平放于肩颈部,自颈部正中向肩部,由中间向两侧,直线轻柔和缓推抚,操作3~5遍	1~2分钟
疏通手法			
加强手法			
舒缓手法			
结束手法			

任务总结

人的不良姿势,会使肩颈部产生疲劳状态,出现肌肉僵硬、局部疼痛、活动牵扯疼痛等不适症状。肩颈部按摩手法要顺着经络走行、找准腧穴位置,结合肩颈解剖结构,在顾客感受舒适的情况下改善肌肉疲劳状态。

合适的手法是放松肩颈的关键,在按摩过程中需要柔和有力,渗透均匀,这需要持之以恒进行肩颈按摩手法练习,将基本的手法做到极致,达到熟能生巧、巧能生变程度。

任务评价

肩颈按摩任务的考核评分标准见表5-1-5。

表5-1-5 肩颈按摩手法考核评分标准

任务	流程	评分标准	分值	得分
护理准备 （15分）	美容师仪表	淡妆，发型整洁美观，着装干净得体；无长指甲，双手不佩戴饰品（手镯、手表、戒指）	5分	
	用物准备	三条毛巾（头巾、肩巾、枕巾）的正确摆放 产品、工具、仪器准备	5分	
	清洁消毒	用品用具（包括按摩油或按摩乳）消毒，美容师双手清洁、彻底消毒、戴口罩	5分	
操作服务 （65分）	定位	找穴是否准确，按压部位以有酸胀感为佳	5分	
		经络定位是否准确，是否按照循行操作	5分	
	操作要点	根据不同部位选用适宜的手法	5分	
		手法动作要领正确	10分	
		操作熟练、动作连贯	10分	
		动作具备持久、有力、均匀、柔和特点	20分	
		动作刺激度适宜，能深透到肌肉深部	10分	
工作区整理 （5分）	用物用品归位	物品、工具、工作区整理干净	5分	
服务意识 （15分）	顾客评价	语声温和，沟通态度和善，根据顾客感受调整手法力度	5分	
		按摩过程服务周到，以顾客耐受为度，顾客对服务满意	10分	
总分			100分	

练一练

结合本任务的教学目标和教学内容，分析同学中是否存在肩颈疲劳的问题，如有，分析原因，为同学提供肩颈按摩服务并提供改善建议。

想一想

1. 在肩颈按摩中，为什么不能扳动颈椎？有可能会造成什么严重后果？
2. 根据实操演练反馈，肩颈部有哪些穴位按压可出现酸胀等明显反应？

（陈芸芸　马肖琳）

任务二 腰背按摩

> **学习目标**
> 1. 能借助有效沟通,对顾客腰背健康状况能够进行初步判断。
> 2. 能对顾客腰背进行检查分析,作出科学的评估,制定个性化按摩方案。
> 3. 能够按照标准的服务流程,实施规范的按摩操作及优质服务。

 情景导入

从事个人自媒体运营的于女士,由于工作性质,长期久坐、伏案工作,逐渐出现颈肩、腰背酸痛的症状。近期开始频繁出现落枕,臀腿酸麻,严重影响工作效率及日常生活。在某消费点评平台进行综合对比后,她选择了一家信誉度、好评度较高的老牌美体按摩机构寻求帮助。

 任务分析

于女士因为长期久坐、伏案,导致腰背肌肉持续紧张僵硬,肌张力失衡,频繁出现落枕,甚至出现臀腿酸麻的神经压迫症状。美容师需要明确诊断,确定按摩操作需要聚焦的部位,重点疏解,牢记穴位定位,能够准确点穴,加强护理效果。而且要在按摩操作时,注意越紧张的肌肉群,越要先以轻柔手法开始,待局部微热柔软后,加强刺激力度。

 相关知识

腰背部肌肉分布较多,有身体支柱脊柱的存在,也是劳累劳损、僵硬疼痛频发的部位。长期的姿势不良、久坐、负担过度、体重过大等均会引起背部肌肉僵硬疼痛、关节韧带劳损、生理曲度改变、椎间盘突出、脊柱侧弯、小关节错位等问题发生。尤其是腰部,本身没有多余骨骼帮助分担保护。如果女性正值孕产期,腰部要承受更多的压力,肌肉、关节发病率更高。

一、背部肌肉

背部分布肌肉众多,有深有浅,在按摩操作时主要涉及的有肩胛提肌;背腰部的斜方肌、菱形肌、竖脊肌。相应脊柱节段附近出现肌肉隆起明显,贴紧性的条索样筋结,粗糙状的筋结点,僵紧疼痛,皮肤颜色改变等阳性反应,都是身体发出的求救信号,要引起重视。

1. 肩胛提肌 肩胛提肌位于颈项两侧,起自颈椎1~4的横突,止于肩胛骨上角和肩胛骨脊柱缘的上部,承担着颈部与肩部的连接重任。过分紧张会使肩胛提肌弹性下降,颈侧上部出现酸胀性疲乏困倦,并有重压的感觉。肩胛上区不适,劳累、外感受凉会使症状加重。

2. 斜方肌 斜方肌覆盖范围很广,分布在颈部、肩部、上背部所有其他肌肉的表面。这里容易进行手法操作且放松舒缓效果明显。疼痛可从颈部向上转移至乳突并从耳上方至颞区和下颌角处;中、下部疼痛可转移至颅底的后颈部,穿过后肩,到肩峰;下部特别是靠近肩峰外侧端处,疼痛可转移至臂外侧表面最靠近肘部处。

3. 菱形肌 菱形肌位于斜方肌中部深面,起自颈6至胸4棘突,置于肩胛骨内侧缘,呈菱形,是上背部疼痛发生的主要部位。

4. 竖脊肌 竖脊肌是从骶骨向上,相伴脊柱两侧的纵行肌肉,支撑起脊梁的重要肌肉群,能够牵引脊柱实现后仰,一侧收缩,使脊柱向同侧屈。

二、脊柱

脊柱有4个生理弯曲,即颈曲、胸曲、腰曲、骶曲。现代人的生活方式、工作习惯、疾病,加上正常的衰老以及脊柱本身的退行性改变,可使曲度慢慢发生异常改变。相应节段出现问题会影响其中通行的神经血管,出现相应症状(详见二维码内容)。

脊柱节段出现问题后的主要症状

三、腰背按摩常用经穴

1. 腰背常用经络 腰背部主要循行的经络共有3条(表5-2-2),其中督脉位于后正中线上。以此为中心线,左右各二,分布着足太阳膀胱经第一、二侧线。带脉像一条腰带一样,绕腹一圈。

表5-2-2 腰背经络

名称	定位
督脉	后正中线
足太阳膀胱经	第一侧线:后正中线旁开1.5寸
	第二侧线:后正中线旁开3寸
带脉	横行腰腹,绕身一周

试着将表5-2-2经络位置在图5-2-1中描画标注出来。

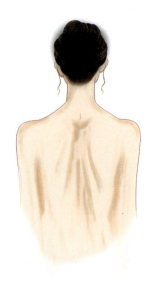

图 5-2-1 腰背示意

2. 腰背按摩常用腧穴

腰背按摩常用腧穴如表 5-2-3 和表 5-2-4 所示。

表 5-2-3 腰背按摩常用腧穴

腧穴名称	经络归属	体表定位	功效主治
华佗夹脊穴	属经外奇穴	第 1 胸椎到第 5 腰椎 17 个脊椎棘突下旁开 0.5 寸,共 34 个	颈1—颈3主治上肢疾患 颈1—颈8主治胸部疾患 颈6—颈5主治腹部疾患 腰1—腰5主治下肢疾患
背俞穴	属足太阳膀胱经	见表 5-2-4	见表 5-2-4
命门	属督脉	位于腰部,当后正中线上,第二腰椎棘突下凹陷中	强腰壮膝,温补肾阳

记忆小窍门

背腧穴歌诀

胸三四五九十椎,肺厥心肝胆俞随,十一脾腧十二胃,腰一三焦肾二继,腰四骶一大小肠,膀胱骶二椎外寻。

表 5-2-4　背俞穴

腧穴名称	体表定位	功效主治
肺俞	第三胸椎棘突下,旁开 1.5 寸	对应脏腑及其系统连属病征;穴位所在部位问题
心俞	第五胸椎棘突下,旁开 1.5 寸	
肝俞	第九胸椎棘突下,旁开 1.5 寸	
胆俞	第十胸椎棘突下,旁开 1.5 寸	
脾俞	第十一胸椎棘突下,旁开 1.5 寸	
胃俞	第十二胸椎棘突下,旁开 1.5 寸	
三焦俞	第一腰椎棘突下,旁开 1.5 寸	
肾俞	第二腰椎棘突下,旁开 1.5 寸	
大肠俞	第四腰椎棘突下,旁开 1.5 寸	
小肠俞	第一骶椎棘突下,旁开 1.5 寸	
膀胱俞	第二骶椎棘突下,旁开 1.5 寸	

试着将表 5-2-3 经络位置在图 5-2-2 中描画标注出来。

图 5-2-2　腰背示意

四、腰背按摩功效作用

1. 放松腰背肌肉组织　腰背按摩可以针对僵紧劳损肌肉组织进行对症施治,精准放松舒缓,使皮肤、肌肉及皮下组织被动运动,促进代谢废物排出,营养氧气供给,紧致光滑肌肤,松解肌肉组织,塑造形体曲线。

2. 减轻关节筋脉压力　促进新陈代谢,增加气血循环,对相应肌肉筋脉舒缓松懈的同时,对受其牵引拉扯的关节进行放松,可帮助小关节复位,减轻椎体间压力。

3. 调节脏腑系统功能　对背俞穴、夹脊穴等进行按摩的同时,对相对应的脏腑及其连属系统起到调节作用,改善对应问题。

> **知识链接**
>
> 腰背按摩注意事项
>
> 1. 孕期、哺乳期、经期经量较多以及患有不适合腰背按摩的疾病时禁止腰背按摩。
> 2. 若腰背疼痛原因不明,应先就医,排除潜在疾病后再行按摩调理。存在严重皮肤问题,如痤疮、疖肿时,需先行专业治疗。
> 3. 切忌使用强力、猛力或暴力手法,施力应遵循由轻—重—轻,用力深透沉稳,整个过程移动平缓轻柔。

一、第一步:准备用品用具

将腰背按摩所需用品用具备齐(表5-2-5),按照规范有序摆放在美容小推车和美容床上。调整好美容床的位置、角度,摆放好毛巾呈待客状态。

表5-2-5 腰背按摩用品用具

序号	类别	选品	备注
1	常用经穴定位	铅笔、橡皮	在学习理论内容之后,将经穴解剖位置描绘出来,有助巩固形象记忆,并能帮助快速发现错误,及时纠正
2	常用手法练习	毛巾、按摩油	两人一组,互为模特进行基础手法练习。练习过程中体会十字要诀,争取每个手法都能够做到持久、有力、均匀、柔和、深透。注意保持身姿端正,颈背挺直,下肢可运用弓步分担压力。勿用蛮力伤及指腕关节,除引起劳损外,还极易给被操作者身体带来伤痛

二、第二步:练习腰背按摩常用手法

大安抚错误操作视频

1. 大安抚 腰背按摩特有的舒缓手法。可于开始、结束时使用,亦可在每个操作手法中间过渡、舒缓时使用。双手掌指尖相对,水平横放,置于腰骶部或肩部(依据操作时站于顾客左腰侧或头侧而异),贴附于皮肤,向肩部或腰骶部直线轻柔、和缓地推抚,然后,以掌心为轴,双掌向外推抹,包肩或包体侧拉回。注意安抚的区域必须涉及肩部及体侧腋下等部位,如果操作不到位,会出现视频中覆盖率不足的问题(错误操作视频请扫二维码)。

2. 推法 以指腹、手掌、掌根、虎口等位置贴附于按摩部位,运用适当的压力,进行和缓的单方向直线推动(远离自身方向)。腰背部一般对膀胱经、带脉、竖脊肌进行此项操作。可结合抹法,进行曲线推抹操作,如两拇指、两手掌轮流交替推抹腰背左右侧、肩胛骨内侧缘等部位。

3. 拉抹 双掌交替、叠掌或虎口张开,拇指与其余四指相对成直线,在按摩部位上进行和缓的单方向拉抹(拉近自身方向)。

4. 捏拿 用拇指和其余手指相对用力,在操作部位或穴位上进行捏提。常与揉按合并

使用,边捏拿边揉按,和缓移动,常用来操作颈肩部。

5. 按法 指腹或掌心、手掌贴附于腧穴或部位,逐渐垂直施力,注意由轻到重。可结合其他基础手法同时操作,如按揉、点按等。

6. 揉法 指腹或掌心、手掌贴附于腧穴或部位,带动皮下组织一起做轻柔和缓的回旋动作。常结合按法、拿法同时应用。

7. 拨法 拇指指腹贴附于肌束边缘或条索状筋结边缘,逐渐垂直适当施力后,做与其垂直方向的拨动动作,似弹拨琴弦。

8. 滚法 使用前臂尺侧着力于操作部位,进行上臂主动摆动,带动前臂在操作部位进行来回滚动;或使用指间关节进行立滚法,即两手轻握拳,如持马缰绳般分置脊柱两侧,利用近侧指间关节进行滚动(立滚)操作。练习中要注意沉肩、垂肘、松腕、舒指。此方法与体表接触面积大,刺激力度较强又柔和,适合肌肉较丰厚部位的按摩操作。

9. 震颤 以单掌或叠掌置于操作部位,以手臂肌肉静止性发力,产生持续有节律的幅度小、频率快的颤动波。

三、第三步:设计方案

请根据图 5-2-3 的设计方案,在起始手法、疏通手法、加强手法、舒缓手法、结束手法这 5 个模块中,各自搭配 1~2 个腰背按摩手法,设计个性化腰背按摩方案,根据示例填写表 5-2-6,并进行实操。

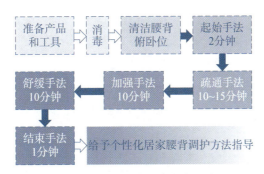

图 5-2-3 腰背按摩方案设计

表 5-2-6 个性化腰背按摩方案

手法大类	具体手法	实施部位及具体操作	时间分配
起始手法	例:大安抚	双手展油,指尖相对,水平横放,置于肩部,贴附于皮肤,向腰骶部直线轻柔和缓推抚,到达后,以掌心为轴,双掌向外推抹,包肩或包体侧拉回,重复操作 3~5 遍	1~2 分钟
疏通手法			
加强手法			

（续表）

手法大类	具体手法	实施部位及具体操作	时间分配
舒缓手法			
结束手法			

 任务总结

　　腰背部是人体容易出现不适症状的部位，也是比较能承受压力的部位，必须要让手法操作深透有力，才能达到预期的改善效果，这需要持久地练习，不断地总结反思；而且背部的夹脊穴和背俞穴等重要穴位，能够加持按摩效果，这就考验我们对症状的正确分析、对腧穴的合理搭配、对位置的精准把握，除了对中医知识的扎实掌握，还要在不断的实践中总结经验。

 任务评价

　　腰背按摩任务的评分标准见表5-2-7。

表5-2-7　腰背按摩评分标准

任务	流程	评分标准	分值	得分
护理准备（15分）	美容师仪表	淡妆，发型整洁美观，着装干净得体。无长指甲，双手不佩戴饰品（手镯、手表、戒指）	5分	
	产品、工具、仪器准备	头巾、肩巾、枕巾正确摆放；产品、工具、仪器准备	5分	
	清洁消毒	用品用具（包括按摩油或按摩乳），美容师双手清洁、彻底消毒，佩戴口罩	5分	
操作服务（65分）	定位	穴位定位是否准确，按压部位有酸麻胀痛感为佳	5分	
		经络定位是否准确，是否按照循行操作	5分	
	操作要点	根据不同部位选用适宜的手法	10分	
		手法动作要领正确	20分	
		操作熟练、动作连贯	10分	
		动作具备持久、有力、均匀、柔和、深透的特点	15分	
工作区整理（5分）	用物用品归位	物品、工具、工作区整理干净	5分	
服务意识（15分）	顾客评价	语声温和，沟通态度和善，根据顾客感受调整手法	5分	
		按摩过程服务周到，以顾客耐受度为度，顾客对本次服务满意	10分	
总分			100分	

单元五 身体护理基础技能

练一练

结合本任务的教学目标和教学内容,两人一组,练习腰背部经络及腧穴的定位;熟练腰背部常用手法并试着设计一套针对伏案久坐人群的按摩操作手法。

想一想

1. 颈背腰臀是脊柱连续贯穿的部位,结合现代社会消费人群不适症状、部位解剖特点等分析一下肩颈、腰背、臀部按摩操作时有何区别?

2. 腰背部分布众多经穴,你能根据实际服务需要,运用中医辨证思维进行对应选择搭配吗?请你以口述形式为49岁上背及腰部酸痛的女士设计按摩方案。

(张 新 马肖琳)

任务三 腹部按摩

学习目标

1. 能够灵活应用腹部相关人体解剖知识,如腹部肌肉、腹腔脏器、皮肤组织等基本结构,以指导手法操作。
2. 能够准确定位腹部经络腧穴,运用中医经络腧穴知识进行辨证取穴。
3. 能够按照标准手法操作要求,进行腹部基础按摩手法操作。

 情景导入

张女士在进行皮肤护理时,感到胃部胀痛不适。美容师小杨观察到其频频皱眉,轻声询问后得知,由于最近天气闷热,张女士经常喝冰饮,导致腹泻。小杨取来加热后的艾盐包,放于其腹部,然后继续进行剩下的护理步骤。不多时,张女士眉头渐渐舒展,表示有所缓解。

 任务分析

中医学中,腹部属阴,需要注意防寒保暖。现代人在生活中常吹空调、喝冰饮、吃冷饮等容易加重胃肠寒凉,导致胃痛、腹痛、腹泻、便秘、痛经等症状发生。美容师小杨使用加热后的艾盐包敷在张女士腹部,通经活络、驱寒止痛,如果能结合腹部按摩,对于张女士症状的改善效果更好。

　　追求身形美与腰腹紧致,一直是众多女性不懈的追求,象征着健康与自律的双重魅力。腹部,人体中既柔软又重要的区域,内部蕴藏众多关键器官却缺乏硬性骨架保护。现代社会的生活习惯,诸如长时间静坐、运动量不足、饮食不规律及心理压力等,常导致消化系统功能降低、新陈代谢减缓、便秘及脂肪过量堆积,尤其产后女性,常遇到腹肌分离、皮肤松弛的困扰,不仅外观改变,还可能导致气血运行受阻,影响身心健康与自信。

　　运用腹部按摩这一辅助手段,结合规律性体育活动与均衡饮食,能显著缓解腹肌分离,重塑腹部紧致,其作用不仅限于外在形态的美化,更深层次促进了全身健康与活力。因此,学习并应用正确腹部按摩方法,对于维持理想体型、提升生活幸福感具有不可忽视的价值。

一、腹部按摩常用经穴

　　腹部分布着多条经络腧穴,在进行腹部按摩时,结合相应操作,能达到事半功倍的效果。

1. 腹部常用经络　　腹部主要循行的经络共有 7 条(表 5-3-1),其中任脉位于前正中线上。以此为中心线,左右各一,分布着 3 对 6 条经脉,从中心向两侧分别为足少阴肾经、足阳明胃经、足太阴脾经。

表 5-3-1　腹部经络

经络名称	腹部定位
任脉	前正中线
足少阴肾经	前正中线旁开 0.5 寸
足阳明胃经	前正中线旁开 2 寸
足太阴脾经	前正中线旁开 4 寸(乳头直下)

　　试着将表 5-3-1 的经络在图 5-3-1 中描画标注出来。

图 5-3-1　腹部示意

2. 腹部按摩常用腧穴　　腹部按摩常用腧穴如表 5-3-2 所示。

表 5-3-2 腹部按摩常用腧穴

腧穴名称	经络归属	体表定位	功效主治
膻中	属任脉	位于胸部,前正中线上,平第 4 肋间隙。两乳中连线中点处	宽胸理气,宁心通乳
鸠尾	属任脉	位于上腹部,前正中线上,当胸剑联合下 1 寸,脐上 7 寸	宽胸理气,和中降逆
幽门	属足少阴肾经	位于上腹部,前正中线旁开 0.5 寸,脐上 6 寸	升清降浊
中脘	属任脉	位于上腹部,前正中线上,胸剑联合与脐连线中点	健脾和胃,行气导滞
下脘	属任脉	位于上腹部,前正中线上,脐上 2 寸	行气导滞,和胃消积
水分	属任脉	位于上腹部,前正中线上,脐上 1 寸	健脾理气止痛
肓俞	属足少阴肾经	当脐中旁开 0.5 寸	理气止痛,润肠通便
天枢	属足阳明胃经	脐旁开 2 寸,左右各一	双向调节胃肠蠕动
阴交	属任脉	在下腹部,前正中线上,脐下 1 寸	利水消肿
气海	属任脉	位于下腹部,前正中线上,脐下 1.5 寸	补气要穴
关元	属任脉	位于下腹部,前正中线上,脐下 3 寸	培补元气
大赫	属足少阴肾经	位于下腹部,前正中线旁开 0.5 寸,脐中下 4 寸	补肾气,调冲任
府舍	属足太阴脾经	位于下腹部,脐中下 4 寸,冲门穴上方 0.7 寸,距前正中线 4 寸	润脾补脾气
冲门	属足太阴脾经	位于腹股沟外侧,距耻骨联合上缘中点 3.5 寸,当髂外动脉搏动处的外侧	健脾化湿,理气解痉
急脉	属足厥阴肝经	位于腹股沟中,耻骨联合下旁开 2.5 寸,动脉搏动处	疏肝理气止痛
命门	属督脉	位于腰部,当后正中线上,第二腰椎棘突下凹陷中	强腰壮膝,温补肾阳

试着将上述腧穴位置在图 5-3-2 处描画标注出来。

图 5-3-2 腹部示意

二、腹部按摩功效作用

1. 紧致腹部肌肤 腹部按摩可以使肌肤被动收缩。按摩介质中含有的营养成分可以随着手法渗透吸收,使肌肤光滑紧致,保持良好的质感及线条。

2. 促进胃肠蠕动 腹部按摩可以促进胃肠道蠕动,有利于食物的吸收传导以及积气糟粕的排出,对胀气、便秘、消化不良等症状改善效果明显。

3. 减少脂肪囤积 被动运动腹部组织,促进局部代谢,加速能量消耗,帮助脂肪分解。

知识链接

腹部按摩注意事项

1. 孕期、哺乳期、经期经量较多以及患有不适合腹部按摩的疾病时禁止腹部按摩。
2. 若腹部疼痛原因不明,应先就医,排除潜在疾病后再行按摩调理。
3. 腹部没有骨骼覆盖保护,内有重要脏器,切忌使用蛮力,施力应遵循由轻—重—轻,用力深透沉稳,整个过程移动平缓轻柔。

一、第一步:准备用品用具

腹部按摩所需用品用具备齐(表5-3-3),按照规范有序摆放在美容小推车和美容床上。调整好美容床的位置、角度,摆放好毛巾呈待客状态。

表5-3-3 腹部按摩用品用具

序号	类别	选品	备注
1	常用经穴定位	铅笔、橡皮	在学习理论内容之后,将经穴解剖位置描绘出来,有助巩固形象记忆,并能帮助快速发现错误及时纠正
2	常用手法练习	毛巾、按摩油	两人一组,互为模特进行基础手法练习。练习过程中体会十字要诀,争取每个手法都能做到持久、有力、均匀、柔和、深透。注意保持身姿端正,颈背挺直,下肢可运用弓步分担压力。勿用蛮力,伤及指腕关节,除引起劳损外,还极易给被操作者身体带来伤痛

二、第二步:练习腹部按摩常用手法

1. 按法 指腹或掌心、手掌贴附于腧穴或部位,逐渐垂直施力,注意由轻到重。可结合其他基础手法同时操作,如按揉、点按等。

2. 揉法 指腹或掌心、手掌贴附于腧穴或部位,带动皮下组织一起做轻柔和缓的回旋动作。常结合按法同时应用。

3. 太极打圈 此为腹部特有的按摩手法。以脐为中心,两手分置脐旁两端,运用适当的压力,两手同时以顺时针或逆时针方向进行圆环状动作。一般顺时针可促进肠道行气导滞,逆时针可相对抑制(太极打圈操作视频请扫二维码)。

4. 推法 以指腹、手掌、掌根等位置贴附于按摩部位,运用适当的压力,进行和缓的单方向直线推动(远离自身方向)。

太极打圈
操作视频

5. 拉抹　双掌交替或叠掌在按摩部位上进行和缓地单方向拉抹，即拉近自身方向（腹部拉抹操作视频请扫二维码）。

6. 拨法　拇指指腹贴附于按摩部位，逐渐垂直适当施力后，做与肌纤维垂直方向的拨动动作，似弹拨琴弦。

腹部拉抹操作视频

7. 震颤　以掌置于按摩部位，以手臂肌肉静止性发力，产生持续有节律的颤动波。

三、第三步：设计方案

请根据图 5-3-3 的设计方案，在起始手法、疏通手法、加强手法、舒缓手法、结束手法这 5 个模块中，各自搭配 1~2 个腹部按摩手法，设计个性化腹部按摩方案，根据示例填写表 5-3-4，并进行实操。

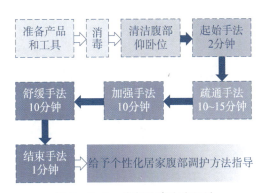

图 5-3-3　腹部按摩方案设计

表 5-3-4　个性化腹部按摩方案

手法大类	具体手法	实施部位及具体操作	时间分配
起始手法	例：太极打圈	双手展油，以脐为中心，两手分置脐旁两端，运用适当的压力，两手同时以顺时针方向进行圆环状动作，重复操作 3~5 遍	1~2 分钟
疏通手法			
加强手法			
舒缓手法			
结束手法			

任务总结

腹部无骨骼保护，内部充盈着柔软的脏器组织。练习初期不善力量控制，极易使用蛮力造成顾客疼痛不适,甚至伤及内脏组织。学习时一定要扎实掌握人体解剖知识,在平日按摩手法练习时,施力一定由轻至重,时刻观察留意顾客面部表情、肢体反应,并且要具有风险意识,熟记注意事项,对于饱食饥饿、极度虚弱等不适宜进行腹部按摩操作的人群能够进行辨识判断,并做好解释说明工作。

任务评价

腹部按摩任务的评分标准见表5-3-5。

表5-3-5 腹部按摩评分标准

任务	流程	评分标准	分值	得分
护理准备 (15分)	美容师仪表	淡妆,发型整洁美观,着装干净得体。无长指甲,双手不佩戴饰品(手镯、手表、戒指)	5分	
	用物准备	枕巾、胸巾、腰巾正确摆放;产品、工具、仪器准备	5分	
	清洁消毒	用品用具(包括按摩油或按摩乳),美容师双手清洁、彻底消毒,佩戴口罩	5分	
操作服务 (65分)	定位	穴位定位是否准确,按压部位有酸麻胀痛感为佳	5分	
		经络定位是否准确,是否按照循行操作	5分	
	操作要点	根据不同部位选用适宜的手法	10分	
		手法动作要领正确	20分	
		操作熟练、动作连贯	10分	
		动作具备持久、有力、均匀、柔和、深透的特点	15分	
工作区整理 (5分)	用物用品归位	物品、工具、工作区整理干净	5分	
服务意识 (15分)	顾客评价	语声温和,沟通态度和善,根据顾客感受调整手法	5分	
		按摩过程服务周到,以顾客耐受为度,顾客对本次服务满意	10分	
总分			100分	

练一练

结合本任务的教学目标和教学内容,两人一组,练习腹部经络及腧穴的定位;熟练腹部常用手法并试着设计一套腹部按摩的操作手法。

想一想

1. 腹部和腰背部都属于人体中较平坦,肌肉分布较多的部位,且包裹着重要脏器,非常适合进行按摩调理。腹部按摩与腰背按摩在手法实际运用上有何异同?

2. 腹部分布的经穴很多，你能根据实际服务需要，运用中医辨证思维进行对应选择搭配吗？

（张　新　马肖琳）

任务四　乳房按摩

学习目标
1. 熟知相关人体结构与功能相关知识，了解乳房的生理、病理等表现。
2. 能够准确定位乳房部位的经络和腧穴，运用中医经络腧穴知识进行辨证取穴。
3. 能够按照标准操作要求，进行乳房基础手法按摩操作。

 情景导入

两位实习生搭档练习乳房按摩，在按摩过程中，她们感觉非常不舒服，并且在练习结束后皮肤发红，乳房出现了肿胀。她们觉得自己点穴到位，用尽了全身力气，流程也没有什么错误，为什么效果却不理想。

 任务分析

现代社会生活节奏快、工作压力大、日常作息不规律、运动量不足等因素均可能导致人们激素分泌失衡，受激素波动影响较大的乳腺问题发生率逐年升高。对于女性来说，乳房更是第二性征，乳房的形态优美与否对女性的心理健康还有至关重要的意义。随着女性对乳房保养意识的提高，为适应市场需求，乳腺健康管理、乳房形态保养相关项目也如雨后春笋般走俏市场。

服务过程中，尤其要注意的是力度恰当。若手法操作力度较大，过度牵拉乳腺组织、淋巴组织刺激过强，会引起被操作者疼痛、淋巴结肿大等不良反应，因此，学习好这个任务的关键是一定要通过不断的练习、真人实践，不断从被操作者反馈中汲取经验，从而掌握合适的力度。

 相关知识

没有病征的双乳对于女性外在形象、心理健康、生活质量、家庭和谐等各方面都越来越重要。大小对称、饱满圆润、肤质紧实细嫩是乳房外在形态的理想状态。

一、乳房的基本结构

乳房包括乳头、乳晕、乳房体三部分。乳头是乳房的中心部位,呈筒状或圆锥状;乳晕是乳头周围一圈色素沉着的皮肤;乳房体是乳头以下呈半球状或圆锥形的部分。乳房的内部主要由乳腺、乳腺导管、脂肪组织和纤维组织等构成。乳腺的大小随月经周期变化,经期前增大,经期后缩小。若摸到包块等异物,不要紧张,应及时就医进行相应检查。

> **知识链接**
>
> 乳房的健康标准
>
> 普遍认为健康的乳房应具有以下特征。
>
> (1) 皮肤光滑,细腻娇嫩。与激素正常分泌密切相关。乳头乳晕大小适中,色泽会根据肤色、激素水平略有不同。
>
> (2) 丰满紧实,富有弹性。乳房的形状由纤维结缔组织决定,纤维组织起固定和支撑的作用,以挺拔不垂不外扩为理想状态。乳头水平约位于上臂1/2,垂直约位于耳垂向下延伸线处。
>
> (3) 左右对称,大小均衡。乳房的大小由脂肪(占70%~80%)、腺体决定,也与先天遗传、雌孕激素水平、后天饮食、运动锻炼、作息习惯、胸衣佩戴等有关。一般以 0.535×身高(cm) 为胸围正常值。如果想丰胸,就要让腺体腺泡再次发育,变饱满,或使脂肪组织增大体积和数量,或通过锻炼胸大肌,达到视觉上的饱满效果。

二、乳房按摩常用经穴

经络腧穴是人体气血输注体表的特殊部位,可行气活血,促进血液循环,按摩时结合相应手法操作,能够有效助力乳房组织的代谢。

1. 乳房按摩常用经络 胸部主要循行的经络共有7条(表5-4-1),任脉位于前正中线上。以此为中心线,左右各一,分布着3对6条经脉,从中心向两侧分别为足少阴肾经、足阳明胃经、足太阴脾经。

表5-4-1 胸部经络

经络名称	胸部定位
任脉	前正中线
足少阴肾经	前正中线旁开2寸
足阳明胃经	前正中线旁开4寸(直通乳头)
足太阴脾经	前正中线旁开6寸

2. 乳房按摩常用腧穴 具体如表5-4-2所示。

表 5-4-2 乳房按摩常用腧穴

腧穴名称	经络归属	体表定位	功效主治
肩井	足少阳胆经	位于肩上,前直乳中,当大椎与肩峰端连线的中点。自然搭手于对侧肩上	通乳催产,调和气血
屋翳	足阳明胃经	位于胸部,当第 2 肋间隙,前正中线旁开 4 寸	止咳化痰,消痈散结
膺窗	足阳明胃经	位于胸部,当第 3 肋间隙,前正中线旁开 4 寸	宽胸理气,通乳散结
乳中	足阳明胃经	位于胸部,当第 4 肋间隙,前正中线旁开 4 寸	不针不灸,只作取穴标志
乳根	足阳明胃经	位于胸部,当第 5 肋间隙,前正中线旁开 4 寸,乳头直下	宽胸理气,通乳散结
膻中	任脉	位于胸部,前正中线上,平第 4 肋间隙。两乳中连线中点处	理气宽胸,宁心通乳
天池	手厥阴心包经	位于胸部,当第 4 肋间隙,乳中外 1 寸	通乳丰胸
渊腋	足少阳胆经	位于侧胸部,当腋中线上,第 4 肋间隙,腋下三寸	宽胸理气
天宗	手太阳小肠经	位于肩胛部,当冈下窝中央凹陷处(肩胛冈与肩胛角连线上 1/3),压痛最明显处	通络止痛
肝俞	足太阳膀胱经	位于背部,当第 9 胸椎棘突下,后正中线旁开 1.5 寸	疏肝利胆
华佗夹脊穴	经外奇穴	位于背部,第 1 胸椎至第 5 腰椎棘突下旁开 0.5 寸,左右各一,共 34 个穴位	调节自主神经,第 1 至第 8 胸椎主治胸部疾患
足三里	足阳明胃经	位于小腿前外侧,当外膝眼下 3 寸,距胫骨前缘一横指	健脾和胃,补气养血
三阴交	足太阴脾经	位于小腿内侧,当足内踝尖上 3 寸,胫骨内侧缘后方	健脾疏肝益肾
太冲	足厥阴肝经	位于足背,当第 1、2 跖骨结合处前凹陷中	疏肝理气、通经活络

五、乳房按摩功效作用

1. 维持改善乳房健康形态 按摩可以增强韧带、纤维结缔组织功能,保持挺拔。

2. 改善乳房气血循环状态 按摩可以促进乳房组织气血循行,加速新陈代谢,行气活血,延缓衰老,改善乳房亚健康状态。

3. 加强保持乳房饱满程度 促进乳房血液循环,有助于肌肤保持滑嫩,乳房内结构保持丰满状态。

知识链接

乳房按摩注意事项

（1）孕期、经期经量较多时以及患有不适合乳房按摩的疾病时禁止按摩操作，哺乳期可以轻柔力度以疏通散结为目的进行适当操作。

（2）乳房疾病，如乳腺癌、纤维瘤、乳腺结节应遵医嘱，可于愈后进行手法操作。严重的乳腺增生，可以轻柔舒缓引导气血循行，切不可大力散结。

（3）乳房内含丰富导管组织，柔软娇嫩，施力切不可过重，轻柔舒缓为主，勿用蛮力。操作避开乳中穴。

（4）可在按摩前进行5～10分钟的热敷，温度不宜过高，保持温热为宜。

任务实施

一、第一步：准备用品用具

美容师将乳房按摩所需用品用具备齐（表5-4-3），有序摆放在工作车上，排列整齐。调整好美容床的位置、角度，摆放好毛巾呈待客状态。

表5-4-3 乳房按摩用品用具

序号	类别	选品	备注
1	常用经穴定位	铅笔、橡皮	在学习理论知识之后，将经穴解剖位置描绘出来，有助巩固形象记忆，并能帮助快速发现错误，及时纠正
2	常用手法练习	毛巾、按摩油	两人一组，互为模特，进行基础手法练习。练习过程中体会十字要诀，争取每个手法都能够做到持久、有力、均匀、柔和、深透。注意保持身姿端正，颈背挺直，下肢可运用弓步分担压力。勿用蛮力，伤及指腕关节，除引起劳损外，还极易给被操作者身体带来伤痛

二、第二步：练习乳房按摩常用手法

每个完整的按摩操作流程都是由常用基础手法组合而成的，我们要扎实练好基本功，将十字要诀融合吸收，这样在今后的岗位工作中，无论遇到什么样的手法操作流程，我们都可以游刃有余地应对。

1. 按法 指腹或指端贴附于按摩部位，逐渐垂直施力，注意由轻到重。可结合其他基础手法同时操作，如按揉、点按等，按需选择食指中指无名指三指、食指中指两指或拇指。

2. 揉法 指腹或掌心、手掌贴附于腧穴或部位，带动皮下组织一起做轻柔和缓的回旋动作。常结合按法同时应用。可在背部或乳晕周围施加适当力度进行此操作。

3. 抚摩 此为乳房特有的按摩手法。站于头位，双掌合拢，沿任脉由上滑下，于剑突处分开，分摩至外下象限处转腕，手掌包裹双乳，拇指、四指分开成"C"形，沿乳房根部边缘抚摩至外上象限，轻柔和缓向乳中集中，慢慢向上离开乳房。此过程力度保持一致，勿因转腕而

松动。

4. 推抹 适用于全乳的常用手法。拇指第一指节或其余四指由乳房根部边缘开始,施以适当压力,向乳中方向进行和缓地单方向直线推动。可两手拇指交替轮流推抹,也可跪指,以食指第二指节桡侧推抹。

5. 捏拿 用拇指和食指中指两指或其余手指相对用力,在一定部位或穴位上进行捏提。

6. 搓摩胁肋 双掌挟住胁肋两侧,相对用力,进行快速地反复搓动。

7. 拍击 用虚掌或拳、小鱼际等部位,平稳而有节奏地拍击一定部位。

三、第三步:设计方案

请根据图5-4-1的设计方案,在起始手法、疏通手法、加强手法、舒缓手法、结束手法这5个模块中,各自搭配1～2个乳房按摩手法,设计个性化乳房按摩方案,根据示例填写表5-4-4,并进行实操。

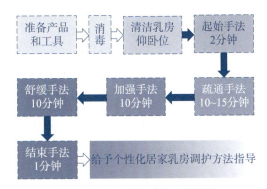

图5-4-1 乳房按摩方案设计

表5-4-4 个性化乳房按摩方案

手法大类	具体手法	实施部位及具体操作	时间分配
起始手法			
疏通手法	例:抚摩	以乳中穴为中心,两手分置乳房两端,小指及手掌尺侧置于乳房根部边缘,运用轻柔和缓的力度速度,向中心(避开乳中)集中,慢慢向上离开乳房	1分钟
加强手法			
舒缓手法			
结束手法			

任务总结

台上一分钟,台下十年功,准确选取穴位,灵活搭配;自如运用手法,得气感应,均需要平时努力巩固理论知识、练习基本手法操作,在不断巩固完善的过程中去体会十字要诀。接下来,我们在岗位中服务顾客时,要使用整体观念、用心辨证,根据每位顾客的个体情况,结合其实际需求"量身定制"护理方案,并以精湛的技术、真诚周到的服务"靶向"解决问题,成为一名合格的健康美的传播者。

任务评价

乳房按摩任务的评分标准见表5-4-5。

表5-4-5 乳房按摩评分标准

任务	流程	评分标准	分值	得分
护理准备（15分）	美容师仪表	淡妆,发型整洁美观,着装干净得体。无长指甲,双手不佩戴饰品(手镯、手表、戒指)	5分	
	用物准备	头巾、肩巾、枕巾正确摆放,产品、工具、仪器完整	5分	
	清洁消毒	用品用具(包括按摩油或按摩乳),美容师双手清洁、彻底消毒	5分	
操作服务（65分）	定位	穴位定位是否准确,按压部位有酸麻胀痛感为佳	5分	
		经络定位是否准确,是否按照循行操作	5分	
	操作要点	根据不同部位选用适宜的手法	10分	
		手法动作要领正确	20分	
		操作熟练、动作连贯	10分	
		动作具备持久、有力、均匀、柔和、深透特点	15分	
工作区整理（5分）	用物用品归位	物品、工具、工作区整理干净	5分	
服务意识（15分）	顾客评价	语声温和,沟通态度和善,根据顾客感受调整手法	5分	
		按摩过程服务周到,以顾客耐受为度,顾客对本次服务满意	10分	
总分			100分	

练一练

结合本任务的教学目标和教学内容,两人一组,练习经络及腧穴的定位取穴,"顾客"及时反馈是否得气。熟练乳房常用手法设计一套乳房按摩的操作手法。

想一想

1. 如今人们越来越重视产后修复,对于产后催乳,你能否给予一定的手法取穴指导及饮食调养方案？

2. 乳房问题与激素分泌息息相关，请从饮食、运动、作息、穿衣等方面展开思考，如何进行正确的居家养护呢？

（张　新　叶秋玲）

任务五　四肢按摩

学习目标

1. 通过观察顾客四肢外观及关节活动状态，并通过询问顾客主观不适感受，能够初步判断顾客四肢关节健康状况。
2. 通过仔细认真、耐心细致的检查，对顾客的四肢关节进行精准分析，并能有效分析四肢关节具体问题所在。
3. 根据顾客四肢放松、关节健康的需求，完成个性化按摩手法。

情景导入

美容师小金的老顾客蔡女士工作较忙，双腿经常出现胀痛的感觉，虽然就医后发现无大碍，医生建议多休息放松。小金决定采用四肢按摩手法，每次在面部护理结束后，为蔡女士进行四肢按摩，帮助蔡女士解除疲劳。

任务分析

四肢按摩可以缓解顾客四肢肌肉疲劳，促进四肢局部血液循环，消除肌肉乳酸堆积，帮助四肢及关节恢复健康状态。按摩需要熟悉经络、腧穴，在学习不同手法过程中，可以分步骤把局部动作学习好，再进行连贯性的操作练习。在操作过程中要注意与顾客反复交流，顾客的体验反馈可以帮助及时调整力度、速度和手法，同时也养成进行良好沟通、客情维护的习惯。

相关知识

一、四肢解剖结构

以下肢为例，其骨骼结构包括股骨、髌骨、胫骨、腓骨，肌肉结构包括股四头肌、腓肠肌等，共同起到支撑下肢及维持下肢正常活动的作用。

> **知识链接**
>
> **下肢解剖结构**
>
> 1. 膝关节：由股骨下端、胫骨上端和髌骨构成，属于滑车关节，主要韧带包括髌韧带、腓侧副韧带、胫侧副韧带等。
>
> 2. 股四头肌：人体最大、最有力的肌肉之一，包括股直肌、股内侧肌、股外侧肌和股中间肌。
>
> 3. 腓肠肌：系小腿后侧肌群，起自股骨内、外上髁的后面，在小腿上部形成膨隆的小腿肚，向下续为跟腱，止于跟骨结节。

二、四肢按摩常用经穴

1. 四肢按摩常用经络 四肢外侧循行以手足三阳经，四肢内侧循行以手足三阴经，具体分布如表 5-5-1 所示。

表 5-5-1 四肢经络

名称	定位
手三阳经	分布在上肢外侧，分别为手阳明大肠经、手少阳三焦经、手太阳小肠经
手三阴经	分布在上肢内侧，分别为手太阴肺经、手厥阴心包经、手少阴心经
足三阳经	分布在下肢外侧，分别为足阳明胃经、足太阳膀胱经、足少阳胆经
足三阴经	分布在下肢内侧，分别为足太阴脾经、足少阴肾经、足厥阴肝经

2. 四肢按摩常用腧穴 如表 5-5-2 所示。

表 5-5-2 四肢按摩常用腧穴

部位	腧穴名称	体表定位
上肢	肩贞	腋后皱襞上 1 寸
	肩髎	肩峰后下方，上臂外展肩峰后下方凹陷中
	臂臑	在臂三角肌止点处，当曲池与肩髃连线上，曲池上 7 寸
	曲池	肘横纹外侧端，在肘横纹桡侧头与肱骨外上髁之中点处
下肢	梁丘	髌骨外上缘上 2 寸
	血海	髌骨内上缘上 2 寸
	膝眼	髌尖两侧凹陷中
	委中	腘横纹中央
	足三里	犊鼻下 3 寸，胫骨前嵴外一横指处
	阴陵泉	胫骨内侧髁下缘凹陷中
	阳陵泉	腓骨小头前下方凹陷中

请同学两两组队,在各自身上将这些腧穴用笔在人体上标注出来。

三、四肢按摩的功效与作用

四肢按摩是依据四肢骨骼肌肉结构特点以及关节的活动特点,施以适合的按摩手法,改善肌肉关节周围组织血液循环,减少关节周围组织炎症以及粘连,达到保护关节、维持关节正常功能的目的。

四、四肢按摩注意事项

(1) 操作时需要做到持久、有力、均匀、柔和,将按摩压力渗透进四肢肌肉深层。
(2) 操作活动关节时,注意不超过四肢关节的生理活动范围,以免造成关节损伤。
(3) 上肢骨及肌肉较下肢骨力量薄弱,操作时不能过度用力,或者突发暴力,以免造成皮肤表面瘀青,甚至骨折。

一、准备用品用具

美容师将四肢按摩所需用品用具备齐(表5-5-3),有序摆放在工作车上,排列整齐。调整好美容床的位置、角度,摆放好毛巾呈待客状态。

表5-5-3 四肢按摩用品

序号	类别	选品	备注
1	常用经穴定位	记号笔	两人一组,互为模特,将经穴位置在人体上标注出来,进行腧穴定位练习。
2	常用手法练习	毛巾、按摩油	两人一组,互为模特,进行基础手法练习。根据四肢肌肉丰薄选择合适力度,四肢活动应在其关节活动范围内操作。

二、训练四肢按摩常用手法

两人一组根据表格训练上肢按摩常用操作手法(表5-5-4)、下肢按摩常用操作手法(表5-5-5)。

表5-5-4 上肢按摩常用手法

序号	操作手法	操作要领	操作要求
1	拿揉斜方肌	一手握住顾客的手,一手拿揉斜方肌,3遍	一只手全部动作做完后再做另一只手
2	拿揉上肢	(1) 一手握住顾客手 (2) 一手从上至下拿揉上肢,先做伸侧,再做屈侧,各3遍	(1) 施力点在大鱼际,勿用拇指捏拿 (2) 移动缓慢,避免跳跃

(续表)

序号	操作手法	操作要领	操作要求
3	抖腕关节	(1) 双手四指在下、拇指在上拿住顾客腕上1寸处 (2) 拇指施力上下抖动腕关节	(1) 施力点在拇指,力度适中 (2) 抖动速度适中
4	分推手背	双手四指托住顾客手,双手大鱼际分推手背	施力均匀,移动要缓慢
5	弹拉手指	(1) 用拇指、食指、中指分别揉按手背、手指 (2) 揉至指尖部后,食指、中指屈指扣住指尖快速弹出(有响声)	(1) 揉按手指时,着力点在顾客手指两侧,从指根向指尖缓慢移动 (2) 弹拉手指时,动作短平快,以出现弹响为佳
6	点揉合谷	单手拇指点揉合谷,3遍	施力均匀,遵循轻—重—轻原则
7	搓掌、指部	(1) 双手拇指搓手掌:搓劳宫,搓大、小鱼际 (2) 双手拇指搓大、小鱼际逐渐从大指、小指搓出;搓掌心逐渐从食指、无名指搓出;再搓掌心逐渐从中指搓出	速度要快,发热为宜
8	弹扣手掌	一手立起顾客的手,另一只手与其插指相扣,揉掌3圈后弹扣手掌,3次	避免暴力
9	摇腕、肘关节	(1) 五指相插,掌心相对,向上提起顾客的手,进行顺、逆时针摇腕关节,各3圈 (2) 五指相插,掌心相对,向上提起顾客的上肢,进行顺、逆时针摇肘关节,各3圈	要遵循腕关节运动的生理限度,动作要柔和、有节律
10	抖上肢	将顾客手臂抬高,快速抖动,然后松手,使其自然下落,3遍	抖动频率要快,甩落时注意避开周边物体
11	按压上肢	(1) 双手重叠按压中府穴(肩窝),3次 (2) 双手掌按压上臂,3次 (3) 双手掌按压前臂,3次	施力沉稳,垂直向下,移动缓慢
12	叩敲上肢	双手对掌,五指略微分开,以散指上下叩敲,速度适中,用腕力带动	避免使用死力
13	收放血管	双手捏住顾客指尖,交替向腕部挤按,使手部呈缺血状(发白),至腕上方后逐渐放开,使手部血管充盈,之后做另一只手	手部血管收的时间不宜过长
14	安抚放松	双手掌交替拉抹上肢	要轻柔、贴合、舒适

表5-5-5　下肢按摩常用手法

序号	操作手法	操作要领	操作要求
1	推摩法	双手掌从踝关节上方双侧向上至膝盖下方顺势推摩，并从腘窝处包回，操作时紧贴皮肤，可运用按摩油或按摩乳，来回推拉按摩	使皮肤有微微发热感，下肢血液循环加快
2	捏拿四肢	用拇指与其余四指并拢，对称性地捏拿下肢肌肉，将肌肉充分提起，从近端起，缓慢移向远端	(1) 在下肢肌肉酸痛最明显之处可重点捏拿，在关节处或肌肉薄弱处施力变小 (2) 做到拿而不死、灵活多变，动作轻快连贯
3	拿揉膝关节	(1) 双手虎口相向拿揉膝关节，或单手掌心拿揉肘关节 (2) 配合四肢关节屈伸及内、外翻活动	拿揉动作需灵活轻巧
4	掌根按揉	用掌根吸定四肢肌肉丰厚部位，如上肢三角肌、下肢股四头肌等，用大鱼际吸定肘膝关节肌肉浅薄部位，运用上臂带动掌根或大鱼际做小幅度的环旋揉动，带动肘四肢肌肉或肘膝关节韧带组织	在按揉时垂直向下按压，并逐渐用力
5	点按腧穴	拇指指端着力，点按下肢部分腧穴，以腧穴点有酸胀感为宜，至少保持5秒	(1) 点按时配合轻—重—轻的节律 (2) 每个腧穴刺激时间不宜过短
6	搓四肢	用双手掌面着力，对称地挟住或托抱住上肢或下肢的一定部位，双手同时相对用力做相反方向的较快速搓动，并同时缓慢地上下往返移动	操作时呼吸自然，两手夹持不宜太紧，避免造成手法呆滞
7	弹拨腘窝	(1) 拇指弹拨膝关节后窝两侧肌筋，使拇指指端陷于肌筋外侧，垂直筋肉纹理的方向做如拨琴弦样的往返拨动 (2) 较强刺激拨筋后可辅助于柔和的按揉手法	切忌用指甲扣抓
8	拍法	常用结束动作，手掌腹面着力，以虚掌有节律地拍击四肢部位，可重复10~20遍	施力均匀，手法贴合

下肢推摩法
操作视频

三、设计方案

请根据图5-5-2的方案，在起始手法、疏通手法、加强手法、舒缓手法、结束手法这5个模块中,各自搭配1~2个四肢按摩手法,设计个性化四肢按摩方案,以下肢为例,根据示例填写表5-5-6,并进行实操。

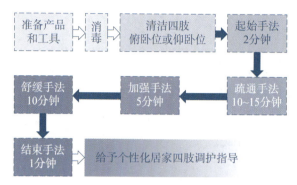

图5-5-2 四肢按摩方案设计

表5-5-6 个性化四肢按摩方案

手法大类	具体手法	实施部位及具体操作	时间分配
起始手法	例:推摩法	站于顾客侧面,双手展油,均匀地将按摩油涂抹于小腿后侧,随后双手包裹小腿,稍加压力,从脚踝处向腘窝来回推摩,来回10~15遍	1~2分钟
疏通手法			
加强手法			
舒缓手法			
结束手法			

任务总结

人体活动是通过关节活动来完成的,所以关节劳损给人们的生活带来很大的困扰。特别是下肢关节承受着身体的全部重量,加之各种运动的磨损,膝关节受损概率增加。常见表现为膝关节疼痛、活动受限等,都会大大影响人们的生活质量。

为顾客按摩四肢时,除了让顾客放松肌肉疲劳,也让顾客良性活动四肢关节,改善关节劳损,尤其是下肢膝关节,操作过程中要随时细心观察顾客面部表情及肢体动作,是否出现不适感受,及时调整手法及力度。

任务评价

四肢按摩任务的考核评分标准见表5-5-7。

表5-5-7 四肢按摩手法考核评分标准

任务	流程	评分标准	分值	得分
护理准备 (15分)	美容师仪表	淡妆,发型整洁美观,着装干净得体。无长指甲,双手不佩戴饰品(手镯、手表、戒指)	5分	
	用物准备	三条毛巾(头巾、肩巾、枕巾)的正确摆放,产品、工具、仪器准备	5分	
	清洁消毒	用品用具(包括按摩油或按摩乳),美容师双手清洁、彻底消毒,美容师戴口罩	5分	
操作服务 (65分)	定位	找穴是否准确,按压部位以有酸胀感为佳	5分	
		经络定位是否准确,是否按照循行操作	5分	
	操作要点	根据上肢与下肢的不同,选用适宜的手法	5分	
		手法动作要领正确,活动关节手法适宜	10分	
		操作熟练、动作连贯	10分	
		动作具备持久、有力、均匀、柔和特点	20分	
		动作刺激度适宜,能渗透到肌肉深部	10分	
工作区整理 (5分)	用物用品归位	物品、工具、工作区整理干净	5分	
服务意识 (15分)	顾客评价	语声温和,沟通态度和善,根据顾客感受调整手法力度	5分	
		按摩过程服务周到,以顾客耐受为度,顾客对服务满意	10分	
总分			100分	

练一练

结合本任务的教学目标和教学内容,分析家中长辈是否存在四肢关节疼痛的问题,分析四肢关节疼痛及活动受限问题原因,为长辈提供四肢按摩服务并提供改善建议。

想一想

1. 如果顾客反馈自己的四肢出现很严重的疼痛感,且没有在医院进行检查,作为美容师,是否需要建议顾客前往医院就诊?
2. 请查阅相关资料,了解上肢肩关节的正常生理活动的范围。

(陈芸芸 李凌霄)

模块三

项目实践

单元六　美容美体服务方案制定

单元介绍

美容美体服务方案的科学制定,决定着后续实施的有效性。因此,好的方案制定是一切高品质、精准服务的源头。本单元通过面部和身体护理方案制定的内容、方法和要求的学习,学会制定有效解决顾客问题的精准方案,从而帮助顾客开展健康生活方式。

学习导航

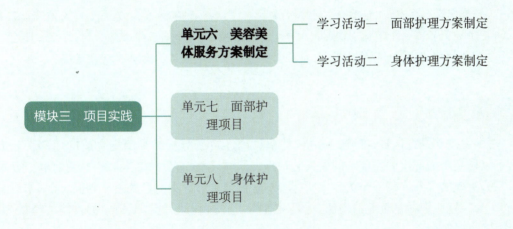

学习活动一　面部护理方案制定

学习目标

1. 熟悉面部护理方案包含的内容、制定的方法和流程。
2. 能够与顾客有效沟通，通过观察、对话、触摸等一系列手段获取皮肤问题成因的相关信息。
3. 通过准确地分析顾客的面部皮肤特征、类型，设计科学合理的面部护理方案。

 情景导入

顾客阿萍，30岁，从事财务工作，经常加班。阿萍面部和身体皮肤干燥有皮屑，说话、笑时可见抬头纹和鱼尾纹；毛孔细小，皮肤细腻、不光滑，眼部凹陷。阿萍从来没有做过面部护理，很少使用护肤用品。如何才能为她制定合适的面部护理方案呢？

 活动分析

对顾客皮肤进行认真、准确地分析，并根据顾客皮肤分析结果制定合适的面部护理方案，可以做到对面部皮肤实施有的放矢的护理。同时，记录、存档顾客的资料，更有利于开展系统的、有效的服务。每一个美容会所（院）制定面部护理方案的形式不尽相同，但基本内容大同小异。这些资料是企业的资源，也是美容师工作过程的写实，更是维护客情的桥梁，及工作绩效的依据。

 相关知识

一、面部护理方案的基本内容

1. 顾客基本情况　内容包括顾客姓名、性别、年龄、联系电话、到店日期、主要需求（主诉）等。

2. 顾客信息　这是美容师通过望、闻、问、触、检等方式获得的顾客面部皮肤信息以及相关的生活习惯、工作特点等信息。

3. 结论　美容师（或顾问）对顾客信息进行分析、归纳、判断得出的结论，比如判断是干性皮肤还是油性皮肤等。

4. 护理方案　这是美容师（或顾问）根据顾客的需求和结论，设计、制定的护理计划（或称为护理方案）。

5. 对顾客日常护理的要求与建议 专业的美容师都清楚，皮肤护理的效果需要对皮肤进行循序渐进的、全方位的呵护才能体现，而美容师的日常指导是非常重要的。

6. 护理过程记录 美容师不仅要记录顾客接受服务的次数、每次服务的皮肤状态和皮肤护理方法，还要记录护肤品的消耗情况、护理过程中顾客皮肤的变化情况以及每次护理后顾客皮肤状况等。

7. 签名 美容师和顾客一定要在护理方案上签名。

我们要培养自己记录服务过程的习惯，熟悉各种表格的形式特点，用简洁、精练的词句概括服务内容，描述真实、有条理，重点突出，用词准确，内容一目了然。

二、制定面部护理方案的注意事项

1. 记录要真实 部分美容师由于各种原因不能真实地记录护理过程，这种错误轻则导致护理结果的差异，重则会失去顾客的信任。真实记录信息是每一个美容师必须重视的问题。

2. 记录要认真 记录过程中要做到耐心、细心。如记录字迹潦草、内容丢三落四、只记流水账、没有重点、没有分析建议等都是不认真的表现，容易导致信息采集的效果不理想。

3. 记录要完整 对顾客护理过程的记录要完整。如缺失日期、产品信息、产生的问题等方面的记录都是重大错误，应该避免。

三、获得顾客信息的方法

美容师同医生一样，当顾客来到你面前时，需要第一时间通过观察、沟通、触摸等一系列手段获得顾客信息，这是美容师对顾客状况进行分析判断和制定护理方案的依据。

1. 观察法 观察顾客的皮肤，从中发现问题。美容师要养成善于观察的习惯。

2. 沟通法 通过交谈了解顾客的日常生活习惯、工作性质、常用的护肤用品以及各种心理需求，这些信息对我们作出正确的诊断很有帮助。美容师要善于与顾客交谈。

3. 触摸法 触摸皮肤可以掌握最直接的皮肤信息。

4. 检测工具法 利用检测工具获得皮肤信息，往往最具有说服力。

活动实施

对于职场新人，掌握工作程序是进入工作状态的第一步。在美容会所(院)，美容师制定护理方案，首先要获得顾客信息，进行皮肤分析，对顾客的皮肤类型作出较准确的判断，而后再完成设计并详细、耐心地向顾客讲解护理方案的针对性，同时进行效果描述，取得顾客的肯定与信任。护理方案的制定与实施可通过以下分解步骤学习，也可以扫二维码获取相应程序的工作要点进行深入学习。

护理方案制定与实施程序

一、第一步：记录信息

将获得的顾客信息记入表中。

二、第二步：作出判断

综合分析、归纳顾客信息，作出判断。

三、第三步:分清处理顺序

当顾客皮肤有多种问题存在时,要分清轻重缓急,按主次顺序分别列出。处理顺序是:炎症、痤疮为先,色斑次之,最后为衰老皮肤。

四、第四步:制定护理项目

这个过程就像医生看完病,根据病情开出处方一样。我们要考虑以下四个问题。

1. 护理项目内容 美容行业根据市场现状、顾客心理、顾客需求制定护理项目。为了方便顾客记忆和理解,往往都会为这些项目命名,如面部 SPA、嫩白淡斑、控油祛痘等,而且要为这些项目制定操作流程、操作方法以及各种要求和标准,美容师需要把这些内容标注入档案。

(1)项目名称:美容师需要注明项目名称。

(2)操作流程、操作方法和要求:此项目的详细操作流程、操作方法(是否使用仪器)和操作要求等。

(3)标注使用产品:每个程序使用的产品名称、调配量以及使用注意事项。

(4)标注护理顺序、解决什么问题、操作标准和要求:对于复杂皮肤状态,一定要标注护理顺序,一般为炎症→色斑→干燥→皱纹。例如,顾客皮肤发生过敏,出现红、肿、渗出等表现,同时又有黄褐斑和皮肤老化现象,对于这种皮肤状态,护理的顺序是先解决过敏,待皮肤恢复健康后再护理色斑和衰老。每个项目一般都会有一个重点解决的问题,一定要标注清楚。所谓操作标准和要求,就是规范操作的标准和要求,关系到整个护理过程的质量和护理后的效果,美容师必须要遵循。

(5)居家护理方案与建议:让顾客知道要保持良好的皮肤状态,单纯地依赖在美容院护理是不够的,养成良好的护肤习惯,是皮肤健康、年轻化所必需的。所以,美容师不能忽略皮肤的居家护理,一个合理化建议会使顾客受益终身。

2. 个性化设计 依据顾客皮肤特点和产品项目的核心点,要针对性很强地设计护理项目,如水氧+面部 SPA、控油+补水+修复、嫩白+补水+修复。

3. 特定项目制定 美容会所(院)往往根据季节、节假日、纪念日、某种类型皮肤、某款产品或仪器等推出一些特定护理项目,如美丽季项目(产品)、春季养肝项目(养生)、深海 SPA 项目(仪器+产品)等。

4. 制定疗程 皮肤护理与治疗疾病一样需要时间,所以一定要让顾客明白:仅通过一次护理解决皮肤问题是不现实的,是不符合事物发展规律的幻想。护理疗程就是通过一段时间的护理,达到相对满意效果的过程。这个过程往往因人而异,一般情况下,面部护理疗程为:每周 1~2 次,12 次为一疗程,其中包括护理期 4 次、巩固期 4 次、维护期 4 次,必要时可以进行第 2、第 3 次疗程。

五、第五步:将护理项目填写在护理档案中

填写内容包括项目名称、操作流程、护理基本方法、每个疗程所采用的主要产品以及每个疗程的护理重点、标准和要求(解决什么问题)。

六、第六步：护理过程记录

继首次正确识别、判断、处理后，在后续的皮肤护理时，都要做重点记录，记录内容包括三个方面：操作日期和时间、顾客的皮肤状态和主要问题、护理过程。

其中护理过程记录主要包括三个方面：主要操作流程、方法，是否对原方案进行调整以及调整的内容与理由；所用护肤用品的名称、用量，是否对原方案进行调整以及调整内容与理由；顾客对护理方案的意见。

七、第七步：护理后状况记录

（1）顾客皮肤状况（有哪些改善或出现什么问题）。
（2）美容师对后续护理的建议。

【案例展示】

面部护理方案

1. 顾客信息　阿萍，30岁，从事财务工作，经常加班。顾客面部和身体皮肤干燥有皮屑，说话、笑时可见抬头纹和鱼尾纹；毛孔细小，皮肤细腻、不光滑，眼部凹陷。从来没有做过面部护理，很少使用护肤用品。

2. 顾客需求　皮肤保湿，减少皱纹。

3. 顾客皮肤分析　顾客阿萍的皮肤细腻，却干燥、脱屑，有皱纹，属于干性皮肤。主要是由于长期在室内空调环境工作，皮肤水分缺失造成；加之顾客又缺乏皮肤保养意识，皮肤得不到滋养，久而久之形成皱纹；又由于顾客长期对着电脑工作加班，用眼过度，导致眼部周围胶原蛋白流失而眼部凹陷。

4. 结论　阿萍的皮肤是干性皮肤（缺乏水分和油脂）。

5. 护理目标　增加皮肤的含水量，使皮肤润泽，减少抬头纹和鱼尾纹。

6. 护理项目　为阿萍推荐的护理项目是水芙蓉。

7. 护理方案　护理方案如表6-1-1所示。

表6-1-1　顾客面部护理方案

编号：007　　　　　　　　　日期：2018年10月10日　　　　　　　　　姓名：阿萍

流程	产品	工具、仪器	操作说明
洁肤	深层净化洁面乳		清洁面部（0.5 g洁面乳）
爽肤	四季保湿精华		涂抹、轻拍，调节pH
水疗	水疗膜+纯净水		纯净水调水疗膜，敷面10分钟
面部按摩	按摩膏		以点穴、提升手法为主，加速面部皮肤代谢

(续表)

流程	产品	工具、仪器	操作说明
眼部松筋	提拉紧致眼精华	拨筋棒	眼部拨筋,促进眼周循环,缓解眼肌疲劳,加速眼部代谢
敷膜	柔肤调理霜 补水眼贴 保湿软膜	调膜碗、调膜棒	整个面部涂敷柔肤调理霜,眼部敷眼贴,之后调膜、倒模,停留15分钟
护肤	保湿精华、 双效补水霜、眼精华		涂敷顺序:保湿精华—眼精华—补水王—双效补水霜
居家、院护计划	日间居家护理 晚间居家护理 居家面膜 每周院护		清水洁肤—爽肤—眼霜—面霜—防晒 洁面乳洁肤—爽肤—精华—眼霜—晚霜 面膜可以每周做2～3次 水芙蓉1次(特殊情况可以每周2次),4次一个疗程,建议疗程:3个疗程

8. 护理建议　建议增设身体护理项目,减轻身体疲劳,增强体质,对面部皮肤恢复健康状态有很大帮助。另外,面部皮肤含水量改善后,建议定期进行抗衰项目。

制定护理项目要对顾客的皮肤了如指掌,对顾客的需求深入理解,并与顾客沟通,护理目标与顾客心理需求基本一致;对产品性能、功效十分了解,对可能出现的问题有足够的预见性,并有相应的解决措施。

一个好的护理方案一定来自工作实践:只有在工作实践中才能真正把握顾客的需求;只有在工作实践中才能准确设计面部护理项目内容;只有在工作实践中才能熟悉产品、用好产品。

面部护理方案制定任务的考核评分标准如表6-1-2所示。

表6-1-2　面部护理方案制定考核评分标准

流程	评分标准	分值	得分
记录信息 (5分)	记录顾客信息必须详细、清楚、准确	5分	
皮肤分析 (10分)	皮肤分析正确	10分	
判断结论 (5分)	(1)综合分析、判断顾客信息 (2)写出判断结果	5分	

单元六　美容美体服务方案制定

(续表)

流程	评分标准	分值	得分
制定护理项目 (20分)	(1) 充分了解顾客的皮肤 (2) 对项目过程和使用产品十分熟悉,并具有使用经验 (3) 对可能出现的问题有足够的预见性,并有相应的处理方法 (4) 方案具有合理性、可行性	20分	
填写护理项目内容 (20分)	(1) 项目名称 (2) 操作程序、操作方法和要求 (3) 标注使用产品 (4) 标注护理顺序、解决什么问题、操作标准和要求 (5) 居家护理方案与建议	20分	
护理过程记录 (20分)	(1) 清楚记录日期和服务时间 (2) 每次顾客的皮肤状态,存在的问题(包括顾客的感受) (3) 操作程序、操作方法是否有调整,说明理由 (4) 所用产品是否有调整,说明理由 (5) 顾客对操作过程的意见 (6) 美容师、顾客签名	20分	
护理后记录 (20分)	(1) 顾客皮肤状况(有哪些改善、突发问题等) (2) 顾客满意程度 (3) 美容师对后续护理的建议 (4) 付款方式、付款状态	20分	
总分		100分	

为下述案例制定护理方案。

李小姐,女,22岁。面部肤色暗黄、粗糙。额头、鼻、嘴周围有白头和黑头粉刺、红色丘疹,嘴周有2～3个脓疱,鼻头、额部毛孔明显并且油腻光亮。脸颊部位肤色较为白皙,毛孔细小,但是在颧骨部位有数个对称的斑点(黄豆大小),呈褐黄色,并有干燥脱屑的现象。李小姐生活不是很有规律,时常熬夜,好食辛辣食品,经常饥一顿饱一顿。平时身体健康,喜欢户外运动。

想一想

下面是一份面部护理方案,请详细阅读后思考:这份方案有什么优点?是否存在问题?为什么?

面部护理方案

1. 案例　阿雯,44岁,从事化工销售工作。阿雯特别爱美,想改善皮肤暗黄、松弛、缺水问题,有10年保养经历,效果不理想。饮食清淡,生活习惯正常,有子宫畸胎瘤。

2. 皮肤分析　阿雯皮肤暗黄,上下眼皮有色素沉着,肤色不均匀,皮肤缺水、无弹性,脸颊毛孔粗大,眼角纹和鱼尾纹明显且松弛,嘴周易长痘。

3. 顾客要求　改善皮肤暗黄现象,补水,以求紧实。

4. 明确护理目的　针对顾客需要,首要任务是解决皮肤缺水问题,提亮肤色,清理暗疮,最后做皮肤提升收紧。

5. 疗程护理设计

（1）第一个疗程:活氧润白护理,每周1次,坚持3个月,选用美白矿物泥膜,提亮肤色,配合细胞水盈浓缩液和注氧仪,加强营养补充,敷补水面膜。每次配合身体气血疗程或者淋巴护理,打通身体气血循环,增加血液含氧量。

（2）第二个疗程:臻白祛黄10次,定点定位祛斑点10次,利用臻白仪器的不同频率,分重点祛黄气和淡化色斑,循序渐进地进行,保证皮肤的正常代谢和吸收。水光美白护理2次,加强美白的作用。

（3）第三个疗程:紧致护理2次,脸和眼各1次,重点增加胶原厚度及弹性。提升护理3次,提升收紧全脸轮廓,重点提升眼角,加强颈部提拉。

（4）第四个疗程:后期巩固,可以长期做,起到维护作用。按第三个疗程可选择性每年做1次巩固。

6. 居家护理　选择温和的洗面奶,早晚各用1次,春、夏季用清爽型,秋、冬季用滋润型,涂抹滋润型眼霜和面霜,注意日常防晒,加强营养,注意锻炼身体,保持愉快的心情和正常的生活习惯,忌熬夜。

（薛久娇　申泽宇）

学习活动二　身体护理方案制定

学习目标

1. 熟悉身体护理方案包含的内容、制定的方法和流程。
2. 能够与顾客有效沟通,通过观察、沟通、触摸等一系列手段获得顾客信息,获取皮肤、体型等问题成因的相关信息。
3. 通过准确地分析顾客的体型、身体皮肤状态,设计科学合理的身体护理方案。

单元六　美容美体服务方案制定　6-9

情景导入

顾客王梅,女,30岁,孩子2岁,是一名全职妈妈。自述每天早起晚睡,前一年因为要照顾孩子,半夜要起床两次。在近段时间里睡眠质量很差,难入睡容易醒,感觉疲惫,提不起精神,不想活动,面部憔悴、无光泽,背部还长了许多痤疮。请问:如何给这位顾客做身体护理方案?

活动分析

为顾客实施身体护理前,美容师首先要与顾客进行充分沟通,获得身体护理相关信息,明确顾客的需求。美容师务必根据顾客个人身体健康问题、各部位肌肤的状态、形态等特征进行综合分析评估,然后确定护理目标,制定护理方案,不可千篇一律。

制定护理方案是解决身体问题的一个决策过程,目的是确认护理目标及将要实施的护理步骤。可结合护理产品、美体仪器、按摩手法、中医调理等方法最终达到让顾客满意的护理效果。

相关知识

一、身体护理方案内容

1. 顾客一般情况　需要了解顾客姓名、性别、年龄、职业等情况。

2. 与顾客沟通和检查后获得的资料　这些资料包括顾客的生活习惯、既往美容史、接受身体护理的原因、是否有禁忌、顾客身材分析内容、检查的阳性体征等。

3. 分析结论和制定方案　美容师根据顾客资料进行分析评估,并依据结论制定身体护理方案和建议。

4. 身体护理过程记录　顾客接受了身体护理方案,美容师要把整个护理过程进行记录,特别是发现的问题、产品使用情况。

5. 签名　美容顾问签名、美容师签名、顾客签名,这个环节不可忽视,这是美容师付出劳动的事实记录。

二、身体护理项目设计原则

身体护理项目是依据顾客需要而制定的。一般每家美容会所(院)都会设计多个身体护理项目,有的是按照身体部位设计项目,有的是按照季节设计项目,如肩颈部护理项目、腰背部护理项目、春季养肝项目等。设计原则有如下五个方面。

1. 项目名称　项目名称就像一个人的名字,是项目品相、特点和功效的标识。好的名称一目了然,顾客看得懂,非常容易接受;也有比较标新立异的名称,让顾客产生好奇并想亲身体验的冲动。

2. 项目使用产品　产品是项目价值的核心之一,不仅要有单品,还要有搭配组合(如产品套盒)。在设计项目时,美容师对产品要有充分的认识并亲身体验。

3. 项目操作技术 设计项目时需要标明这个项目的技术特色,如经络按摩、仪器按摩、排毒按摩等。

4. 项目操作流程 项目中要有操作流程,包括服务流程和技术操作流程,以便美容师规范操作。不论是谁操作,流程都是相同的,都是一样的标准。

5. 项目数量 在设计项目时,依据顾客需要,可以是单一项目,也可以是多个项目。

三、身体护理方案填写要求

填写护理方案是美容师必须要完成的工作任务。要真实填写,字迹工整,对于护理过程中发生的特殊情况要记录清晰、准确,不能涂改。如果必须涂改时,要在涂改处签上自己的名字、写明涂改理由。

一、第一步：获得资料

通过望闻问触,美容师获得顾客王女士的身体信息。
（1）望：面色黄、憔悴、无光泽,眼袋明显,眼睛充血、无神,舌红苔少。
（2）闻：口腔有异味,说话少气、懒言。
（3）问：不思饮食,感觉疲惫,睡眠不好,情绪低落、焦虑,双腿困重乏力。
（4）触：肩颈部、背部肌肉紧、硬,有压痛点,四肢肌肉松软乏力。

二、第二步：分析评估

顾客王女士的不适症状用"疾病"描述不准确。而脾胃虚弱证恰如其分地讲明了症状的原因、性质和程度。我们可以用中医辨证的方法来分析王女士的症状和体征：身体长期感觉不适、疲劳、肌肉紧、硬,有压痛点,是里证的证候表现；神情憔悴、说话少气是虚证的证候；眼睛充血、口腔异味、舌红苔少是虚热证的证候；眼袋、双腿困重是水液停滞证的证候；面色萎黄、少气懒言、不思饮食、乏力倦怠均是脾胃虚弱证的证候。顾客因长期睡眠不足,心情焦虑导致脾胃虚弱,气血津液生化失常,皮肤、肌肉失养,故产生身体不适的症状,只要益气健脾和胃,调整心态就能够改善。

三、第三步：结论

通过以上分析可得出,王女士脾胃虚弱,气血生化不足。

四、第四步：护理项目以及实施要点

根据王女士的身体情况,可采用背部护理＋腹部护理（调理经络、脏腑,补气血,通经络）；疗程可设计成每疗程10次,两个项目交替进行,连续两个疗程。

五、第五步：护理方案填写

美容师要根据王女士的身体情况,有针对性地填写护理方案。

活动总结

身体护理方案制定与面部护理方案制定过程类似,只是侧重点不同,面部护理方案制定的重点在面部,而身体护理方案制定的重点在身体。

活动评价

身体护理方案制定任务的考核评分标准如表 6-2-1 所示。

表 6-2-1 身体护理方案制定考核评分标准

流程	评分标准	分值	得分
记录信息 (5 分)	记录顾客信息必须详细、清楚、准确	5 分	
体态分析 (10 分)	体态分析正确	10 分	
判断结论 (5 分)	(1) 综合分析、判断顾客信息 (2) 写出判断结果	5 分	
制定护理项目 (20 分)	(1) 充分了解顾客的皮肤、身体状况 (2) 对项目过程和使用产品十分熟悉,并具有使用经验 (3) 对可能出现的问题有足够的预见能力,并有相应的处理方法 (4) 方案具有合理性、可行性	20 分	
填写护理项目内容 (20 分)	(1) 项目名称 (2) 操作程序、操作方法和要求 (3) 标注使用产品 (4) 标注护理顺序、解决什么问题、操作标准和要求 (5) 居家护理方案与建议	20 分	
护理过程记录 (20 分)	(1) 清楚记录日期和服务时间 (2) 顾客每次护理时的皮肤状态、体态、存在的问题(包括顾客的感受) (3) 操作程序、操作方法是否有调整,说明理由 (4) 所用产品是否有调整,说明理由 (5) 顾客对操作过程的意见 (6) 美容师、顾客签名	20 分	
护理后记录 (20 分)	(1) 顾客有哪些改善、突发问题等 (2) 顾客满意程度 (3) 美容师对后续护理的建议 (4) 付款方式、付款状态	20 分	
总分		100	

寻找 2~3 个人,对其身体进行分析评估,制定护理方案。

1. 口述护理方案内容。
2. 口述护理项目设计原则。

(薛久娇　申泽宇)

单元七　面部护理项目

 **单元介绍**

　　本单元重点加强皮肤护理基础知识应用、问题皮肤专业护理操作、标准化服务流程与规范等实践能力培养,学习任务对接门店服务项目,内容包括面部色斑皮肤、衰老皮肤、痤疮皮肤等不同类型皮肤的护理,学习目标依据岗位职业能力要求制定,学习内容基于真实工作情景与工作内容进行设计,体现基于工作的学习,让学习者在做中学、学中做。

 **学习导航**

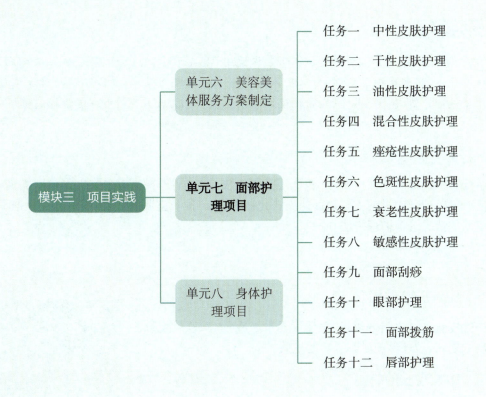

任务一　中性皮肤护理

学习目标

1. 了解中性皮肤的特征,提升观察皮肤光泽度、弹性、质地的能力,准确描述中性皮肤的表现特征。
2. 礼貌、友善待人,通过有效沟通获取顾客皮肤特点的相关信息。
3. 根据顾客美容需求、皮肤状况的分析,准确完成个性化护理方案制定并与顾客确认。
4. 熟练实施中性皮肤护理操作,实践过程中具备较强的应变处事能力和良好的团队协作精神。

情景导入

高女士,年龄27岁,面部皮肤水油分泌适中,毛孔细小,皮肤厚薄适中,肌肤滋润、细腻有弹性,顾客预约了基础护理,服务诉求是进行常规的保养,美容院顾问对这位顾客皮肤进行分析,制定了皮肤基础护理方案并经顾客确认后再安排当班美容师做护理。

任务分析

本任务中所指的中性皮肤,不能算是问题皮肤,指的是理想的近乎完美的皮肤类型,对中性皮肤进行护理的目的主要是保持皮肤健康的状态,预防皮肤的衰老,我们可以根据不同季节皮肤的情况选择护理方法和护肤产品。

相关知识

一、中性皮肤的概念

中性皮肤是指皮脂分泌量、角质层含水量适中,介于干性和油性皮肤之间,对外界刺激不敏感的皮肤。

二、中性皮肤的特点

中性皮肤的纹理细腻、质感柔软、弹性良好,看上去没有粗大的毛孔,红润有光泽(图7-1-1)。虽然是健康皮肤,但中性皮肤也会因为季节变化而出现偏干、偏油等问题。冬季由于天

图 7-1-1　中性皮肤特征

气干燥、吹风较多等引起皮肤偏干燥;夏季由于温度高、新陈代谢较快、排汗较多等因素,也会出现皮肤偏油,毛孔增大等问题。但是相对于其他类型的皮肤,表现得较为健康。

 **任务实施**

一、信息采集与皮肤检测分析

根据顾客预约信息,美容顾问完成顾客信息采集,在顾客到达门店后,根据情况与顾客深入沟通,明确顾客的需求。通过信息反馈、观测,初步判断皮肤的特征,引导顾客完成皮肤检测仪检测,结合检测数据,将分析结果用通俗的语言告诉顾客,让顾客比较清晰地、及时地了解自己的皮肤问题,以"一人一案"的护理模式进行,最后填写完成美容院顾客资料登记表。信息采集主要包括:基本信息、皮肤的状况分析、护肤习惯、饮食习惯、健康状况等(顾客信息登记表请扫二维码)。

顾客信息登记表

高女士,感谢您在检测过程中的配合,从皮肤检测的结果来看您的皮肤状态较好。

您的皮肤水分含量适中、皮脂分泌适中、皮肤薄厚适中。面部滋润光泽、纹理细腻。

一会儿,我会给您制定适合您的皮肤护理方案帮助您的皮肤保持较好的状态,保持皮肤健康状态。

二、皮肤护理方案制定

1. 疗程设计 每周 1 次(50 分钟),4 次一个疗程,建议 3 个疗程。

2. 产品选择 中性皮肤护理建议选择温和型清洁类产品、滋润补水、维持水油平衡的护肤产品。

3. 仪器选择 中性皮肤护理建议选择导入类美容仪器,如超声波美容仪,增加护肤品的功效。

4. 手法设计 采用轻柔安抚、舒展等按摩手法。

5. 流程设计 中性皮肤护理的流程具体见图 7-1-2。

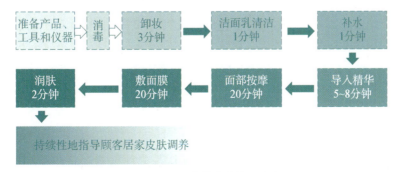

图 7-1-2 中性皮肤护理流程

6. 居家护理　日间护理产品包括：保湿嫩肤洁面乳、精华水、补水眼霜、补水精华、保湿面霜、防晒霜。晚间护理产品包括：卸妆油、保湿洁面乳、精华水、补水保湿眼霜、玻尿酸精华、保湿晚霜。

三、皮肤护理实施

1. 第一步：准备产品、工具和仪器　美容师将皮肤护理时所需要的各种用品、用具备齐（表7-1-1），有序地码放在工作车上，排列整齐。检查电源及仪器设备性能，做好调试。调整好美容床的位置、角度，摆放好毛巾呈待客状态。

表7-1-1　中性皮肤护理产品准备

序号	类别	选品	备注
1	洁面产品	温和型卸妆油	卸妆油会比卸妆水的延展性更好，适合中性皮肤，能够保持水油平衡
		保湿温和洁面乳	温和、不刺激、不伤皮肤
2	化妆水	精华水	保持水油平衡的功效，同时有效进行抗氧化
3	精华液	保湿精华原液	仪器导入补水保湿精华，不仅补水保湿，而且可以达到水油平衡、提亮肤色的效果
4	按摩膏	营养滋润按摩膏	中性皮肤适合用温和的按摩膏，运用手法按摩加速皮肤的新陈代谢，滋润营养皮肤
5	面膜	胶原蛋白软膜	胶原蛋白软膜保湿润肤、使皮肤细腻光泽有弹性
6	乳液	精华乳	有效滋润肌肤，为肌肤提供营养，预防皮肤水油失衡
7	膏霜	锁水滋润面霜	预防细纹，持续保持皮肤水油平衡，保湿滋润皮肤

2. 第二步：消毒　皮肤护理用品、用具等以及仪器探头均用75%乙醇进行消毒。美容师的双手也应该进行严格的清洗消毒。

皮肤护理实施前温馨提醒："高女士，我们的护理即将开始，大概需要50分钟，过程中有什么需要您随时跟我讲。"

3. 第三步：清洁面部

（1）卸妆。一般眼周的皮肤相对较薄，高女士眼周皮肤虽然滋润有弹性，但操作时动作也要轻柔,避免皮肤受到牵拉。另外,操作时注意倒取卸妆油要适量,避免过多导致流入顾客口、鼻、眼中。

(2) 清洁。选择滋润温和的保湿洁面乳进行面部清洁,除去表皮的污物。避免使用泡沫型有去角质深层清洁作用的洁面膏,皮肤上的洁肤用品应彻底清洗干净,以免残留在面部,伤害皮肤(中性皮肤护理操作视频请扫二维码)。

中性皮肤护理操作视频

4. 第四步:补水　　用化妆棉将保湿精华水轻轻擦在顾客脸上,补充水分的同时,为皮肤提供营养,调整皮肤的 pH 值。

5. 第五步:仪器导入　　利用超声波美容仪全面部导入补水原液,保持水油平衡,预防皮肤老化。仪器导入时间在 5~8 分钟。

6. 第六步:面部按摩　　取足量的按摩膏用安抚、舒展等手法进行按摩,方向与肌肉走向一致,遵从由下向上、由里向外的基本原则。眼周、口周做环形按摩。按摩时结合腧穴点按,选穴准确,过程中可以和顾客交流点按力度是否合适。通过按摩,逐渐提高皮肤的温度,促进面部血液循环,加速肌肤的新陈代谢,补充皮肤的养分。全脸按摩控制在 15~20 分钟。

对中性皮肤进行面部按摩时要注意动作轻柔、缓慢、贴合,要避免大面积用力揉按、过度拉扯皮肤。

7. 第七步:敷面膜　　调制保湿滋润型软膜,避让眼睛和嘴,将调好的软膜快速、均匀地涂抹到脸上,敷面 20 分钟。结束后,残留面膜要清洁彻底。也可用具有保湿滋润营养补充功能的面贴布型(无纺布、蚕丝、纸质)面膜,避免使用撕拉型面膜。

8. 第八步:补水润肤　　使用保湿营养性的精华水,充分补水。选择具有滋润营养皮肤的精华乳或霜均匀涂于脸部。

高女士,我们的护理结束了,您皮肤护理后的皮肤状态更好了,看上去更加有光泽、有弹性了。我来帮您整理一下头发,等下我们用仪器再测试一下,对比一下护理前后的效果。

9. 第九步:效果对比　　护理结束,美容师将顾客扶起,用掌揉、拍等放松手法,为顾客放松肩、背部,减轻久卧不适的感觉,引导顾客在镜前,观察面部皮肤后改善的表现,如光泽度、细纹、肤质。将护理效果及顾客评价、满意度等信息填写在护理记录表上,并提醒顾客下次护理的时间及居家护理注意事项。

四、居家护理建议

在完成皮肤护理后,我们还需要继续做好服务,要为顾客提供家庭保养指导,坚持日常保养更有助于缓解和解决肌肤水油平衡的问题,达到逐渐呈现健康年轻状态。

按时到美容院保养外,也要注意坚持做好日常护肤工作,根据高女士目前的情况,制定以下保养建议。

(1) 预防:中性肌肤状况容易因季节或身体状况的改变而改变,要灵活变换护理方式。正确使用化妆品,保持水油平衡。此类肌肤易生皱纹,必须注意保养,尤其夏天防晒、冬天保湿。

(2) 不能用太过油腻的面霜,避免使用过量的营养品。

(3) 注意保养,保持心情舒畅、休息好,坚持每天保养维护中性皮肤最好的状态,加强运动,促进身体的新陈代谢。

(4) 饮食:多食用富含维生素A、维生素C、维生素E及胶原蛋白等营养成分的绿色食品。

任务总结

皮肤在保养过程中会动态产生变化,尤其在没有常规护理的基础上,皮肤的变化会比较明显,对于护理方案应该动态地适度调整,包括家庭保养的建议、到门店护理的次数等。另外,皮肤修复需要针对皮肤的特征,虽然中性皮肤有皮脂腺和汗腺分泌适中;不油腻、不干燥、富有弹性、红润有光泽,没有皮肤瑕疵的特征,但中性皮肤易受季节变化的影响,冬天较干燥,夏天较油腻。因此,在平时的交流中,要时刻提醒顾客周期变化特点,持续为顾客做好基础护理。同时,美容师要有一定的洞察能力,根据顾客的反馈能够预判问题,及时帮助顾客调整心态。

中性皮肤护理任务的考核评分标准见表7-1-2。

表7-1-2 中性皮肤护理考核评分标准

任务	流程	评分标准	分值	得分
护理准备 (15分)	美容师仪表	淡妆,发型整洁美观,着装干净得体。无长指甲,双手不佩戴饰品(手镯、手表、戒指)	5分	
	用物准备	三条毛巾(头巾、肩巾、枕巾)的正确摆放,产品、工具、仪器准备	5分	
	清洁消毒	用品用具(包括导入仪声头),美容师双手清洁、彻底消毒,美容师戴口罩	5分	

(续表)

任务	流程	评分标准	分值	得分
操作服务 (70分)	洁面	卸妆：卸妆时用小棉片和棉签。卸妆的操作程序与方法正确	5分	
		用洁面乳清洁：洗面操作手法与程序正确	5分	
	补水	涂抹爽肤水进行按摩吸收	2分	
	精华导入	仪器操作设置正确，大面积部位用大探头，小面积部位用小探头。导入时向内打圈，向外打圈扣分。探头贴皮肤、速度不快不慢	10分	
	面部按摩	手法正确、点穴准确	10分	
		施力适宜，速度平稳，节奏、频率合理	8分	
		手指动作贴合、灵活、协调、动作衔接连贯	8分	
	敷面膜	调制面膜：动作熟练、调制后的面膜稀稠适度	5分	
		涂敷面膜：膜面较光滑，厚薄较均匀，不要遗漏，边缘清晰	10分	
		启膜：从下向上揭起。清洁面膜干净、彻底	3分	
	润肤	产品选择正确，手法正确	4分	
工作区整理 (5分)	用物用品归位	物品、工具、工作区整理干净	3分	
	仪器归位	仪器断电、清洁、摆放规范	2分	
服务意识 (10分)	顾客评价	与顾客沟通恰当到位	5分	
		护理过程服务周到，对顾客关心、体贴，表现突出，顾客对服务满意	5分	
总分			100分	

练一练

结合本任务的教学目标和教学内容，分析身边中性皮肤的朋友面部皮肤状态，为朋友提供护理服务及居家护理指导，并做好记录（图7-1-3），及时查缺补漏。

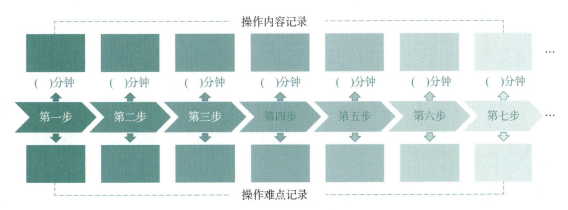

图7-1-3 任务训练记录

想一想

1. 在中性皮肤的护理中适合用的护肤产品有哪些？护肤过程中按摩多久合适？
2. 简述中性皮肤的美容院标准护理程序及注意事项。

（华　欣　章　益）

任务二　干性皮肤护理

学习目标

1. 结合皮肤光泽度、毛孔、细纹、质地等表现，能够判断顾客皮肤健康状况及皮肤类型，并能清晰、客观地描述干性皮肤的表现。
2. 有效沟通，通过了解睡眠情况、饮食结构、运动习惯等，获取干性皮肤成因的相关信息。
3. 根据顾客的需求和皮肤的实际状况，完成个性化护理方案制定并与顾客确认。
4. 在护理过程中，尽量做到有求必应、有问必答，及时解除顾客的疑惑和困扰，体验到优质服务。

情景导入

江女士皮肤细腻，毛孔细小，皮肤较薄。通过肉眼观察和初步分析，江女士的皮肤皮脂分泌较少，没有光泽，眼周有很多小细纹。美容顾问对江女士皮肤进行分析，制定护理方案并经顾客确认后再安排当班美容师做护理。

任务分析

江女士干性皮肤的表现较为明显，导致干性皮肤的原因很多，除客观的年龄、所处的工作和生活环境问题外，也与主观情绪、饮食和睡眠习惯等有关。根据采集的信息进行科学分析，美容顾问制定出个性化护理方案，是改善皮肤问题和精准服务的关键。

相关知识

干性皮肤特征较为明显（图7-2-1），由于干性皮肤的皮脂分泌较少，与中性、油性皮肤相比较，其光泽度明显较差。此外，干性皮肤一般较薄，毛孔比较细小，看上去皮肤较为细腻。由于干燥，干性皮肤的角质层含水量通常低于10%，容易产生细纹和脱屑现象。对外界较为敏感，不耐晒，易产生色斑，皮肤弹性较差，其pH值介于4.5～5。

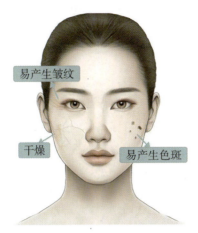

图7-2-1　干性皮肤特征表现

知识链接

干性皮肤的成因

1. 干性皮肤是正常的皮肤类型，遗传是形成干性皮肤的主要原因。
2. 自由基会对细胞的结构造成损害，导致皮肤的功能紊乱，皮脂腺、汗腺分泌能力降低，造成皮肤干燥、衰老的现象。紫外线、吸烟、疲劳、烟熏油炸食品等都会产生自由基。
3. 随着年龄增长，人体衰老，皮脂腺和汗腺功能衰退，分泌能力降低，真皮基质流失，导致皮肤干燥。
4. 干燥的气候或长期处于空调房中，干燥的空气使皮肤水分丧失加快，导致皮肤干燥。
5. 营养素摄入不全，脂类食物摄取不足，饮水不够，皮脂分泌下降，维生素A缺乏，毛囊角质化、汗管狭窄，导致皮脂、汗液排泄不通畅，皮肤表面皮脂量减少，导致皮肤干燥。
6. 护理不当，去角质过于频繁，破坏角质层结构，导致屏障功能下降，水分流失，皮肤干燥。使用清洁力度强的洁面产品，或者洁面过于频繁，都会导致皮肤干燥。
7. 情绪和精神压力过大会引起内分泌紊乱，引起皮肤干燥。
8. 缺乏保养：平时不注重皮肤保养，防日晒意识差，护理皮肤或者保养不当。

任务实施

一、信息采集与皮肤检测分析

根据江女士预约信息，美容顾问要完成信息采集，在江女士到达门店后，深入沟通，明确顾客的需求。美容顾问要通过信息反馈、观测，初步判断皮肤干燥的成因，引导江女士完成

顾客信息
登记表

皮肤检测仪检测,结合检测数据,将分析结果用通俗的语言告诉江女士,让江女士比较清晰地、及时地了解自己的皮肤问题。同时,美容顾问应协助江女士填写美容院顾客资料登记表。信息采集主要包括:基本信息、皮肤的状况分析、护肤习惯、饮食习惯、健康状况等(顾客信息登记表请扫二维码)。

> 江女士,感谢您在检测过程中的配合,从皮肤检测的结果来看主要有以下几方面问题。
> (1)您的皮肤皮脂分泌少、缺水,皮肤干。
> (2)您的皮肤看上去有很多小皱纹并且缺乏光泽。
> 请不要担心,一会儿,我会给您制定适合您的皮肤护理方案,来帮助您解决问题,经过一段时间的护理,您会发现皮肤状态逐渐变好,您有什么疑问可以随时与我沟通。

二、皮肤护理方案制定

1. 疗程设计　干性皮肤护理周期为 3 个疗程,每个疗程 3 次,每周 1 次(50 分钟/次)。

2. 产品选择　干性皮肤护理可以选择温润型清洁类产品,补水、滋润、保湿产品。

知识链接

干性皮肤护理产品如何选择

1. 清洁类产品:由于皮肤油脂少,过度清洁会破坏皮脂膜、角质层,从而加重皮肤缺水的情况。因此选择洁面类产品时,要避免选择皂基、高含量APG等脱脂力太强的成分。建议选择温和的、去脂力低的洁面产品,洁面后以面部没有紧绷感最为合适。

2. 水乳、精华、面霜类产品:选择补水保湿功效型,封闭性较高、含丰富油脂滋润的保湿产品。另外,每周可以使用1~2次配方温和、无刺激的保湿面膜、医用敷料等。

3. 防晒类产品:皮肤长时间暴露在紫外线下,会加重干性皮肤出现水油失衡、泛红、色素沉着等问题。建议外出前要做好防晒工作,选择没有控油效果、容易洗去的防晒霜,或者选择"硬防晒"(即通过物理硬件来遮挡阳光)。

3. 仪器选择　干性皮肤护理选择导入类美容仪器,如超声波美容仪。

4. 手法设计　干性皮肤护理采用安抚、舒展等轻柔的按摩手法。

5. 流程设计　干性皮肤护理具体如图 7-2-2 所示。

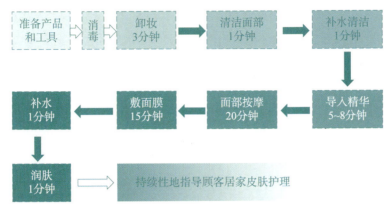

图 7-2-2　干性皮肤护理流程

6. 居家护理　干性皮肤居家护理分为日间护理和夜间护理。日间护理产品包括：保湿嫩肤洁面乳、双重保湿水、滋润眼霜、保湿精华、保湿面霜、防晒霜。晚间护理产品包括：卸妆油、保湿洁面乳、双重保湿水、滋润眼霜、润肤精华、保湿营养晚霜。

三、皮肤护理实施

1. 第一步：准备产品和工具　美容师将皮肤护理时所需要的各种用品、用具备齐（表7-2-1），有序地码放在工作车上，排列整齐。检查电源及仪器设备性能，做好调试。调整好美容床的位置、角度，摆放好毛巾呈待客状态。

表 7-2-1　干性皮肤护理产品准备

序号	类别	选品	备注
1	洁面产品	温和型卸妆油	温和无刺激的卸妆油保护皮肤屏障更适合角质层很薄的干性皮肤
		温润型洁面乳	温润、不刺激，适合清洁干性肌肤
2	化妆水	双重保湿柔肤水	为干性皮肤补充水分同时具有保湿功效
3	精华液	保湿精华素	仪器导入保湿精华素，达到高效保湿效果
4	按摩膏	滋润按摩膏	运用手法按摩的同时，按摩膏可以滋润营养皮肤
5	面膜	高效滋润、保湿软膜	为干性皮肤提供高效保湿滋润，改善细纹
6	乳液	保湿乳	乳液含有的多重保湿成分，改善皮肤干燥状态
7	膏霜	保湿滋润面霜	干性皮肤特别需要水分和油分的滋润，保湿滋润面霜可以补充水分和营养

2. 第二步：消毒　皮肤护理用品、用具等以及仪器探头均须用75％乙醇进行消毒。美容师的双手也应该进行严格的消毒清洗。

皮肤护理实施前温馨提醒:"江女士,我们的护理即将开始,大概需要50分钟,过程中有什么需要您随时跟我讲。"

3. 第三步:清洁面部

(1) 卸妆。干性皮肤比较薄,相对比较敏感,皮肤弹性差,加上江女士眼周出现小细纹,操作时动作要轻柔,避免皮肤受到牵拉。另外,操作时注意倒取卸妆油要适度,避免过多导致流入顾客口、鼻、眼中。

(2) 清洁。选用保湿温和洁面乳液除去表皮的污物,动作要轻柔,"T"区部分清洁时间稍长。避免使用有去角质深层清洁作用的洁面膏。皮肤上的洁肤用品应彻底清洗干净,以免残留在面部伤害皮肤。

面部补水视频

4. 第四步:补水 选用保湿柔肤水补充水分,用棉片蘸柔肤水擦拭2~3遍,进一步清洁皮肤,平衡皮肤的pH值(面部补水视频请扫二维码)。

5. 第五步:仪器导入精华 选用保湿精华素或营养精华素,用连续波将精华素导入脸部,全脸导入操作时间不超过8分钟。

6. 第六步:面部按摩 江女士皮肤薄,眼周有细纹。因此美容师在进行面部按摩时要注意动作轻柔、缓慢、贴合,要避免大面积用力揉按、过度拉扯皮肤。

按摩选用滋润保湿按摩膏,可加精华素,手法以安抚法和穴位揉按为主,刺激血液循环和促进腺体分泌,达到营养滋润的效果。结合腧穴点按,注意选穴准确,点按过程中可以和江女士交流力度是否合适。逐渐提高皮肤的温度,促进面部血液循环,加速肌肤的新陈代谢,促进皮脂的分泌,改善肌肤干燥现象。全脸按摩时间控制在20分钟之内。

7. 第七步:敷面膜 面膜的选择以补充水分和保湿性强的高效滋润面膜为主,也可用营养性软膜。避让开眼睛和嘴巴,将调好的软膜快速、均匀地涂抹到脸上,敷面15分钟。结束后,残留面膜要清洁彻底。

8. 第八步:补水润肤 使用保湿营养性的柔肤水,充分补水。选择具有滋润营养皮肤的保湿乳或霜均匀涂于脸部。夏季可以选择清爽乳液,春、秋、冬季选择滋润乳霜。外出还需注意加涂防晒霜。为了延缓皱纹的出现,应加强眼部的护理和紫外线的防护(面部补水操作视频请扫二维码)。

江女士,您的护理结束了,现在您的皮肤状态改善还是比较明显的,皮肤很滋润,光泽度也好了很多。一会我帮您整理一下头发,照一下镜子看看效果,也可以用仪器再检查一下,对比前后数据。

9. 第九步：效果对比 护理结束，美容师将顾客扶起，用掌揉、拍等放松手法，为顾客放松肩部、背部，减轻久卧不适的感觉，引导顾客在镜前观察面部皮肤后改善的表现，如光泽度、细纹、肤质。美容师将护理效果及顾客评价、满意度等信息填写在护理记录表上，并提醒顾客下次护理的时间及居家护理注意事项。

四、居家护理建议

在完成皮肤护理后，我们还需要继续做好服务，要为顾客提供家庭护理指导，日常的坚持保养更有助于缓解和改善干性肌肤的问题。

除了定期到门店来保养外，平时我们也要注意坚持做好护肤工作，根据江女士目前的情况，暂定以下保养建议。

（1）每天只用洁面乳洗一次脸。干性皮肤特别缺水及容易因干燥而脱皮，因此，不宜频繁洁面，每天两次是上限。

（2）外出注意防晒，涂抹防晒霜或者采取物理防晒（"硬防晒"）都可以。

（3）坚持使用含保湿因子成分的护肤品，特别是在春季、秋季和冬季更要注重干性皮肤的保养。

（4）多喝水、多吃蔬菜和水果，少喝酒、少喝咖啡、忌烟。做到合理的饮食结构，摄入足量、均衡的营养。

（5）保持良好充足的睡眠，尽量不要使用电热毯。

（6）在空调房内随时注意增加室内湿润度。

任务总结

本任务的案例较为典型，但每个人的皮肤情况千差万别，同一类型皮肤的性质也有其不同之处，不能用同一种护理方案来处理所有的问题。干性皮肤弹性差，所以在选择按摩手法时，尽量使用大安抚等动作轻缓、接触面积大的手法，避免拉扯加重细纹多、弹性不足的问题，美容师在实际操作时应注意灵活应变。

另外，日积月累出现的皮肤问题不可能仅仅通过几次护理就得到改善，必须通过顾客日常在家保养，积极配合，才能达到护理目的。美容师应指导顾客进行日常家庭护理保养，使顾客每天坚持不懈地进行保养才能真正达到改善皮肤的目的。

任务评价

干性皮肤护理任务的考核评分标准如表7-2-2所示。

表7-2-2 干性皮肤护理考核评分标准

任务	流程	评分标准	分值	得分
护理准备（15分）	美容师仪表	淡妆，发型整洁美观，着装干净得体。无长指甲，双手不佩戴饰品（手镯、手表、戒指）	5分	
	用物准备	三条毛巾（头巾、肩巾、枕巾）的正确摆放，产品、工具、仪器准备	5分	
	清洁消毒	用品用具（包括导入仪声头），美容师双手清洁、彻底消毒，美容师戴口罩	5分	
操作服务（70分）	洁面	卸妆：卸妆时用小棉片和棉签。卸妆的操作程序与方法正确	5分	
		用洁面乳清洁：洗面操作手法与程序正确	5分	
	补水	用小喷瓶将保湿水喷在小棉片上	2分	
	精华导入	仪器操作设置正确，大面积部位用大探头，小面积部位用小探头。导入时向内打圈，向外打圈扣分。探头贴皮肤、速度不快不慢	10分	
	面部按摩	手法正确（以安抚手法为主）、点穴准确	10分	
		施力适宜，速度平稳，节奏、频率合理	8分	
		手指动作贴合、灵活、协调、动作衔接连贯	8分	
	敷面膜	调制面膜：动作熟练、调制后的面膜稀稠适度	5分	
		涂敷面膜：膜面较光滑，厚薄较均匀，不要遗漏，边缘清晰	10分	
		启膜：从下向上揭起。清洁面膜干净、彻底	3分	
	爽肤	产品选择正确，手法正确	2分	
	润肤	产品选择正确，手法正确	2分	
工作区整理（5分）	用物用品归位	物品、工具、工作区整理干净	3分	
	仪器归位	仪器断电、清洁、摆放规范	2分	
服务意识（10分）	顾客评价	与顾客沟通恰当到位	5分	
		护理过程服务周到，对顾客关心、体贴，表现突出，顾客对服务满意	5分	
		总分	100分	

结合本任务的教学目标和教学内容，在生活中随机进行调研，分析调研数据干性皮肤占比，并针对其中一名干性调研对象的皮肤进行专业分析，完成一份顾客登记表，为其提供护理服务及居家护理指导，并做好记录（图7-2-3）及时查漏补缺。

单元七　面部护理项目　7-15

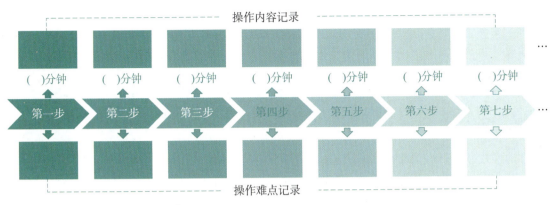

图7-2-3　任务训练记录

想一想

1. 干性皮肤的面部按摩时间多久为宜？原因是什么？
2. 在与顾客沟通过程中从哪些方面体现对顾客尊重、照顾？

（薛久娇　章益）

任务三　油性皮肤护理

学习目标

1. 结合皮肤光泽度、弹性、质地等表现，能够初步判断顾客皮肤健康状况及皮肤类型，并能清晰、客观地描述油性皮肤的表现。
2. 温和有效地沟通，通过了解顾客的年龄、职业、生活习惯、护肤习惯等，获取油性皮肤成因的相关信息。
3. 根据顾客的需求及对顾客皮肤的分析，完成个性化油性皮肤护理方案制定并与顾客确认。
4. 以良好的形象、专业的技能、得体的言行，让顾客全程感受到优质的服务，提升顾客体验感、认同感。

情景导入

夏女士,21岁,皮肤油腻光亮,"T"区毛孔粗大,鼻部有黑头,皮肤纹理比较粗。由美容顾问对这位顾客的皮肤进行分析,制定护理方案并经顾客确认后再安排当班美容师做护理。

 任务分析

油性皮肤虽然较为常见,但是如果护理不当,极易导致毛孔堵塞,从而引发痤疮、毛孔粗大以及皮肤炎等皮肤问题。因此,需要针对油性皮肤的特点选择合适的护肤产品、制定合理的护肤方案,并帮助顾客树立信心。另外,需要坚持店内及居家护理结合,需要指导顾客平时必须做好皮肤清洁、控油消炎、防晒以及定期皮肤护理,才能够逐渐改善皮肤。

 相关知识

油性皮肤有较为明显的特征(图7-3-1),皮脂腺分泌旺盛,皮肤油腻光亮,肤色较深,毛孔粗大,纹理较粗糙,皮肤比较厚,对外界的刺激不敏感,不易长斑和皱纹,但容易产生痤疮。油性皮肤多见于年轻人,油性皮肤的pH值为5.6~6.6。

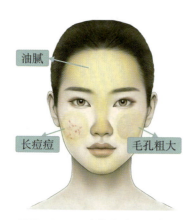

图7-3-1 油性皮肤特征表现

知识链接

油性皮肤的成因

1. 遗传:油性皮肤是具有遗传性的,如果父母的皮肤为油性,那么子女的皮肤也会显得比较油。

2. 激素:皮脂腺分泌和雄激素水平是相互影响的,当身体的雄激素分泌过多时,会导致皮脂腺体积增大,油脂分泌旺盛。

3. 气温的影响:季节性气温的变化也会引起皮肤油脂的排泄。环境温度越高,皮脂腺分泌越旺盛,加重皮肤的油腻性。所以,夏季皮肤会比较容易出油,而秋冬季节皮肤则容易感到干燥。

4. 饮食:食用高热量的食物,如油炸类食物,会使皮脂腺分泌增多,从而导致油性皮肤产生。因此,饮食清淡,多吃蔬菜、水果对于油性皮肤是有一定好处的。

任务实施

一、信息采集与皮肤检测分析

根据顾客预约信息,美容顾问完成顾客信息采集,在顾客到达门店后,根据情况与顾客深入沟通,明确顾客的需求。通过信息反馈、观测,美容顾问初步判断油性皮肤的成因,引导顾客完成皮肤检测仪检测,结合检测数据,将分析结果用通俗的语言告诉顾客,让顾客比较清晰地、及时地了解自己的皮肤问题。同时,美容顾问协助顾客填写完成美容院顾客资料登记表。信息采集主要包括:基本信息、皮肤的状况分析、护肤习惯、饮食习惯、健康状况等(顾客信息登记表请扫二维码)。

顾客信息登记表

夏女士,感谢您在检测过程中的配合,从皮肤检测的结果来看您的皮肤主要有以下几个方面问题。

(1)您的皮肤偏油腻。
(2)在面部"T"区,毛孔比较粗大。
(3)您的皮肤较为粗糙。

请您不要担心,这些问题通过专业的护理是可以改善的。接下来,我会为您制定合理的皮肤护理方案,如果您有什么疑问可以随时和我沟通。

二、皮肤护理方案制定

1. **疗程设计**　油性皮肤护理建议4个疗程,每个疗程4次,每周1次(50分钟/次)。
2. **产品选择**　油性皮肤护理可以选择泡沫型清洁类产品、控油保湿收敛产品。
3. **仪器选择**　油性皮肤护理仪器可以选择清洁类美容仪器,如小气泡美容仪。
4. **手法设计**　油性皮肤护理采用点穴、捏按等按摩手法。
5. **流程设计**　油性皮肤护理的流程如图7-3-2所示。

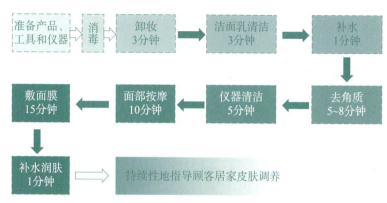

图 7-3-2 油性皮肤护理流程

6. 居家护理 油性皮肤居家护理包括日间护理和夜间护理。日间护理产品包括：洁面泡沫、收敛水、眼霜、保湿控油精华、保湿霜、无油防晒霜。晚间护理产品包括：卸妆水、洁面泡沫、收敛水、眼霜、保湿控油精华、清爽晚霜。

三、皮肤护理实施

1. 第一步：准备产品、工具和仪器 美容师将油性皮肤护理时所需要的各种用品、用具备齐（表7-3-1），有序地码放在工作车上，排列整齐。检查电源及仪器设备性能，做好调试。调整好美容床的位置、角度，摆放好毛巾呈待客状态。

表 7-3-1 油性皮肤护理产品准备

序号	类别	选品	备注
1	洁面产品	卸妆水	清爽无油适合油性肌肤
		泡沫洗面奶	洁肤效果好，充分溶解油脂，使皮肤清爽
2	化妆水	收敛水	油性皮肤也需要保湿，同时控油
3	精华液	保湿控油精华	进一步调节水油平衡
4	去角质产品	磨砂膏	彻底清洁老化角质
5	按摩膏	控油清爽按摩膏	控油、清爽肌肤，适合油性皮肤
6	面膜	油脂平衡面膜	平衡水油、不油腻、不缺水，适用于油性皮肤
7	乳液	清爽控油乳液	平衡皮肤油脂分泌，润肤
8	膏霜	清爽保湿面霜	补水锁水、清爽控油

2. 第二步：消毒 美容师将皮肤护理用品、用具等以及仪器探头用75%乙醇进行消毒。美容师的双手也应该进行严格的消毒清洗。

油性皮肤护理实施前温馨提醒:"夏女士,我们的护理即将开始,大概需要50分钟,过程中有什么需要您随时跟我讲。"

3. 第三步:清洁面部

(1) 卸妆。油性皮肤皮脂分泌旺盛,卸妆是护肤过程中非常重要的一步。如果不彻底清除彩妆,更容易堵塞毛孔,导致毛孔粗大,甚至产生粉刺痤疮。因此,卸妆一定要彻底。

(2) 清洁。用泡沫洗面奶清洁,增强去油效果。动作轻快,时间在3分钟以内,毛孔粗大部位重点清洁。

知识链接

过度使用洁面产品的危害

如果过度使用含皂基的洁面乳或者洁面皂清洁面部,在清洁去油的同时,破坏了皮肤的酸碱平衡。即使是相对温和的清洁产品,过度清洁也会削弱皮肤的屏障功能,皮肤变得脆弱,容易受到外界各种因素的伤害。此时皮肤虽然不出油了,但是带来很多其他更严重的皮肤问题,可能会出现皮肤敏感、泛红、瘙痒、脱屑等。

4. 第四步:补水 美容师用棉片将收敛水轻轻擦在顾客脸上,收缩毛孔,平衡油脂,补充水分,调整皮肤的pH值。

5. 第五步:去角质 日常的表层清洁很难彻底清除多余油脂、老化角质,应注意保持毛孔通畅。否则,日积月累,皮肤就会粗糙、发黄,也容易引发痤疮。

油性皮肤应每月做1次深层清洁,主要针对"T"区去角质,动作轻柔,用纸巾保护好脸部周围、颈部。

6. 第六步:仪器清洁 利用负压清洁技术清洁毛孔。重点关注"T"区部位,仪器清洁时间在5分钟左右(仪器清洁操作视频请扫二维码)。

7. 第七步:面部按摩 长时间按摩面部会促进皮脂腺分泌,皮肤更油。因此,按摩时间不超过10分钟,取足量的按摩膏,手法以点穴、捏按为主。选穴准确,过程中可以和顾客交流点按力度是否合适。

仪器清洁视频

8. 第八步:敷面膜 调制油脂平衡面膜软膜,避让眼睛和嘴巴,将调好的软膜快速、均匀地涂抹到脸上,敷面15分钟。结束后,残留面膜要清洁彻底。

9. 第九步:补水润肤 使用收敛水,收缩毛孔,充分补水。选择具有清爽、控油、保湿功效的精华乳或霜均匀涂于脸部。

夏女士,我们的护理结束了,您皮肤护理后的皮肤状态改善还是比较明显的,看上去光泽度好了很多。一会我帮您整理一下头发,照一下镜子看看效果,也可以用仪器再测试一下,对比前后数据。

10. 第十步:效果对比　护理结束,美容师将顾客扶起,用掌揉、拍等放松手法,为顾客放松肩、背部,减轻久卧不适的感觉,引导顾客在镜前,观察面部皮肤的改善。将护理效果及顾客评价、满意度等信息填写在护理记录表上,并提醒顾客下次护理的时间及居家护理注意事项。

四、居家护理建议

在完成皮肤护理后,我们还需要继续做好服务,要为顾客提供家庭保养指导,坚持日常保养更有助于缓解和改善油性肌肤的问题,达到逐渐呈现健康肌肤状态。

除了定期到门店来保养外,平时我们也要注意坚持做好护肤工作,根据夏女士目前的情况,暂定以下保养建议。

(1)清洁:油性皮肤的清洁很重要,选择适宜的清洁产品。洗脸后注意用柔肤水进行酸碱度调节。寒冷的季节早、晚各1次,炎热的季节早、中、晚3次为宜。皮肤如果出油过多,可用吸油纸去除多余的油脂,但不可太勤,否则水油失衡会造成皮脂分泌更加旺盛。

(2)使用面霜:适合油性皮肤使用的面霜应清爽少油,以补充水分、保湿、控油产品为主。炎热季节或者出油比较多时只用柔肤水或无油防晒霜即可。

(3)饮食:油性皮肤的人应特别注意饮食,尽量减少食用巧克力、海鲜、奶油、咖啡、辛辣刺激性食物及烟酒等。多吃新鲜水果、蔬菜、纤维食物,多喝水。

任务总结

在油性皮肤的护理中应特别注意皮肤清洁、控油。适当使用收敛毛孔的化妆水,以减少皮脂过度分泌,补充水分,并且做好防晒工作,预防痤疮等皮脂溢出性疾病的发生。建议夏女士在日常生活中保持规律作息。早睡早起,低糖均衡饮食,多喝水。帮助夏女士坚定护理信心,经过制定的疗程护理后,皮肤状态会得以改善。

任务评价

油性皮肤护理任务的考核评分标准如表 7-3-2 所示。

表 7-3-2 油性皮肤护理考核评分标准

任务	流程	评分标准	分值	得分
护理准备 (15 分)	美容师仪表	淡妆,发型整洁美观,着装干净得体。无长指甲,双手不佩戴饰品(手镯、手表、戒指)	5 分	
	用物准备	三条毛巾(头巾、肩巾、枕巾)正确摆放。产品、工具、仪器准备	5 分	
	清洁消毒	用品用具(包括仪器),美容师双手清洁、彻底消毒,美容师戴口罩	5 分	
操作服务 (70 分)	洁面	卸妆时用小棉片和棉签。卸妆的操作程序与方法正确	5 分	
		用泡沫型洗面奶清洁:洗面操作手法与程序正确	5 分	
	补水	用浸有收敛水的小棉片擦脸	2 分	
	去角质	避开眼部,以"T"区为主,动作轻柔	2 分	
	仪器清洁	仪器操作设置正确,手持极头平稳,紧贴皮肤,手法灵活,施力均匀	10 分	
	面部按摩	手法正确、点穴准确	8 分	
		施力适宜、速度平稳、节奏、频率合理	8 分	
		手指动作贴合、灵活、协调、动作衔接连贯	8 分	
	敷面膜	调制面膜:动作熟练、调制后的面膜稀稠适度	5 分	
		涂敷面膜:膜面较光滑,厚薄较均匀,不要遗漏,边缘清晰	10 分	
		启膜:从下向上揭起。清洁面膜干净、彻底	3 分	
	爽肤	产品选择正确,手法正确	2 分	
	润肤	产品选择正确,手法正确	2 分	
工作区整理 (5 分)	用物用品归位	物品、工具、工作区整理干净	3 分	
	仪器归位	仪器断电、清洁、摆放规范	2 分	
服务意识 (10 分)	顾客评价	与顾客沟通恰当到位	5 分	
		护理过程服务周到,对顾客关心、体贴,表现突出,顾客对服务满意	5 分	
总分			100 分	

结合本任务的教学目标和教学内容,在生活中随机进行调研,分析调研数据油性皮肤占比,并针对其中一名油性调研对象的皮肤进行专业分析,完成一份顾客登记表,为其提供护理服务及居家护理指导,并做好记录(图 7-3-3)及时查漏补缺。

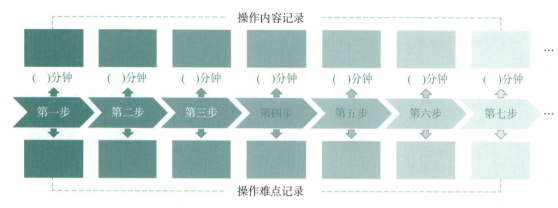

图7-3-3 任务训练记录

 想一想

1. 油性皮肤的优点有哪些？缺点是什么？
2. 油性皮肤在护理实施过程中，需要注意什么？

（薛久娇 章 益）

任务四 混合性皮肤护理

学习目标

1. 通过目测法、皮肤检测法，能够综合判断顾客的皮肤类型，并能清晰、客观地描述混合性皮肤的特征表现。
2. 能够根据顾客的皮肤情况及美容需求，制定科学严谨的混合性皮肤护理方案。
3. 能够独立完成护理操作，并以良好的形象、得体的言行，让顾客全程感受到优质的服务，提升顾客体验感、认同感。

情景导入

孟女士，30多岁，自述平时面部"T"区冒油光，近两年发现毛孔逐渐粗大，鼻部黑头比较明显，下颌经常长出小粉刺，而两颊和嘴角干燥。顾客希望通过美容护理可以改善"T"区油腻等问题。

任务分析

美容顾问热情周到地接待来店顾客,以专业的态度认真询问顾客的需求,询问内容也包括曾使用过的产品、曾做过的护理项目、对已使用的产品的满意度等。顾客混合性皮肤情况非单一性,成因多样,因此,本任务要全面、多角度分析,为顾客制定合适的护理方案,选择合适的护理产品、护理仪器和护理方法分区域进行护理。

混合性皮肤指面部皮肤具有干性、油性两种皮肤特征。一般情况下是指两颊偏干、"T"区(前额、鼻、口周、下巴)偏油的肤质(图7-4-1),是一种最常见的皮肤类型。混合性皮肤需分区护肤,根据不同的部位来选择不同的护肤品。一般情况下,"T"区应着重清洗去油,还可以配合一些控油乳进行护理。较油的部分要着重控油,用爽肤水进行润肤控油,同时配合控油乳,达到控油的目的。干燥的部分要着重保湿,用热敷促进新陈代谢,敷化妆水,保湿乳液加强保湿,达到补水保湿的目的。

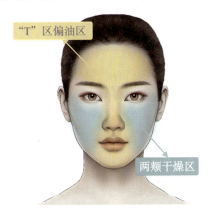

图7-4-1 混合性皮肤分区情况

知识链接

混合性皮肤的成因

1. 先天因素:脸颊本身的毛孔和汗腺分布是比较少的,出油很少;而"T"区的毛孔多一些,代谢活动频繁,油脂分泌最多,所以"T"区出油本就比脸颊明显。

2. 护理不当:由于日常皮肤护理不当,补水不够,导致皮肤的水油不平衡,从而慢慢变成混合性皮肤。

3. 不良生活习惯:工作环境不良、心理压力大、熬夜等情况,最容易引起内分泌失调,导致皮脂腺分泌不稳,从而变成混合性皮肤。

任务实施

一、信息采集与皮肤检测分析

根据顾客预约信息,美容师完成顾客信息采集,在顾客到达门店后,根据情况与顾客深

顾客信息登记表

入沟通,明确顾客的需求。通过信息反馈、观测,初步判断皮肤类型,引导顾客完成皮肤检测仪检测,结合检测数据,将分析结果用通俗的语言告诉顾客,让顾客比较清晰地、及时地了解自己的皮肤问题。同时,美容师协助顾客填写完成美容院顾客资料登记表。信息采集主要包括:基本信息、皮肤的状况分析、护肤习惯、饮食习惯、健康状况等(顾客信息登记表请扫二维码)。

孟女士,感谢您在检测过程中的配合,从皮肤检测的结果来看主要有以下几方面问题。
(1) 面部"T"区(前额、鼻、口周、下巴)偏油。
(2) 面颊比较干燥。
请不要担心,一会儿,我会给您制定适合您的皮肤护理方案,来帮助您解决问题,您有什么疑问可以随时沟通。

二、皮肤护理方案制定

1. **疗程设计** 每周 1 次(50 分钟),3 次一个疗程,建议 3 个疗程。
2. **产品选择** 混合性皮肤护理可以选择控油收敛类产品、补水保湿产品。
3. **仪器选择** 混合性皮肤护理可以选择导入类美容仪器,如超声波美容仪。
4. **手法设计** 混合性皮肤护理采用安抚、舒展、点穴等按摩手法,重点按摩面颊部位。
5. **流程设计** 混合性皮肤护理流程如图 7-4-2 所示。

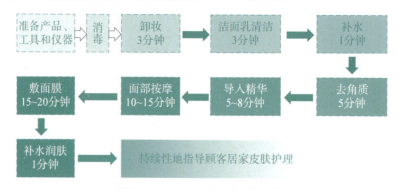

图 7-4-2 混合性皮肤护理流程

6. **居家护理** 日间护理产品包括:选择平衡洁面乳、平衡水、保湿眼霜、保湿控油精华、保湿面霜、防晒霜。晚间护理产品包括:选择卸妆液、平衡洁面乳、平衡水、保湿眼霜、保湿控油精华、保湿晚霜。

三、皮肤护理实施

1. **第一步:准备产品、工具和仪器** 美容师将皮肤护理时所需要的各种用品、用具备齐(表 7-4-1),有序地码放在工作车上,排列整齐。检查电源及仪器设备性能,做好调试。调整好美容床的位置、角度,摆放好毛巾呈待客状态。

表 7-4-1 混合性皮肤护理产品准备

序号	类别	选品	备注
1	洁面产品	温和型卸妆液	温和型卸妆液有助于保护皮肤屏障
		平衡洁面乳	清洁的同时平衡皮肤水油
2	化妆水	平衡水	保湿滋润的同时,收敛水平衡油脂分泌
3	去角质产品	磨砂膏	彻底清洁老化角质
4	精华液	"T"区:保湿控油精华液 面颊:保湿精华液	"T"区使用保湿控油精华液,面颊使用保湿精华液
5	按摩膏	滋润按摩膏	运用手法按摩的同时,按摩膏可以滋润营养皮肤
6	面膜	"T"区:控油软膜 面颊:保湿软膜	"T"区油,选择控油的面膜 两面颊可用高效滋润、保湿软膜
7	乳液	水油平衡乳液	水油平衡乳质地轻薄,使皮肤水油平衡
8	膏霜	保湿面霜	使用保湿滋润面霜可以补充水分和保湿

2. 第二步:消毒 皮肤护理用品、用具等以及仪器探头均要用 75% 乙醇进行消毒。美容师的双手也应该进行严格的消毒清洗。

皮肤护理实施前温馨提醒:"孟女士,我们的护理即将开始,大概需要 50 分钟,过程中有什么需要您随时跟我讲。"

3. 第三步:清洁面部

(1)卸妆。操作时动作要轻柔。另外,操作时注意倒取卸妆油要适量,避免过多导致流入顾客口、鼻、眼中。

(2)清洁。可选用平衡洁面乳,重点清洁"T"区油脂分泌旺盛部位。

4. 第四步:补水 用棉片将平衡水轻轻擦在脸上,平衡肌肤水油,调整皮肤的 pH 值。

5. 第五步:去角质 选择磨砂膏在油脂分泌旺盛部位操作,只针对"T"区进行去角质处理(去角质视频请扫二维码)。

去角质操作视频

6. 第六步:导入精华 利用超声波美容仪导入精华液,"T"区使用保湿控油精华,面颊使用保湿精华液。仪器导入时间在 5~8 分钟左右。

7. 第七步:面部按摩 "T"区油腻,按摩时间较短。手法以点穴、捏按为主。面颊干燥部位按摩时间较长,按摩手法以安抚法和穴位揉按为主,刺激血液循环和促进腺体的分泌,达到营养滋润的效果。结合腧穴点按,选穴准确,过程中可以和顾客交流点按力度是否合适。总按摩时间视情况控制在 15 分钟以内。

8. 第八步：敷面膜　按不同的部位分区护理，如"T"区油脂分泌旺盛，有黑头，可选择控油、溶解黑头的面膜；两面颊用高效滋润、保湿软膜。

调制软膜，避让眼睛和嘴巴，将调好的软膜快速、均匀地涂抹到脸上，敷面 15～20 分钟。结束后，残留面膜要清洁彻底。

9. 第九步：补水润肤　先涂抹水油平衡乳，使皮肤水油平衡；再使用保湿滋润面霜给皮肤补充水分和保湿。

> 孟女士，我们的护理结束了，您皮肤护理后比之前是有改善的。一会我帮您整理一下头发，照一下镜子看看效果，也可以用仪器再测试一下，对比前后数据。

10. 第十步：效果对比　护理结束后，美容师将顾客扶起，用掌揉、拍等放松手法，为顾客放松肩、背部，减轻久卧不适的感觉，引导顾客在镜前观察面部皮肤的改善。将护理效果及顾客评价、满意度等信息填写在护理记录表上，并提醒顾客下次护理的时间及居家护理注意事项。

四、居家护理建议

在完成皮肤护理后，我们还需要继续做好服务，要为顾客提供家庭保养指导，日常的居家护理不能忽视。

> 除了定期到门店来保养外，平时我们也要注意坚持做好护肤工作，根据孟女士目前的情况，暂定以下保养建议。
> （1）每天需进行 2 次皮肤清洁。尤其注意加强 T 区的清洁。
> （2）注意避免紫外线对皮肤的伤害，外出要涂防晒霜，戴遮阳帽。
> （3）干燥的环境会使皮肤中的水分迅速散失。因此，如果长期工作、生活在空调环境中要使用补水保湿产品。
> （4）多喝水，多吃新鲜水果、蔬菜，少吃油腻、辛辣食品。

任务总结

皮肤护理是一项系统性的程序，需要在正确判断皮肤类型和制定方案的基础上，针对皮肤进行有序护理。混合性皮肤是一种比较特殊的肤质，对于混合性皮肤，不适合单一的按照干性皮肤或者油性皮肤来护理。不同区域的肤质应该分开护理："T"区注重控油，"U"区补水保湿。在与顾客沟通中，要认真倾听顾客的求美诉求，耐心讲解护理指导意见等，帮助顾客建立信心。

任务评价

混合性皮肤护理任务的考核评分标准见表7-4-2。

表7-4-2 混合性皮肤护理考核评分标准

任务	流程	评分标准	分值	得分
护理准备 (15分)	美容师仪表	淡妆,发型整洁美观,着装干净得体。无长指甲,双手不佩戴饰品(手镯、手表、戒指)	5分	
	用物准备	三条毛巾(头巾、肩巾、枕巾)的正确摆放,产品、工具、仪器准备	5分	
	清洁消毒	用品用具(包括导入仪声头),美容师双手清洁、彻底消毒,美容师戴口罩	5分	
操作服务 (70分)	洁面	卸妆:卸妆时用小棉片和棉签。卸妆的操作程序与方法正确	5分	
		用洁面乳清洁:洗面操作手法与程序正确	5分	
	补水	用小喷壶将平衡水喷在小棉片上	2分	
	去角质	避开眼部、以"T"区为主,动作轻柔	2分	
	精华导入	仪器操作设置正确,大面积部位用大探头,小面积部位用小探头。导入时向内打圈,向外打圈扣分。探头贴皮肤、速度不快不慢	10分	
	面部按摩	手法正确、点穴准确	8分	
		施力适宜、速度平稳、节奏、频率合理	8分	
		手指动作贴合、灵活、协调,动作衔接连贯	8分	
	敷面膜	调制面膜:动作熟练、调制后的面膜稀稠适度	5分	
		涂敷面膜:膜面较光滑,厚薄较均匀,不要遗漏,边缘清晰	10分	
		启膜:从下向上揭起。清洁面膜干净、彻底	3分	
	爽肤	产品选择正确,手法正确	2分	
	润肤	产品选择正确,手法正确	2分	
工作区整理 (5分)	用物用品归位	物品、工具、工作区整理干净	3分	
	仪器归位	仪器断电、清洁、摆放规范	2分	
服务意识 (10分)	顾客评价	与顾客沟通恰当到位	5分	
		护理过程服务周到,对顾客关心、体贴,表现突出,顾客对服务满意	5分	
总分			100分	

练一练

结合本任务的教学目标和教学内容,在生活中随机进行调研,分析混合性皮肤占比,并针对其中一名混合性调研对象的皮肤进行专业分析,完成一份顾客登记表,为其提供护理服务及居家护理指导,并做好记录(图7-4-3)及时查漏补缺。

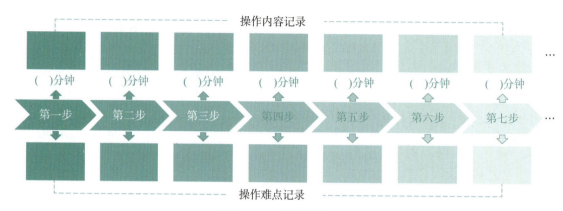

图7-4-3 任务训练记录

想一想

1. 混合性皮肤的护理原则是什么?
2. 在服务过程中从哪些细节体现对顾客关心、体贴周到?

(薛久娇 章 益)

任务五 痤疮性皮肤护理

学习目标

1. 通过观察顾客皮肤是否出现闭合性粉刺、开放性粉刺、炎症性丘疹、脓包、结节、囊肿等症状,初步判断顾客是否出现痤疮并确认当前痤疮的等级,能清晰、客观地描述痤疮的分级及其表现。
2. 掌握与痤疮性皮肤顾客沟通的技巧,在尊重顾客的同时,获得皮肤护理信息并针对性地制定护理方案。
3. 熟练掌握护理流程,能够针对顾客痤疮性皮肤的具体情况,提供安全、卫生、规范的皮肤护理,并根据所学帮助顾客建立正确的痤疮性皮肤居家护理观念。

情景导入

一位20岁左右的女顾客,面部"T"区皮肤泛油光,面颊部及下巴存在少量粉刺及个别炎症性丘疹,部分皮肤有较为明显的褐色色素沉着,应为陈旧痘印。由美容顾问对这位顾客皮肤进行分析,制定护理方案并经顾客确认后再安排当班美容师做护理。

 任务分析

顾客面部痤疮的表现较为明显,且部分区域有点状色沉。在与顾客沟通中应该首先了解顾客的护肤以及饮食习惯,虽然导致皮肤出现痤疮的原因很多,但是从以上两点切入,通常可以获得较为有意义的答案。通过了解痤疮的成因,针对性地制定护理方案,能够为顾客实施精准护理。当然,痤疮形成的原因,部分是与顾客个人隐私相关,因此,有可能无法通过初次沟通完全了解,可以根据皮肤检测的情况客观地分析皮肤当下的问题所在,以帮助了解顾客皮肤状况。

 相关知识

痤疮的形成主要与皮脂分泌过多、毛囊皮脂腺导管堵塞、细菌感染和炎症反应等因素密切相关。进入青春期后,人体内雄激素特别是睾酮的水平迅速升高,促进皮脂腺发育并产生大量皮脂。同时,毛囊皮脂腺导管的角化异常造成导管堵塞,皮脂排出障碍,形成角质栓即微粉刺。毛囊中多种微生物,尤其是痤疮丙酸杆菌大量繁殖,痤疮丙酸杆菌产生的脂酶分解皮脂生成游离脂肪酸,同时趋化炎症细胞和介质,最终诱导并加重炎症反应(图7-5-1)。

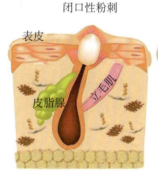
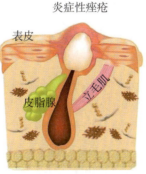
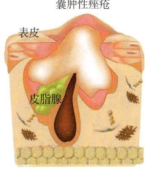

图7-5-1 痤疮性皮肤特征表现

知识链接

痤疮的成因

1. 皮脂大量分泌:当体内雄激素水平升高,皮脂腺功能就会旺盛,导致油脂大量分泌,皮脂分泌过多是痤疮发生的基本病理基础。

2. 毛囊皮脂腺导管堵塞:毛囊周围细胞角化异常导致毛囊口变小、狭窄、堵塞,从而导致皮脂无法排出,堵塞毛囊皮脂腺导管,皮脂排出障碍,形成角质栓即微粉刺。

3. 细菌感染:毛囊中多种微生物,尤其是痤疮丙酸杆菌,导致毛囊细菌感染。

4. 炎症反应：痤疮丙酸杆菌的脂酶分解皮脂，生成游离脂肪酸，同时趋化炎症细胞和介质，最终诱导并加重炎症反应。

一、信息采集与皮肤检测分析

顾客信息登记表

在顾客到院后，美容顾问可为其提供清热解毒的茶饮，与此同时，通过通俗、亲切的语言引导顾客如实填写信息采集表。信息采集完毕后，为顾客洁面进行专业化皮肤检测，检测后应当将专业化的数据分析结果转化为顾客可以理解的语言进行表达。信息采集主要包括：基本信息、皮肤的状况分析、护肤习惯、饮食习惯、健康状况等（顾客信息登记表请扫二维码）。

朱女士，感谢您在检测过程中的配合，从皮肤检测的结果来看主要有以下几方面问题。

（1）您的"T"区油脂分泌较多，存在一定皮肤水油失衡的情况。

（2）面部有散在及小范围分布炎症区域，提示存在或可能出现痤疮。

（3）面部存在部分区域点状色素沉着。

请不要担心，一会儿，我会给您制定适合您的皮肤护理方案，来帮助您解决问题，您有什么疑问可以随时沟通。

二、皮肤护理方案制定

1. **疗程设计**　每周1次（约55分钟），每个疗程4次，建议1个疗程后再次面诊进行方案优化。
2. **产品选择**　痤疮性皮肤护理可以选择控油型清洁类产品、舒缓镇静抗炎产品。
3. **仪器选择**　痤疮性皮肤护理可以选择清洁类美容仪器，如皮肤清洁仪等同类仪器。
4. **手法设计**　痤疮性皮肤护理采用安抚、舒展等按摩手法。
5. **流程设计**　痤疮性皮肤护理流程如图7-5-2所示。

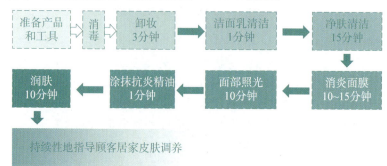

图7-5-2　痤疮性皮肤护理流程图

6. 居家护理

（1）日间护理产品包括：控油清痘洁面乳、爽肤水、茶树精华、祛痘凝胶（必要时使用）、清透修护乳/霜（分区域护肤）、防晒霜。

（2）晚间护理产品包括：卸妆油、控油清痘洁面乳、爽肤水、茶树精华、抗炎乳液/修护霜（依皮肤状态区分使用）。

（3）护肤品选用注意事项：①选购时需注意尽量避免使用含致痘成分的护肤品，如月桂醇聚醚、棕榈酸、羊脂酸等（因个体对不同成分的耐受不同，故而致痘成分因人而异，应当根据自身情况选用）；②初次使用产品应当做测试并建立耐受后使用。

三、皮肤护理实施

1. 第一步：准备产品、工具和仪器 美容师将皮肤护理时所需要的用品、仪器等备齐（表7-5-1），有序地码放在工作车上，排列整齐。检查电源及仪器设备性能，做好调试。调整好美容床的位置、角度，摆放好毛巾呈待客状态。

表7-5-1 痤疮性皮肤护理产品准备

序号	类别	选品	备注
1	洁面产品	温和型卸妆油	通常，卸妆油会比卸妆水的延展性更好，适合面部部分区域炎症的皮肤
		控油清痘洁面乳	清洁力强、具备一定抗炎效果，适合混油或者油性的痤疮性肌肤
2	化妆水	爽肤水	补水修复，促进肌肤水油平衡，其中的有效成分具有镇静、消炎等功效
3	精华液	茶树精华	茶树精华具有抗菌消炎的效果
4	祛痘凝胶	祛痘凝胶	祛痘凝胶具有消炎祛痘、快速修复的功效
5	面膜	消炎面膜	消炎面膜具有舒缓消炎、镇静修复、避免色沉的功效，适用于痤疮性皮肤
6	乳液	清透修护乳	乳液有效成分促进皮肤修复同时能够镇静消炎，改善皮肤局部炎症
7	膏霜	清透修护霜	促进修复，维持痤疮性皮肤水油失衡，保持肌肤水润并能镇静抗炎，适用于痤疮性皮肤

2. 第二步：消毒 皮肤护理用品、用具等以及仪器探头均用75%乙醇进行消毒。美容师的双手也应当使用七步洗手法进行严格的清洁，必要时可使用苯扎溴铵进行消毒后再行服务。

皮肤护理实施前温馨提醒："朱女士，我们的护理即将开始，大概需要55分钟，过程中有什么需要或不适感请随时跟我讲。"

3. 第三步：清洁面部

（1）卸妆：一般眼周的皮肤相对比较敏感，操作时动作要轻柔，避免皮肤受到牵拉，为痤疮性皮肤卸妆时应当注意面部炎症区域不可过度摩擦，以避免出现皮损。另外，应当注意卸妆油清洁彻底，避免残留加重面部痤疮。

（2）清洁：选择控油清痘洁面乳进行面部清洁，除去表皮的多余油脂。如选择了含酸类洁面产品，应当先建立耐受再使用。皮肤上的洁肤用品应彻底清洗干净，以免残留在面部伤害皮肤。

4. 第四步：净肤清洁

（1）软化角质：可选用含有乳酸的精华液进行面部湿敷/浸润，补水保湿、软化角质，同时可以去除由皮肤角质增生导致的皮肤问题。

痤疮针清护理环节视频

（2）疏通毛孔：没有明显炎症堵塞情况下一般可使用含水杨酸的精华进行表皮清洁，溶解油脂、畅通毛孔、打开通道，同时可以抗炎、抑制毛孔堵塞。如果面部存在丘疹性痤疮，可使用灭菌处理的粉刺针进行针清处理来疏通毛孔（针清操作视频请扫二维码）。

（3）精华焕肤导入：提高皮肤抵抗力，抗菌消炎，抗氧化肌肤，同时具备补水保湿效果。

5. 第五步：消炎面膜

（1）面膜选择：舒缓镇静的粉状面膜。

（2）面膜调配：配以适量蒸馏水进行调和。

（3）敷膜方法：以面膜刷取适量面膜，快速均匀地涂抹于面部，约一元硬币厚度即可。取面膜时应避开双眼，如不小心进入眼睛，须立即用大量生理盐水进行冲洗，如未缓解，应立即送医。

（4）时长：10～15 分钟。

（5）卸膜：叮嘱顾客闭眼，揭开面膜并逐步取下，部分小块面膜无法直接取下，可以使用棉布蘸水轻柔擦拭，直至残留面膜彻底清理。

> **知识链接**
>
> **祛痘产品成分**
>
> 1. 水杨酸：具有脂溶性，可以预防痤疮，对抗皮肤炎症，适合痤疮性皮肤。
> 2. 壬二酸：可以进入毛孔杀死细菌，对于已成型的痘痘作用更加明显，此外壬二酸还具有美白的功效，在抑制痤疮的同时还能淡化痘印。
> 3. 茶树精华：具有很好的抗菌消炎作用，可以从根本上防止痤疮继续恶化感染。
> 4. 金缕梅：可以调节皮脂分泌，同时还可以保湿、舒缓。
> 5. 积雪草：利湿消肿、滋补、消炎、镇定，具有舒缓及控痘的功效。
> 6. 马齿苋：具有抗氧化及抗炎的作用。

6. 第六步：面部照光

（1）仪器：红蓝光仪器。

（2）功效：红光有助于抗菌消炎，蓝光促进皮肤修复。

（3）注意事项：照光时须使用黑色眼罩保护双眼，避免双眼被照射。

（4）时长：10 分钟。

单元七 面部护理项目 7-33

7. 第七步：涂抹抗炎精油

（1）精油选择：茶树精油，因其具有良好的抗菌消炎作用，可以从根本上防止痤疮继续恶化感染。

（2）涂抹方式：以轻柔的手法均匀涂抹于面部，炎症部位更加注意手法轻柔，以避免出现皮损。如有个别皮损，涂抹时应当避开该区域，以免感染。

（3）时长：1分钟。

8. 第八步：润肤　选择具有舒缓修护、抗菌消炎的乳或霜均匀涂于脸部，涂抹时应注意避开有皮损的部位以免感染。

朱女士，我们的护理结束了，护理后您的皮肤状态改善还是比较明显的，看上去肤色有明显的提亮，同时"T"区的出油情况改善明显。一会儿我帮您整理一下头发，照一下镜子看看效果，也可以用仪器再测试一下，对比前后数据。

9. 第九步：效果对比　护理结束后，美容师将顾客扶起，为顾客进行简单的肩颈舒缓，以减轻久卧的不适感，为顾客提供手持镜，用以观察护理后的改善，如肤色、肤质等情况。将护理效果及顾客评价、满意度等信息填写在护理记录表上，并提醒顾客下次护理的时间及居家护理注意事项。

四、居家护理建议

皮肤护理不以本次面部护理结束为完结，应当在完成本次皮肤护理后，为顾客提供有效、持续的家庭保养指导，到院护理与日常居家护理有机结合才能更好地达成顾客的护肤目标。

除了定期到门店来保养外，平时我们也要注意坚持做好护肤工作，根据朱女士目前的情况，暂定以下保养建议。

（1）清洁：皮肤油脂分泌旺盛，老废角质易堵塞毛孔。洁面应选择清洁性较强且含有抗菌消炎成分的产品，洁面次数不宜过多，以免破坏肌肤屏障。

（2）护肤：皮肤水油失衡，洗面后立即使用具备抗菌消炎功效的精华液，除了抗菌消炎，在选择护肤品时可配合一些美白、保湿等功效性的产品，同时还应特别注意防晒，为避免物理防晒堵塞毛孔引发痤疮加重，可选择帽子、口罩、墨镜等进行防晒。

（3）饮食：保持饮食均衡，尽量少食用高糖、高脂食物。保持正常体重，加强锻炼，增强身体新陈代谢功能。

（4）保持心情舒畅，睡眠充足。

皮肤的保养是一个动态变化的过程,初期皮肤的变化会比较明显,护理一段时间后,逐渐会进入一个较为缓慢的恢复期,这样可能会使顾客出现终止保养等想法。因此,在交流中,要委婉地告知顾客护肤的周期变化,及时为顾客提供正确的护肤观念。

痤疮性皮肤护理任务的考核评分标准见表7-5-2。

表7-5-2 痤疮性皮肤护理考核评分标准

任务	流程	评分标准	分值	得分
护理准备 (15分)	美容师仪表	淡妆,发型整洁美观,着装干净得体。无长指甲,双手不佩戴饰品(手镯、手表、戒指)	5分	
	用物准备	三条毛巾(头巾、肩巾、枕巾)的正确摆放,产品、工具、仪器准备	5分	
	清洁消毒	用品用具(包括2台仪器),美容师双手清洁、彻底消毒,美容师戴口罩	5分	
操作服务 (70分)	洁面	卸妆:卸妆时用小棉片和棉签。卸妆的操作程序与方法正确	5分	
		用洁面乳清洁:洗面操作手法与程序正确	5分	
	净肤清洁	角质软化:手法与程序应当正确	15分	
		毛孔疏通:手法与程序应当正确	15分	
		精华焕肤导入:导入手法与程序应当正确	10分	
	消炎面膜	蒸馏水及面膜粉准备正确,并能够调配成功	5分	
	面部照光	时长及照光仪器选择正确,按照程序遮盖顾客双眼	5分	
	抗炎精油涂抹	涂抹手法正确、轻柔,符合当前顾客肤质要求	5分	
	润肤	产品选择正确,手法正确	5分	
工作区整理 (5分)	用物用品归位	物品、工具、工作区整理干净	3分	
	仪器归位	仪器断电、清洁、摆放规范	2分	
服务意识 (10分)	顾客评价	与顾客沟通恰当到位	5分	
		护理过程服务周到,对顾客关心、体贴,表现突出,顾客对服务满意	5分	
总分			100分	

单元七 面部护理项目 7-35

练一练

结合本任务的教学目标和教学内容,在生活中随机进行调研,分析调研数据痤疮性皮肤占比,并针对其中一名痤疮性调研对象的皮肤进行专业分析,完成一份顾客登记表,为其提供护理服务及居家护理指导,并做好记录(图 7-5-3)及时查漏补缺。

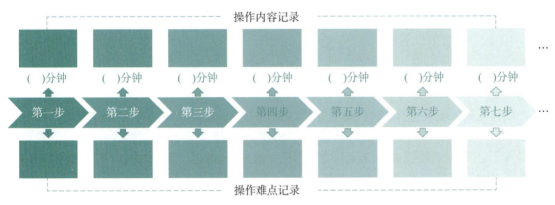

图 7-5-3 任务训练记录

想一想

1. 在针对痤疮性肌肤的护理中,你认为最重要的护理要点是什么?
2. 在净肤清洁的三个步骤中,为什么要先进行角质软化再对皮肤进行清洁?

(成 霞 黄一虹)

任务六 色斑性皮肤护理

学习目标

1. 了解色斑性皮肤的成因、概念以及分类,并能准确描述色斑性皮肤的表现。
2. 掌握接待顾客及与顾客沟通的技巧,按照优质服务标准流程,实施护理操作。
3. 能够按照接色斑性皮肤护理的标准化服务流程完成护理任务。
4. 在服务过程中具备服务意识、卫生意识和安全意识。

情景导入

于女士，36岁。9年前在孕期，于女士的面部颧骨区域出现了色斑，色斑呈碎片状，生产后有所好转，色斑颜色变淡。后续，因不注重防晒及保养，面部皮肤显得粗糙、肤色较晦暗，形成黄褐斑，色斑对称分布在颧骨两侧，边界清晰，呈褐色。服务诉求是淡斑皮肤护理，美容顾问对于女士的皮肤进行分析，制定护理方案并经顾客确认后再安排当班美容师做护理。

 任务分析

顾客皮肤色斑问题的表现较为明显，色斑形成的溯源清晰。针对顾客的情况，基于孕产期激素水平变化影响，主要原因还是日常防晒、护理不当，引起黑色素加速生成。面对这样的问题，顾客往往希望选择美白祛斑服务项目。在该项目的服务过程中，我们需要和顾客友好沟通，建议其在日常生活中要科学防晒、饮食调理，用良好的保养习惯来配合皮肤的护理改善。

 相关知识

一、色斑皮肤的概念及成因

色斑性皮肤指的是因遗传、内分泌、生活习惯、精神压力等主、客观因素造成的色素增加，形成的色素沉着性皮肤，是最常见的损容性皮肤之一。

在皮肤健康时，表皮的黑色素会因新陈代谢从皮肤表面排出，然后自然脱落，其合成与分解过程趋于平稳状态。但在各种因素影响下，皮肤会疲劳而使排出黑色素的能力减弱，以致黑色素残留在皮肤上，形成色斑。色斑性皮肤的主要形成原因：强烈的阳光照射、不合格化妆品的成分刺激、各种外伤引发的色素沉着等。

知识链接

色斑形成的原理

色斑是黑色素在皮肤浅表层的沉淀，由于内分泌失调，皮肤代谢不畅导致黑色素不能有效排出而形成的。黑色素是人体内的一种蛋白质，存在于皮肤基底层的细胞中间，不是真正意义上的黑色素，而是一种黑色素原生物质，也被称为色素母细胞。色素母细胞分泌麦拉宁色素，当紫外线（B波、A波）照射到皮肤上（B波即UVB作用于皮肤基底层，A波作用于皮肤的真皮层），皮肤就会处于"自我防护"的状态，紫外线刺激麦拉宁色素，激活酪氨酸酶的活性，来保护皮肤细胞。酪氨酸酶与血液中的酪氨酸发生反应，生成一种叫"多巴"的物质。多巴是黑色素的前身，经酪氨酸氧化而成，释放出黑色素。黑色素又经由细胞代谢，层层移动，到了表皮层形成色素沉着，即为色斑。

二、色斑皮肤的特征

色斑皮肤的黑色素颗粒分布不均匀,且较为明显(图7-6-1),对外界比较敏感,皮肤弹性较差,皮肤较薄、干燥。

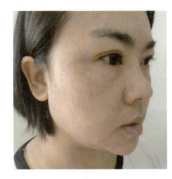

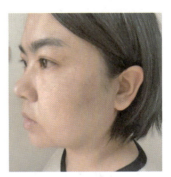

图7-6-1 色斑性皮肤特征表现

三、色斑皮肤的分类

色斑分为定性斑和活性斑两种。定性斑性质稳定,通常是指顽固性色素斑,它不因外界因素影响而变化,一旦祛除,便不会再反复产生。常见的定性斑有:色素痣、老年斑、胎记等。活性斑是指由酪氨酸酶活动造成的斑,它的性质不稳定,受外界因素影响,颜色会有深浅的变化,祛除后如不注意保养,容易反复产生。常见的活性斑有:黄褐斑、雀斑、继发性色素沉着斑等。

任务实施

一、信息采集与皮肤检测分析

美容师通过通俗、亲切的语言引导顾客如实填写信息采集表。信息采集完毕后,为顾客洁面进行专业化皮肤检测,检测后应当将专业化的数据分析结果转化为顾客可以理解的语言进行表达。信息采集主要包括:基本信息、皮肤的状况分析、护肤习惯、饮食习惯、健康状况等(顾客信息登记表请扫二维码)。

顾客信息登记表

于女士,感谢您在检测过程中的配合,从皮肤检测的结果来看主要有以下几方面问题。

(1) 色斑的形态不一,界限清楚,斑点内色素沉着增加,色斑主要呈现在脸部两颊。

(2) 皮肤暗黄,肤色不均,色斑可确定为晒斑和黄褐斑。

请不要担心,一会儿,我会给您制定适合您的皮肤护理方案,来帮助您解决问题,您有什么疑问可以随时沟通。

二、皮肤护理方案制定

1. 疗程设计　每周 1 次（50 分钟），4 次一个疗程，建议 6 个疗程。
2. 产品选择　色斑性皮肤护理建议选择温和型清洁类产品，高保湿、淡斑护肤产品。
3. 仪器选择　色斑性皮肤护理建议选择导入类美容仪器，如超声波美容仪。
4. 手法设计　采用安抚、舒展、向上提升等按摩手法。
5. 流程设计　色斑性皮肤护理流程具体见图 7-6-2。

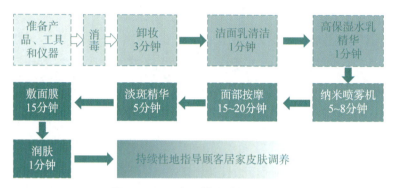

图 7-6-2　色斑性皮肤护理流程

6. 居家护理

（1）日间护理产品包括：保湿嫩肤洁面乳、精华水、高保湿眼霜、美白补水精华、保湿营养面霜、防晒霜。

（2）晚间护理产品包括：卸妆油、保湿洁面乳、精华水、保湿眼霜、祛斑美白精华、营养晚霜。

二、皮肤护理实施

1. 第一步：准备产品、工具和仪器　美容师将皮肤护理时所需要的各种用品、用具备齐（表 7-6-1），有序地码放在工作车上，排列整齐。检查电源及仪器设备性能，做好调试。调整好美容床的位置、角度，摆放好毛巾呈待客状态。

表 7-6-1　色斑性皮肤护理产品准备

序号	类别	选品	备注
1	洁面产品	温和型卸妆油	卸妆油较温和，延展性更好，适合问题较多的皮肤，如色斑性皮肤
		保湿温和洁面乳	温和、不刺激，适合色斑性肌肤
2	化妆水	高保湿精华水	高效补水，化妆水的精华成分有高保湿等功效
3	精华液	美白精华原液	利用纳米喷雾机热敷，促进高保湿护肤品吸收，淡化面部黑色素，提高皮肤锁水功能，滋润皮肤的效果
4	按摩膏	营养滋润按摩膏	运用按摩膏进行面部按摩，促进皮肤的新陈代谢，达到营养滋润皮肤的功效

(续表)

序号	类别	选品	备注
5	淡斑精华	精华液	仪器导入精华,将有效成分滋润色斑肌肤,重点进行色斑区域操作,淡化斑点,预防斑点生成
6	面膜	美白祛斑贴布式面膜	在敷面膜期间,用面膜刷蘸取适量淡斑精华进行多次刷膜,起到保湿润肤、祛斑亮肤、恢复皮肤弹性、淡化斑点
7	润肤	高保湿水、美白淡斑面霜	改善水油平衡情况,促进皮肤吸收,淡化斑纹,保湿滋润皮肤

2. **第二步:消毒**　皮肤护理用品、用具等以及仪器探头均用75%乙醇进行消毒。美容师的双手也应该进行严格的消毒清洗。

皮肤护理实施前温馨提醒:"于女士,我们的护理即将开始,大概需要50分钟,过程中有什么需要您随时跟我讲。"

3. **第三步:清洁面部**

(1) 卸妆。眼部皮肤较为脆弱,于女士平时不做防晒,皮肤有一定损伤,眼周出现很多小细纹,色斑明显,操作时动作要避免受到牵拉,注意动作轻柔。另外,操作时注意倒取卸妆油要适度,避免过多导致流入顾客口、鼻、眼中。

(2) 清洁。选择滋润温和的保湿洁面乳进行面部清洁,除去表皮的污物,皮肤上的洁肤用品应彻底清洗干净,避免残留物损伤皮肤。

4. **第四步:补水**　将高保湿精华水轻轻擦在脸上,利用纳米喷雾仪促进吸收,在提供营养的同时,促进皮肤新陈代谢,调整皮肤的pH值。

知识链接

美白淡斑产品成分

1. 苯乙基间苯二酚:又称377,能有效抑制络氨酸酶,达到美白淡斑的作用。
2. 熊果苷:通过抑制体内酪氨酸酶活性,阻断黑色素生成,对黄褐斑、雀斑、晒斑均有疗效。
3. 维生素C:通过降低络氨酸酶的活性,从根本上减少黑色素的生成。
4. 阿魏酸异辛酯:通过抑制酪氨酸酶来减少黑色素的生成,最终达到美白肌肤的功效。同时,具有吸收紫外线和防止氧化的作用。
5. 烟酰胺:即维生素B3,促进已经生成的黑色素排出体外,能够预防皮肤在衰老过程中产生的肤色暗沉。

色斑性皮肤护理操作视频

5. 第五步：面部按摩　针对色斑性皮肤进行面部按摩时要注意动作轻柔、缓慢、贴合，要避免大面积用力揉按、过度拉扯皮肤。取足量的按摩膏用安抚、舒展、向上提升等手法进行按摩，方向与肌肉走向一致，与皱纹垂直，遵从由下向上、由里向外的基本原则。眼周、口周做环形按摩。按摩时将眼部及额头部位的皱纹展开，并重点提拉外眼角等松弛、下垂比较明显的部位，结合腧穴点按，选穴准确，过程中可以和顾客交流点按力度是否合适。逐渐提高皮肤的温度，促进面部血液循环，加速肌肤的新陈代谢，补充皮肤的养分，改善肌肤松弛现象。全脸按摩时间控制在15～20分钟（色斑性皮肤护理操作视频请扫二维码）。

6. 第六步：仪器导入美白精华　利用超声波美容仪全面部导入美白精华原液，淡化色素，重点操作两颊色素较重的部位，仪器导入时间在5～8分钟。

7. 第七步：敷面膜　使用面贴布型（无纺布、蚕丝、纸质）面膜，避让眼睛和嘴巴，将面膜均匀地平铺在顾客面部，用面膜刷多次少量地蘸取美白淡斑精华，均匀地刷在面膜布上，敷面15分钟。结束后，残留面膜要清洁彻底。

8. 第八步：补水润肤　使用保湿营养性的精华水，充分补水。选择具有滋润营养皮肤的精华乳或霜均匀涂于脸部。

于女士，我们的护理结束了，护理后您的皮肤状态改善还是比较明显的，我已经给您涂抹了防晒产品，一会我帮您整理一下头发，您看看效果，也可以用仪器再测试一下，对比前后数据。

9. 第九步：效果对比　护理结束，美容师将顾客扶起，用掌揉、拍等放松手法，为顾客放松肩、背部，减轻久卧不适的感觉，引导顾客在镜前，观察面部皮肤后改善的表现，如光泽度、细纹、肤质。将护理效果及顾客评价、满意度等信息填写在护理记录表上，并提醒顾客下次护理的时间及居家护理注意事项。

四、居家护理建议

在完成皮肤护理后，美容师还需要继续做好服务，要为顾客提供家庭保养指导，坚持日常保养更有助于缓解和改善色斑性肌肤的问题，达到逐渐呈现健康年轻状态。

除了定期到门店来保养外，平时我们也要注意坚持做好护肤工作，根据您目前的情况，暂定以下保养建议。

（1）预防：注意避免日晒。生活要规律，保证充足的睡眠，不要过度疲劳。保持心情舒畅，不要气恼、忧郁。

正确选用适合自己皮肤的化妆品,要选用安全性高、功能性强稳定性好的正规厂家的产品。加强运动,促进血液循环,增加皮肤吸收排泄功能。

(2) 注意皮肤的保养。定期到美容院做皮肤护理。尽量选用高保湿护肤品,除了补水保湿,在选择护肤品时可配合一些美白、滋润等功效性的产品,同时还应特别注意防晒。

(3) 饮食:多食用富含维生素 A、维生素 E、维生素 C 及胶原蛋白等营养成分的食物。保持正常体重,保持皮肤足够的脂肪。加强锻炼,增强身体新陈代谢功能。

任务总结

色斑性皮肤的产生与顾客的生活习惯有关,保持好的心情,做好基础护理,尤其在斑点初成之前,要进行系统的护理,调节皮肤水油平衡,保持皮肤的弹性,并定期到美容院进行专项护理,皮肤的变化会比较明显,对于护理方案应该动态地适度调整,包括家庭保养的建议、到门店护理的次数等。另外,皮肤修复一段时间后,逐渐会进入一个较为缓慢的恢复期,及时对顾客继续专业引导,坚定顾客护理的信心,根据顾客的反馈能够预判问题,及时帮助顾客调整心态。

任务评价

色斑性皮肤护理任务的考核评分标准见表 7-6-2。

表 7-6-2 色斑性皮肤护理考核评分标准

任务	流程	评分标准	分值	得分
护理准备 (15分)	美容师仪表	淡妆,发型整洁美观,着装干净得体。无长指甲,双手不佩戴饰品(手镯、手表、戒指)	5分	
	用物准备	三条毛巾(头巾、肩巾、枕巾)的正确摆放,产品、工具、仪器准备	5分	
	清洁消毒	用品用具(包括导入仪声头),美容师双手清洁、彻底消毒,美容师戴口罩	5分	
操作服务 (70分)	洁面	卸妆:卸妆时用小棉片和棉签。卸妆的操作程序与方法正确	5分	
		用洁面乳清洁:洗面操作手法与程序正确	5分	
	高保湿精华水	涂抹高保湿精华水,运用纳米喷雾机热敷	3分	

(续表)

任务	流程	评分标准	分值	得分
	精华导入	仪器操作设置正确,大面积部位用大探头,小面积部位用小探头。导入时向内打圈,向外打圈扣分。探头贴皮肤、速度不快不慢	10分	
	面部按摩	手法正确、点穴准确	10分	
		施力适宜,速度平稳,节奏、频率合理	8分	
		手指动作贴合、灵活、协调、动作衔接连贯	8分	
	面膜	面膜:动作熟练、均匀铺平膜布	5分	
		涂抹精华:膜布均匀平铺,眼、鼻外露,涂抹精华液适度	11分	
		启膜:从下向上揭起。清洁面膜干净,彻底	2分	
	润肤	产品选择正确,手法正确	3分	
工作区整理(5分)	用物用品归位	物品、工具、工作区整理干净	3分	
	仪器归位	仪器断电、清洁、摆放规范	2分	
服务意识(10分)	顾客评价	与顾客沟通恰当到位	5分	
		护理过程服务周到,对顾客关心、体贴,表现突出,顾客对服务满意	5分	
总分			100分	

练一练

结合本任务的教学目标和教学内容,在生活中随机进行调研,分析调研数据中色斑性皮肤占比,并针对其中一名色斑性调研对象的皮肤进行专业分析,完成一份顾客登记表,为其提供护理服务及居家护理指导,并做好记录(图7-6-3),及时查漏补缺。

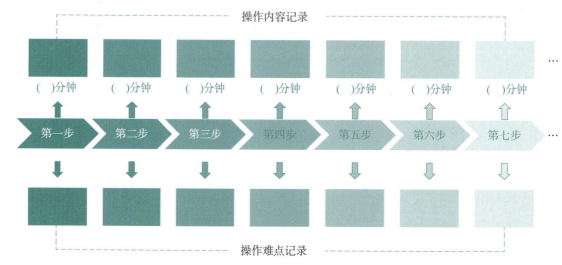

图7-6-3 任务训练记录

 **想一想**

1. 在色斑性皮肤的护理中,针对不同的色斑应选用哪些手法按摩?按摩时间多久为宜?
2. 在服务过程中从哪些细节体现对顾客关心、服务周到?

(华 欣 章 益)

任务七 衰老性皮肤护理

学习目标

1. 通过观察顾客皮肤光泽度、弹性、质地等表现,能够初步判断顾客皮肤健康状况及皮肤类型,并能清晰、客观地描述皮肤衰老的表现。
2. 以尊重、礼貌的方式与顾客有效沟通,获取衰老皮肤成因的相关信息。
3. 根据顾客美容需求以及衰老皮肤的分析,完成个性化皮肤护理方案制定并与顾客确认。
4. 能够按优质服务标准流程,实施护理操作。让顾客全过程感受到体贴入微、面面俱到的服务。

 情景导入

某美容院张顾问,接待一位女顾客,她看上去近50岁,面部皮肤缺乏光泽,鱼尾纹及额头皱纹较多,法令纹较深,皮肤松弛下垂、有较明显的色斑。由张顾问对这位顾客皮肤进行分析,制定护理方案并经顾客确认后再安排当班美容师做护理。

任务分析

顾客皮肤衰老的表现较为明显,而导致皮肤衰老的原因很多,因此要明确皮肤衰老形成的原因,制定个性化抗衰护理方案,这是改善皮肤问题的关键。与皮肤衰老形成有关的原因中,有些在顾客看来涉及个人隐私,不一定如实提供。信息的真实性会影响对问题的分析判断,从而影响护理方案的针对性以及护理效果。运用恰当的沟通方法,让顾客感受到应有的尊重和关心,使其心情愉悦,配合完成信息收集。以便获取信息全面、准确,有助于正确分析和判断。

良好的沟通从赞美开始,要善于发现顾客的美并真诚表达。再好的护理方案也必须得到顾客的认可,因此,方案制定既要从专业角度建议还得考虑顾客的需求及消费习惯等综合因素。

相关知识

人体皮肤老化,是指皮肤在外源性或内源性因素的影响下引起皮肤外部形态、内部结构和生理功能衰退等现象。皮肤组织功能减退,弹性减弱,无光泽,皮下组织减少,皮肤变薄,皮肤松弛下垂,皮肤干燥,皱纹增多,色素增多等都是衰老性皮肤的特征(图7-7-1)。引起皮肤衰老的因素有很多,包括环境、生活习惯及精神因素等。

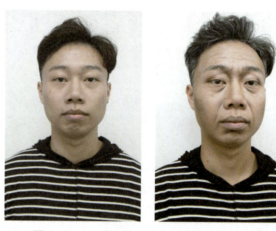

图7-7-1 衰老性皮肤特征表现(化妆作品)

知识链接

皮肤衰老的成因

1. 年龄因素:随着年龄不断增加,皮肤细胞功能逐渐衰退、老化,这是正常生理现象。
2. 环境因素:长期处于干燥的环境,过度的紫外线暴晒等会导致皮肤光老化。
3. 健康因素:患有基础疾病,如慢性肝病、肾病等,可导致皮肤营养障碍,皮肤过早衰老。
4. 生活习惯:熬夜、抽烟、喝酒等不良生活习惯会加速皮肤衰老。
5. 精神因素:工作或生活压力大、紧张、焦虑、心情不畅等可加速皮肤老化。
6. 缺乏保养:不注重皮肤保养,防日晒意识差,护理皮肤或者保养不当,也会导致皮肤衰老。

任务实施

一、信息采集与皮肤检测分析

根据顾客预约信息,美容顾问完成顾客信息采集。在顾客到达门店后,美容顾问根据情况与顾客深入沟通,明确顾客的需求。通过信息反馈、观测,初步判断皮肤衰老的成因,美容顾问引导顾客完成皮肤检测仪检测,结合检测数据,将分析结果用通俗的语言告诉顾客,让顾客比较清晰地、及时地了解自己的皮肤问题。同时,美容顾问协助顾客填写完成美容院顾客资料登记表。信息采集主要包括:基本信息、皮肤的状况分析、护肤习惯、饮食习惯、健康状况等(顾客信息登记表请扫二维码)。

顾客信息登记表

朱女士,感谢您在检测过程中的配合,从皮肤检测的结果来看主要有以下几方面问题。
（1）您的皮肤缺水偏干。
（2）面部有些色素沉着。
（3）眼周及额头有细纹。
请不要担心,一会儿,我会给您制定适合您的皮肤护理方案,来帮助您解决问题,您有什么疑问可以随时沟通。

二、皮肤护理方案制定

1. **疗程设计**　衰老性皮肤建议护理 3 个疗程,每个疗程 4 次,每周 1 次(50 分钟/次)。
2. **产品选择**　衰老性皮肤护理产品可以选择温和型清洁类产品、滋润营养抗衰产品。
3. **仪器选择**　衰老性皮肤护理仪器可以选择导入类美容仪器,如超声波美容仪。
4. **手法设计**　衰老性皮肤护理采用安抚、舒展、向上提升等按摩手法。
5. **流程设计**　衰老性皮肤护理的流程如图 7-7-2 所示。

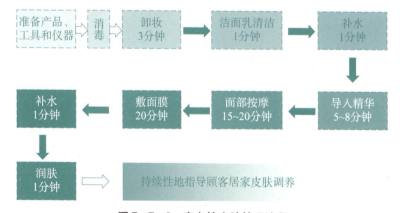

图 7-7-2　衰老性皮肤护理流程

6. **居家护理**　衰老性皮肤居家护理分为日间护理和晚间护理。
日间护理包括:保湿嫩肤洁面乳、精华水、抗皱眼霜、抗皱精华、保湿营养面霜、防晒霜。
晚间护理包括:卸妆油、保湿洁面乳、精华水、抗皱眼霜、美白精华、营养晚霜。

三、皮肤护理实施

1. 第一步：准备产品、工具和仪器　美容师将皮肤护理时所需要的各种用品、用具备齐（表 7-7-1），有序地码放在工作车上，排列整齐。检查电源及仪器设备性能，做好调试。调整好美容床的位置、角度，摆放好毛巾呈待客状态。

表 7-7-1　衰老性皮肤护理产品准备

序号	类别	选品	备注
1	洁面产品	温和型卸妆油	卸妆油会比卸妆水的延展性更好，适合弹性较差的衰老皮肤
		保湿温和洁面乳	温和、不刺激，适合皮肤偏干的衰老肌肤
2	化妆水	精华水	补水的同时，其中的精华成分有抗氧化、营养等功效
3	精华液	美白精华原液	仪器导入美白精华具有淡化面部黑色素，提亮肤色的效果
4	按摩膏	营养滋润按摩膏	老化皮肤偏干，运用手法按摩的同时，按摩膏可以滋润营养皮肤
5	面膜	胶原蛋白软膜	胶原蛋白软膜保湿润肤、祛斑亮肤、恢复皮肤弹性、紧肤抗皱适用于老化皮肤
6	乳液	精华乳	精华有效成分滋润老化肌肤，给肌肤提供营养，改善皮肤老化
7	膏霜	紧致抗皱面霜	减少细纹，改善衰老性皮肤纹理，促进细胞再生，保湿滋润皮肤

2. 第二步：消毒　皮肤护理用品、用具等以及仪器探头均用 75% 的酒精进行消毒。美容师的双手也应该严格消毒清洗。

皮肤护理实施前温馨提醒："朱女士，我们的护理即将开始，大概需要 50 分钟，过程中有什么需要您随时跟我讲。"

3. 第三步：清洁面部

（1）卸妆。一般情况下，眼周的皮肤相对比较敏感，加上朱女士的眼周出现很多小细纹，缺乏弹性，美容师操作时动作要轻柔，避免皮肤受到牵拉。另外，操作时注意倒取卸妆油要适度，避免过多导致流入顾客口、鼻、眼中。

（2）清洁。选择滋润温和的保湿洁面乳进行面部清洁，除去表皮的污物。避免使用泡沫型有去角质深层清洁作用的洁面膏。皮肤上的洁肤用品应彻底清洗干净，以免残留在面部伤害皮肤。

4. 第四步：补水　美容师用棉片将保湿精华水轻轻擦在顾客的脸上，补充水分的同时，为皮肤提供营养，调整皮肤的 pH 值。

5. 第五步：仪器导入　美容师利用超声波美容仪为顾客全面部导入美白精华原液，淡化色素。重点关注两颊色素较重的部位，仪器导入时间在 5～8 分钟（仪器导入视频请扫二维码）。

仪器导入视频

6. 第六步：面部按摩　美容师取足量的按摩膏用安抚、舒展、向上提升等手法进行按摩，方向与肌肉走向一致，与皱纹垂直，遵从由下向上、由里向外的基本原则。眼周、口周做环形按摩。按摩时将眼部及额头部位的皱纹展开，并重点提拉外眼角等松弛、下垂比较明显的部位，结合腧穴点按，选穴准确，过程中可以和顾客交流点按力度是否合适。逐渐提高皮肤的温度，促进面部血液循环，加速肌肤的新陈代谢，补充皮肤的养分，改善肌肤松弛现象。全脸按摩时间控制在 15～20 分钟。

针对衰老性皮肤进行面部按摩时要注意动作轻柔、缓慢、贴合，要避免大面积用力揉按、过度拉扯皮肤。

7. 第七步：敷面膜　美容师调制胶原蛋白软膜，将调好的软膜快速、均匀地涂抹到脸上，敷面 20 分钟，注意避让顾客眼睛和嘴巴。结束后，残留面膜要清洁彻底。也可用富含胶原蛋白等补水、营养成分的面贴布型（无纺布、蚕丝、纸质）面膜，避免使用撕拉型面膜。

8. 第八步：补水润肤　美容师使用保湿营养性的精华水，为顾客充分补水。选择具有滋润营养皮肤的精华乳或霜均匀涂于脸部。

朱女士，我们的护理结束了，您皮肤护理后的皮肤状态改善还是比较明显的，看上去光泽度好了很多。一会我帮您整理一下头发，照一下镜子看看效果，也可以用仪器再测试一下，对比前后数据。

9. 第九步：效果对比　护理结束后，美容师将顾客扶起，用掌揉、拍等放松手法，为顾客放松肩、背部，减轻久卧不适的感觉，引导顾客在镜前，观察面部皮肤后改善的表现，如光泽度、细纹、肤质。将护理效果及顾客评价、满意度等信息填写在护理记录表上，并提醒顾客下次护理的时间及居家护理注意事项。

四、衰老性皮肤居家护理建议

在完成皮肤护理后，我们还需要继续做好服务，要为顾客提供家庭保养指导，日常的坚持保养更有助于缓解和改善衰老肌肤的问题，达到逐渐呈现健康年轻状态。

除了定期到门店来保养外,平时我们也要注意坚持做好护肤工作,根据朱女士目前的情况,暂定以下保养建议。

(1)清洁:衰老性皮肤的油脂分泌已不足,因此清洗的时间应稍短,力度要轻柔,水温不宜过高或过低。洁面乳应选用保湿且油脂成分较多的乳剂,洗面次数不宜过多。

(2)护肤:衰老性皮肤的油分、水分都不足,洗面后需立即用保湿精华水滋润。除了补水保湿,在选择护肤品时可配合一些美白、抗皱等功效性的产品,同时还应特别注意防晒。

(3)饮食:多食用抗衰老的食品,如富含维生素A、维生素C、维生素E及胶原蛋白等营养成分的食物。保持正常体重,保持皮肤足够的脂肪。加强锻炼,增强身体新陈代谢功能。

(4)保持心情舒畅,睡眠充足。

任务总结

衰老性皮肤在保养过程中会动态产生变化,尤其是抗衰的初期,皮肤的变化会比较明显,对于护理方案应该动态地适度调整,包括家庭保养的建议、到门店护理的次数等。另外,皮肤修复一段时间后,逐渐会进入一个较为缓慢的恢复期,顾客可能会出现觉得自己不再需要保养等想法。因此,在平时的交流中,美容师要委婉地告知顾客皮肤周期变化,同时美容师要有一定的洞察能力,根据顾客的反馈能够预判问题,及时帮助顾客调整心态。

衰老性皮肤护理任务的考核评分标准见表7-7-2。

表7-7-2 衰老性皮肤护理考核评分标准

任务	流程	评分标准	分值	得分
护理准备 (15分)	美容师仪表	淡妆,发型整洁美观,着装干净得体。无长指甲,双手不佩戴饰品(手镯、手表、戒指)	5分	
	用物准备	三条毛巾(头巾、肩巾、枕巾)的正确摆放 产品、工具、仪器准备	5分	
	清洁消毒	用品用具(包括导入仪声头),美容师双手清洁、彻底消毒,美容师戴口罩	5分	
操作服务 (70分)	洁面	卸妆:卸妆时用小棉片和棉签。卸妆的操作程序与方法正确	5分	
		用洁面乳清洁:洗面操作手法与程序正确	5分	
	补水	用小喷壶将爽肤水喷在小棉片上	2分	

(续表)

任务	流程	评分标准	分值	得分
	精华导入	仪器操作设置正确,大面积部位用大探头,小面积部位用小探头。导入时向内打圈,向外打圈扣分。探头贴皮肤、速度不快不慢	10分	
	面部按摩	手法正确、点穴准确	10分	
		施力适宜、速度平稳、节奏、频率合理	8分	
		手指动作贴合、灵活、协调、动作衔接连贯	8分	
	敷面膜	调制面膜:动作熟练、调制后的面膜稀稠适度	5分	
		涂敷面膜:膜面较光滑,厚薄较均匀,不要遗漏,边缘清晰	10分	
		启膜:从下向上揭起。清洁面膜干净、彻底	3分	
	补水	产品选择正确,手法正确	2分	
	润肤	产品选择正确,手法正确	2分	
工作区整理 (5分)	用物用品归位	物品、工具、工作区整理干净	3分	
	仪器归位	仪器断电、清洁、摆放规范	2分	
服务意识 (10分)	顾客评价	与顾客沟通恰当到位	5分	
		护理过程服务周到,对顾客关心、体贴,表现突出,顾客对服务满意	5分	
总分			100分	

练一练

结合本任务的教学目标和教学内容,在生活中随机进行调研,分析衰老性皮肤占比,并针对其中一名衰老性调研对象的皮肤进行专业分析,完成一份顾客登记表,为其提供护理服务及居家护理指导,并做好记录(图7-7-3)及时查漏补缺。

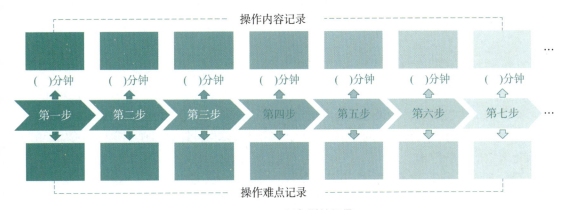

图7-7-3 任务训练记录

想一想

1. 在衰老性皮肤的护理中应选用哪种手法按摩？按摩时间多久为宜？
2. 在服务过程中从哪些细节体现对顾客关心、服务周到？

（章 益 薛久娇）

任务八 敏感性皮肤护理

学习目标

1. 通过沟通了解顾客皮肤是否由于物理、化学、精神因素而出现不同程度的灼热、刺痛、瘙痒及紧绷感等症状，根据观察了解顾客皮肤是否存在其他表现。
2. 掌握与敏感性皮肤顾客沟通的技巧，在尊重顾客的同时，通过有技巧的沟通方式，获得相应信息，并根据顾客对皮肤状态改善的诉求，制定针对性护理方案。
3. 熟练掌握护理流程，能够针对敏感性特征，反复推敲，跟踪观察，动态掌握情况，谨慎实施皮肤护理，并根据所学帮助顾客建立正确的敏感性皮肤居家护理观念。

 情景导入

　　某美容院顾问，接待一位 35 岁顾客孙女士，面诊时可见其皮肤略粗糙、泛红，局部有少许红血丝。顾客自述季节变化、使用空调或使用部分护肤品会导致皮肤出现发热、泛红等情况，严重时会出现局部皮肤瘙痒、脱屑的问题，现来寻求舒缓修护的维养方案。顾问对这位顾客皮肤进行分析，制定护理方案并经顾客确认后安排美容师进行针对性护理。

 任务分析

　　顾客面部因皮肤敏感导致的表现，随季节、环境、护理方式等情况发生变化，美容师应该在对上述导致敏感性肌肤状况的原因进行深入了解和分析后，针对性地制定护理方案，为顾客实施有效的皮肤护理。
　　要注意的是，前期沟通首先要了解顾客的护肤习惯以及部分相关生活习惯。在分析敏感性皮肤形成的原因时，可能有部分是顾客无法主动记起的内容，需要引导顾客进行回忆，如有无剥脱性护肤品的使用经历等。提问方式上可以将部分问题具体到便于顾客理解的细节,如是否有长期使用含酸护肤品等。另外,可能涉及部分问题无法通过具体问题描述,可以根据皮肤检测的情况客观地分析皮肤当下的问题所在,以帮助了解顾客皮肤状况。

相关知识

敏感性皮肤,特指皮肤在生理或者病理条件下发生的一种高反应状态,主要发生在面部,临床表现为:受到物理、化学、精神等因素刺激时,皮肤会出现灼热泛红、刺痛、瘙痒及紧绷感等主观症状,伴或不伴红斑、脱屑、毛细血管扩张等客观体征,严重时甚至会出现红肿和皮疹等过敏反应(图7-8-1)。

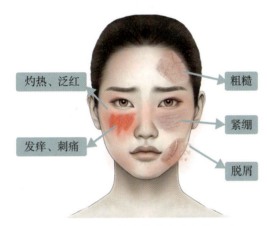

图7-8-1 敏感性皮肤特征表现

知识链接

敏感性皮肤的成因

1. 内在因素:遗传、年龄、性别、激素水平和精神因素等。
2. 外在因素:季节交替、温度变化、日晒、过度清洁、频繁刷酸、使用强功效的刺激性化妆品、外用刺激性药物、激光治疗等医美手术等因素。

任务实施

一、信息采集与皮肤检测分析

顾客到院后,美容顾问可为其提供较为温和的洋甘菊茶饮,先与顾客进行日常简短沟通,通过日常话题切入信息采集,通过通俗、亲切的语言引导顾客如实填写信息采集表。信息采集完毕后,为顾客洁面进行专业化皮肤检测,检测后应当将专业化的数据分析结果转化为便于顾客理解的语言进行表达。

信息采集主要包括:基本信息、皮肤的状况分析、护肤习惯、饮食习惯、健康状况等(顾客信息登记表请扫二维码)。

顾客信息
登记表

孙女士，感谢您在检测过程中的配合，从皮肤检测的结果来看主要有以下几方面问题。

（1）您的皮肤存在部分片状红色区域，这种现象就是提示我们目前皮肤存在部分区域毛细血管扩张，皮肤处于相对敏感的状态。

（2）目前皮肤偏干，面部有些细小的干纹，提示我们皮肤存在一定缺水情况，日常也可以加强补水保湿。

请不要担心，一会儿，我会给您制定适合您的皮肤护理方案，来帮助您解决问题，您有什么疑问可以随时沟通。

二、皮肤护理方案制定

1. 疗程设计　前两周每周 2 次，之后每周 1 次（约 40 分钟），敏感发作期根据皮肤情况临时调整方案，8 次一个疗程，建议 1 个疗程后再次面诊进行方案优化。

2. 产品选择　敏感性皮肤护理可以选择舒缓修复类产品。

3. 仪器选择　敏感性皮肤护理可以选择冷喷仪、冷导仪器、黄光仪器。

4. 手法设计　敏感性皮肤护理可以采用轻柔、安抚等导入手法。

5. 流程设计　敏感性皮肤护理流程如图 7-8-2 所示。

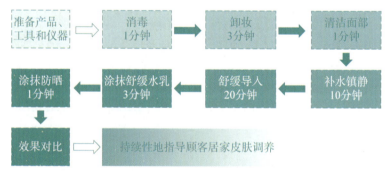

图 7-8-2　敏感性皮肤护理流程

6. 居家护理

（1）日间护理产品包括：使用氨基酸洁面乳、神经酰胺爽肤水、神经酰胺修复乳液、皮脂膜面霜、物理防晒霜。

（2）晚间护理产品包括：使用温和卸妆油、氨基酸洁面乳、神经酰胺爽肤水、神经酰胺修复乳液、皮脂膜面霜。

（3）护肤品选用注意事项：选购时需注意尽量避免使用含刺激性成分的护肤品，如含酒精、羟苯甲酯、二苯酮-3、羊毛脂醇化合物、酸类等；初次使用产品可于耳后或手腕内侧做测试并建立耐受后使用。

三、皮肤护理实施

1. 第一步:准备产品、工具和仪器　美容师将皮肤护理时所需要的用品、仪器等备齐(表7-8-1),有序地码放在工作车上,排列整齐。检查电源及仪器设备性能,做好调试。调整好美容床的位置、角度,摆放好毛巾呈待客状态。

表7-8-1　敏感性皮肤护理产品准备

序号	类别	选品	备注
1	洁面产品	温和卸妆油	选择植物油制成的卸妆油,温和无刺激,清洁能力满足日常需求,同时也可减少摩擦保护皮肤
		氨基酸洁面乳	温和,在清洁的同时保护皮脂膜的完整,对于敏感性皮肤兼具清洁和保湿的功效
2	化妆水	神经酰胺爽肤水	具有保湿的作用,同时在维持皮肤屏障功能这一方面有着重要作用
3	乳液	神经酰胺修复乳液	保湿效果好,同时可以配合爽肤水对皮肤屏障起到保护作用
4	膏霜	皮脂膜面霜	修复皮肤屏障,滋润、保护皮肤
5	面膜	保湿面膜	富含玻尿酸,对敏感肌缺水的情况有所改善

2. 第二步:消毒　皮肤护理用品、用具等以及仪器探头均要用75%乙醇进行消毒。美容师的双手也应当使用七步洗手法进行严格的清洁,必要时可使用苯扎溴铵进行消毒后再行服务。

皮肤护理实施前温馨提醒:"孙女士,我们的护理即将开始,大概需要40分钟,过程中有什么需要或不适感请随时跟我讲。"

3. 第三步:清洁面部

(1)卸妆:为敏感性皮肤卸妆时应当注意面部敏感区域应当动作轻柔,不可过度摩擦以免加重敏感问题或出现皮损。

(2)清洁:选择氨基酸洁面乳进行面部清洁,去除表皮残留的卸妆油。皮肤上的洁肤用品应彻底清洗干净。

4. 第四步:补水镇静

(1)补水面膜:选择小分子玻尿酸与适量蒸馏水配比后浸润面膜纸,敷于面部,目的是补水保湿,快速补充皮肤因敏感导致的缺水或水油不平衡。

敏感皮肤
护理环节

(2) 冷喷镇静：敷膜补水的同时使用冷喷仪进行冷喷，起到镇静作用，缓解肌肤由于敏感导致的灼热、瘙痒。

5. 第五步：舒缓导入

(1) 导入产品选择：选用神经酰胺修复乳液，富含甘油、神经酰胺等有效成分，改善皮肤敏感状况。

(2) 导入方法：面部向内打圈，鼻部向外打圈，动作轻柔，不宜过度摩擦。

(3) 注意事项：导入之初，须先小范围导入测试，无异常后开始常规导入。

(4) 时长：20分钟。

> **知识链接**
>
> 敏感肌产品成分
>
> 1. 神经酰胺：实验研究表明神经酰胺在维持皮肤屏障功能上有重要作用，同时它也具有保持皮肤水分的作用。
> 2. 泛醇：强效保湿，对修复皮肤屏障具备一定作用。
> 3. 红没药醇：该成分不仅具备抗炎效果，还具备一定的抑菌活性。
> 4. 洋甘菊：调理舒缓敏感肌肤，平复破裂的微血管，消炎、抗过敏。
> 5. 透明质酸钠：具有保湿、营养、修复和预防的作用，能够有效改善敏感肌的缺水情况。

6. 第六步：涂抹舒缓水乳

(1) 产品选择：神经酰胺爽肤水、神经酰胺修复乳液、皮脂膜修复霜。

(2) 功效：补水、保湿、修复。

(3) 注意事项：如果顾客皮肤干燥情况较严重，可以对重点部位涂抹皮脂膜修复霜以帮助皮肤改善粗糙、锁住水分。

7. 第七步：涂抹防晒

(1) 防晒选择：选择温和、无刺激的防晒霜（也可以选用儿童防晒霜）。

(2) 涂抹：以轻柔的手法均匀涂抹于面部，避免过度摩擦皮肤敏感的区域，如有个别皮损，应当避开该区域，以免刺激该部位皮肤。

(3) 时长：1分钟。

孙女士，我们的护理结束了，护理后您的皮肤状态改善还是比较明显的，先前敏感泛红、脱屑的区域缓解了很多。一会我帮您整理一下头发，照一下镜子看看效果，也可以用仪器再测试一下，对比前后数据。

8. 第八步：效果对比 护理结束，美容师将顾客扶起，为顾客进行简单的肩颈舒缓，以减轻久卧的不适感，为顾客提供手持镜，用以观察护理后的改善，如肤质等情况。必要时，可选择皮肤检测进行前后对比，皮肤状态及数据将被更直观地呈现。将护理效果及顾客评价、满意度等信息填写在护理记录表上，并提醒顾客下次护理的时间及居家护理注意事项。

四、居家护理建议

皮肤护理不以本次面部护理结束为完结，应当在完成本次皮肤护理后，为顾客提供有效、持续的家庭保养指导，到院护理与日常家庭护理有机结合才能更好地达成顾客的护肤目标。

除了定期到门店来保养外，平时我们也要注意坚持做好护肤工作，根据孙女士目前的情况，暂定以下保养建议。

（1）清洁：敏感性肌肤可能存在干敏或油敏的两极分化，无论哪一种情况，都应当选择温和、保湿的洁面产品，洁面次数不宜过多，避免过度清洁导致肌肤屏障受损。

（2）护肤：皮肤屏障受损、水油失衡，洁面后需立即使用具备舒缓修复功效的爽肤水、修复乳、面霜等产品，除了舒缓修复的产品，在选择护肤品时可选择一些含有保湿成分的产品，在促进恢复的同时为肌肤补充水分，此外还应特别注意防晒，防晒产品尽量选择温和的无刺激的产品，也可选择帽子、口罩、墨镜等进行防晒。

（3）饮食：保持饮食均衡，尽量避免或少食辛辣刺激的食物，以免引起毛细血管扩张，皮肤泛红不适。保持正常体重，加强锻炼，增强身体新陈代谢功能。

（4）保持心情舒畅，睡眠充足。

任务总结

敏感性皮肤在护理过程中，容易出现一些无法掌控的情况，所以在该项目实施的时候，美容师要不间断地进行观察、比对，一旦顾客出现过敏现象，要动态调整护理方案，并请有经验的美容师一起参与会诊，及时发现问题，解决问题。

任务评价

敏感性皮肤护理任务的考核评分标准见表7-8-2。

表 7-8-2 敏感性皮肤护理考核评分标准

任务	流程	评分标准	分值	得分
护理准备（15分）	美容师仪表	淡妆,发型整洁美观,着装干净得体。无长指甲,双手不佩戴饰品(手镯、手表、戒指)	5分	
	用物准备	三条毛巾(头巾、肩巾、枕巾)的正确摆放 产品、工具、仪器准备	5分	
	清洁消毒	用品用具(包括2台仪器),美容师双手清洁、彻底消毒,美容师戴口罩	5分	
操作服务（70分）	洁面	卸妆:卸妆时用小棉片和棉签。卸妆的操作程序与方法正确且动作轻柔	5分	
		用洁面乳清洁:洁面手法与程序正确,动作轻柔	5分	
	补水镇静	用物准备:小分子玻尿酸、蒸馏水、面膜纸、冷喷仪、化妆棉	3分	
		补水面膜:面膜配比正确,液体避免误入顾客口鼻	5分	
		冷喷镇静:冷喷仪加蒸馏水,正确操作冷喷仪	5分	
		注意事项:冷喷时浸湿化妆棉为顾客遮盖双眼	2分	
	舒缓导入	用物准备:神经酰胺修复乳液、冷导仪、化妆棉、洁面巾、清水、洁面盆	5分	
		导入:仪器操作正确,导入手法正确、熟练、轻柔	15分	
		注意事项:小范围测试、避开皮损部位、避免过度摩擦、时长控制准确	10分	
	舒缓水乳涂抹	用物准备:神经酰胺爽肤水、神经酰胺修复乳液、皮脂膜修复霜	2分	
		注意事项:动作轻柔,切勿用力揉搓面部皮肤	3分	
	涂抹防晒	产品选择正确,涂抹手法正确、轻柔,符合当前顾客肤质要求	5分	
	效果对比	选用手持镜为顾客对比术前术后皮肤状态不同,必要时可使用皮肤检测进行专业化对比	5分	
工作区整理（5分）	用物用品归位	物品、工具、工作区整理干净	3分	
	仪器归位	仪器断电、清洁、摆放规范	2分	
服务意识（10分）	顾客评价	与顾客沟通恰当到位	5分	
		护理过程服务周到,对顾客关心、体贴,表现突出,顾客对服务满意	5分	
总分			100分	

结合本任务的教学目标和教学内容,在生活中随机进行调研,分析敏感性皮肤占比,并针对其中一名敏感性皮肤调研对象进行专业分析,完成一份顾客登记表,为其提供护理服务及居家护理指导,并做好记录(图7-8-3)及时查漏补缺。

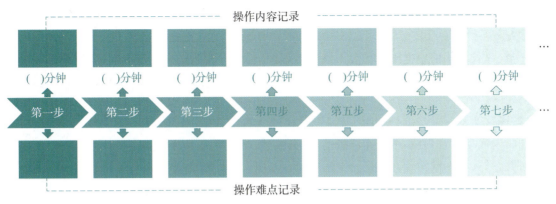

图 7-8-3 任务训练记录

想一想

1. 请分析敏感性皮肤出现的几种因素,有哪些方法可以避免或减少出现?
2. 在对敏感性皮肤护理的过程中,最重要的细节是什么?
3. 如在护理过程中,顾客出现不适感,应当如何处理?

（成 霞 黄一虹）

任务九　面部刮痧

学习目标

1. 了解面部刮痧的美容作用以及在面部护理中的应用原理。
2. 根据顾客美容需求、面部皮肤的分析,完成个性化护理方案。
3. 掌握面部刮痧的操作流程及动作要领,熟练完成整套面部刮痧操作流程。
4. 会沟通,能够及时交流反馈,护理工作中关心顾客需求并及时解决。

 情景导入

小王在为顾客张女士做面部按摩时,发现张女士面部的眼眶下方、眉骨上、耳尖前上方均有疼痛感,手触摸时,硬结感较为明显。仔细观察,发现张女士面部肤色不均匀、皮肤粗糙且有色斑,眼袋、黑眼圈也较为明显,还经常无意识地皱眉。小王决定给张女士做面部刮痧护理,帮助张女士解决问题。

熬夜、长时间使用电子产品等不良生活习惯,会导致面部皮肤代谢不畅,出现硬结、肤色暗沉、粗糙、长斑等皮肤问题,如果不进行干预,会让皮肤加速衰老。在做面部刮痧护理前一定要跟顾客有充分的沟通,因为面部刮痧在进行疏通的过程中,某些部位也许会有略微的疼痛感,顾客对刮痧本身也会有所担心,所以在护理实施过程中,美容师在严格遵守操作流程的同时要懂得察言观色,根据面部表情、语言描述、呼吸频率等,捕捉顾客的情绪、心态变化,及时解释、关心和鼓励。

一、面部刮痧的作用

刮痧是一种传统的中医技术,面部刮痧就是运用刮痧的方法,沿面部特定的经络穴位,用特殊的工具进行刮拭,使面部经络穴位因刮拭刺激而血脉畅通,达到行气活血,疏通毛孔腠理的效果。从而起到"排毒"养颜、舒缓皱纹、行气消斑、紧致肌肤、祛除眼袋和黑眼圈的作用。这么说来,面部刮痧是一种特殊的改变人的容颜的美容技术。

但是需要注意的是,面部暴露在外面,与身体各部位肌肤有所不同,刮痧后难以遮挡,因此面部刮痧不必追求刮出"痧斑",刮至产生热效应、刮出痧气为宜。顾客感觉面部微热或轻微的跳动感、蚁行感都是正常反应,服务项目完成后稍作休息,便会有轻松、清爽、舒适的良好感受。

知识链接

面部刮痧注意事项

1. 面部刮痧不求出痧,面部皮肤微红、发热即可。
2. 在做面部刮痧的过程中注意避免触及顾客嘴唇,压迫顾客眼睛。
3. 施力遵循"轻—重—轻"的原则,施力始终一致,整个过程沉稳、贴合。
4. 遇到明显痛点,不要盲目加强施力,要本着循序渐进的原则,通过多次操作达到理想效果。

一、信息采集与皮肤检测分析

根据顾客信息,美容顾问完成信息采集,根据情况深入沟通,明确顾客的需求。通过信息反馈、观测,引导顾客完成皮肤检测仪检测,结合检测数据,将分析结果用通俗的语言告诉顾客,让顾客比较清晰、及时地了解自己的皮肤问题,确定本次护理项目为面部刮痧护理。同时,填写完成美容院顾客资料登记表。信息采集主要包括:基本信息、皮肤的状况分析、护肤习惯、饮食习惯、健康状况等(顾客信息登记表请扫二维码)。

顾客信息登记表

张女士，感谢您在检测过程中的配合，我们今天给您安排的项目是面部刮痧，刮痧的主要原理是通过刮拭刺激局部组织，促进气血运行。而"痧"则是毛细血管破裂的产物，可以刺激组织细胞的新陈代谢，俗称"排毒"。这种传统的方法用于面部，会产生同样的效果，只是从不影响顾客外在形象的角度出发，面部刮痧以不出痧为度，达到红润的效果就可以了。在面部护理中刮痧是一种具有中医特色的美容方法，您不需要有太多的顾虑！

二、皮肤护理方案制定

1. 疗程设计　每周 1 次（60 分钟），4 次一个疗程，建议 3 个疗程，疗程后可以结合其他项目每月 2 次。

2. 产品选择

（1）刮痧油。选择温和的植物油，如霍霍巴油、葡萄籽油、甜杏仁油等，也可根据客户的皮肤需求，适当加入单方精油，如玫瑰、乳香、天竺葵等。

（2）精华类护肤品，如精华液、原液、晚霜等。

3. 工具选择：刮痧板

（1）板形：面部刮痧最好选择角形有弧度的刮痧板，双边圆润，厚薄一致。

（2）材质：以牛角板为首选，也可以用其他材质代替。

4. 手法设计　贴合面部皮肤的肌肉走向，结合腧穴点按，以轻柔、缓慢、贴合的动作为主。

5. 流程设计　面部刮痧流程具体见图 7-9-1。

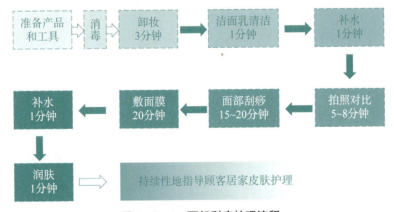

图 7-9-1　面部刮痧护理流程

6. 居家护理　日间护理产品包括：温和洁面乳、精华水、滋养眼霜、补水精华、保湿营养乳液、防晒霜。晚间护理产品包括：卸妆油、温和洁面乳、精华水、抗皱眼霜、美白精华、营养晚霜。

三、皮肤护理实施

1. 第一步：准备产品、工具和仪器 美容师将皮肤护理时所需要的各种用品、用具备齐（表7-9-1），有序地码放在工作车上，排列整齐。检查电源及仪器设备性能，做好调试。调整好美容床的位置、角度，摆放好毛巾呈待客状态。

表7-9-1 面部刮痧产品准备

序号	类别	选品	备注
1	洁面产品	温和型卸妆油	通常情况下，卸妆油会比卸妆水的延展性更好，适合弹性较差的衰老皮肤
		温和洁面乳	温和、不刺激，适合任何肌肤
2	化妆水	爽肤水	补水的同时，调整皮肤pH值等功效
3	刮痧介质	刮痧油/精华类护肤品	(1) 刮痧油：优点是润滑性好，无刺激性，但有油腻感，用后需要清洁。不适宜油性皮肤 (2) 精华类护肤品：优点是营养价值高，无刺激性，无须清洁，但使用量较大，成本高
4	面膜	补水面贴膜	补水面贴膜，面部刮痧后皮肤的循环加快，面部吸收加快
5	乳液	精华乳	精华有效成分滋润肌肤，给肌肤提供营养
6	面霜	补水保湿面霜	减少细纹，改善皮肤纹理，保湿滋润皮肤

2. 第二步：消毒 皮肤护理用品、用具等均用75%乙醇进行消毒。美容师的双手也应该进行严格的消毒清洗。

皮肤护理实施前温馨提醒："张女士，我们的护理即将开始，大概需要60分钟，过程中有什么需要您随时跟我讲。"

3. 第三步：清洁面部

（1）卸妆。一般眼周的皮肤比较敏感，加上张女士的眼周出现很多小细纹，缺乏弹性，操作时动作要轻柔，避免皮肤受到牵拉。另外，操作时注意倒取卸妆油要适度，避免流入顾客口、鼻、眼中。

（2）清洁。选择温和的弱酸性洁面产品进行面部清洁，除去表皮的污物。避免使用有去角质深层清洁作用的洁面膏。皮肤上的洁肤用品应彻底清洗干净,以免残留,伤害面部皮肤。

4. 第四步:补水　将爽肤水喷在手上,通过按压的方式让爽肤水吸收,可以按压2～3遍爽肤水。补水的同时,调整皮肤的pH值。

5. 第五步:拍照对比分析　美容师要拍照留存顾客护理前的皮肤状态,让顾客照镜子分析皮肤目前的状态。

具体分析(总逻辑):①夸,五官好或皮肤底子好等真实的优点;②指出皮肤的一些显性问题(斑、堵塞、粗糙、暗黄等)并探求顾客想要改善的点;③指出目前存在的皮肤问题和面部刮痧之间的联系;④讲解皮肤护理的重要性。

6. 第六步:面部刮痧　取足量的刮痧油用安抚、舒展、向上提升等手法将按摩油展开,方向与肌肉走向一致,遵循从由下向上、由里向外的基本原则。面部刮痧时刮痧板的角度及方向一定要贴合面部皮肤的肌肉走向,结合腧穴点按,选穴准确,过程中可以和顾客交流点按力度是否合适,如遇到明显痛点,不要盲目加强施力,要本着循序渐进的原则,通过多次操作达到理想效果。逐渐提高皮肤的温度,促进面部血液循环,加速肌肤的新陈代谢,补充皮肤的养分。全脸刮痧时间控制在10～15分钟(面部刮痧操作视频请扫二维码)。

面部刮痧操作视频

面部刮痧时要注意动作轻柔、缓慢、贴合,力度要根据顾客自身的受力程度适中施力,刮痧程度以微红及微热为主,刮痧介质被吸收后不要干刮。

7. 第七步:敷面膜　可用富含补水滋润营养成分的面贴布型(无纺布、蚕丝、纸质)面膜,避免使用撕拉型面膜,结束后,残留面膜要清洁彻底。

8. 第八步:补水润肤　使用保湿营养性的精华水,充分补水。选择具有滋润营养皮肤的精华乳或霜均匀涂于脸部。

张女士,我们的护理结束了,您护理后的皮肤状态改善还是比较明显的,看上去光泽度提亮了很多,您也可以感受一下刚才面部有硬结的地方是不是轻松了许多;一会我帮您整理一下头发,照一下镜子看看效果,也可以用仪器再测试一下,对比前后数据。

9. 第九步:效果对比　护理结束,拍照分析皮肤,引导顾客在镜前,观察面部皮肤护理后改善的表现,如光泽度、细纹、肤质。美容师将顾客扶起,用掌揉、拍等放松手法,为顾客放松肩、背部,减轻久卧不适的感觉。将护理效果及顾客评价、满意度等信息填写在护理记录表上,并提醒顾客下次护理的时间及居家护理注意事项。

四、居家护理建议

在完成皮肤护理后,美容师还需要继续做好服务,要为顾客提供家庭保养指导,日常坚持保养更有助于缓解和改善肌肤的问题,达到逐渐呈现健康年轻状态。

除了定期到门店来保养外，平时我们也要注意坚持做好护肤工作，根据张女士目前的情况，暂定以下保养建议。

（1）护肤：注意自己的表情，不要做过于丰富的表情，针对面部有硬结的地方可以用自己手部关节去点揉，注意在家加强皮肤补水。

（2）饮食：多食清淡的及美白抗衰食品，如绿叶蔬菜，含维生素C、维生素E、优质蛋白等营养成分的食物。

（3）加强锻炼，增强身体新陈代谢功能、保持心情舒畅，睡眠充足。

任务总结

面部刮痧虽然说不会出痧，但是很多时候顾客做完护理后皮肤还是有发红发烫的现象，尤其是在还没有敷面膜之前，这时有的顾客会担心自己是否适应这个项目。美容师一定要提前告知顾客敷完面膜后症状基本可以消失，会达到一种内部发热但是面部不红的情况。同时，美容师要有一定的专业能力来判断顾客的皮肤，如果顾客本身皮肤比较薄，我们在操作的过程中要调整刮痧的力度，总之，根据不同顾客的皮肤状态、受力程度，施力也要有所调整。

任务评价

面部刮痧皮肤护理任务的考核评分标准见表7-9-2。

表7-9-2　面部刮痧皮肤护理考核评分标准

任务	流程	评分标准	分值	得分
护理准备（15分）	美容师仪表	淡妆，发型整洁美观，着装干净得体。无长指甲，双手不佩戴饰品（手镯、手表、戒指）	5分	
	用物准备	三条毛巾（头巾、肩巾、枕巾）的正确摆放，产品、工具准备	5分	
	清洁消毒	用品用具（刮痧板），美容师双手清洁、彻底消毒，美容师戴口罩	5分	
操作服务（70分）	洁面	卸妆：卸妆时用小棉片和棉签。卸妆的操作程序与方法正确	5分	
		用洁面乳清洁：洗面操作手法与程序正确，手法贴合、灵活、连贯	10分	
	补水	用小喷壶将爽肤水喷在手上按压吸收	2分	
	拍照分析皮肤	根据顾客实际情况分析	2分	
	面部刮痧	手法正确、线路准确	10分	
		施力适宜，速度平稳，节奏、频率合理	10分	
		手指动作贴合、灵活、协调、动作衔接连贯	8分	

(续表)

任务	流程	评分标准	分值	得分
	敷面膜	调制面膜：动作熟练、调制后的面膜稀稠适度	5分	
		涂敷面膜：膜面较光滑，厚薄较均匀，不要遗漏，边缘清晰	10分	
		启膜：从下向上揭起。清洁面膜干净，彻底	2分	
	补水	产品选择正确，手法正确	2分	
	润肤	产品选择正确，手法正确	2分	
	效果对比	塑造所呈现效果，自然放松的表达	2分	
工作区整理 (5分)	用物用品归位	物品、工具消毒归位	3分	
	工作区整理	工作区整理干净	2分	
服务意识 (10分)	顾客评价	与顾客沟通恰当到位	5分	
		护理过程服务周到，对顾客关心、体贴，表现突出，顾客对服务满意	5分	
总分			100分	

练一练

结合本任务的教学目标和教学内容，在模特头上先记住面部刮痧流程、细节及到位度，并找到适合的"顾客"实施面部刮痧，并记录自己的感受（图7-9-2）。

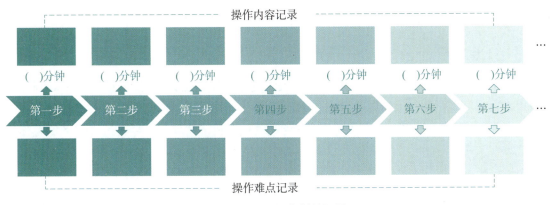

图7-9-2 任务训练记录

想一想

1. 什么样的顾客适合做面部刮痧？
2. 做面部刮痧的好处有哪些？

（叶淑萍 章 益）

任务十 眼部护理

学习目标

1. 通过观察顾客眼部皮肤的颜色、形态、纹理等表现,判断顾客眼部皮肤的问题。能清晰、客观地描述眼部系列问题的表现。
2. 根据顾客美容需求、眼部皮肤的分析,完成个性化护理方案制定并与顾客确认。
3. 能够按优质服务标准流程,实施护理操作。让顾客全过程感受到体贴入微、无微不至的服务。

情景导入

某美容院顾问接待一位女顾客何女士,顾客看上去35岁左右,眼部有明显黑眼圈并伴有细纹,眼袋明显。顾问对这位顾客眼部皮肤进行分析,制定护理方案并经顾客确认后安排当班美容师做护理。

任务分析

眼睛周围的皮肤特别柔细纤薄,加之汗腺和皮脂腺分布较少,特别容易干燥缺水,所以,眼周是最容易老化和产生问题的部位。一般情况下,不做好保养,或者生活习惯较差,眼周肌肤会在25周岁之后逐渐出现黑眼圈、眼袋、小细纹、脂肪粒等问题。在护理方案制定后,要注意在实施过程中动作轻柔以及仪器的动作幅度要控制适度,以免触碰眼睛或者导致其他问题产生。眼周作为较为敏感的部位,我们需要在护理过程中经常询问顾客的感受,确保护理实施恰当、适度和安全。

相关知识

一、眼部皮肤的特点

(1)眼部皮肤是人体皮肤最薄的部位,表皮与真皮的厚度总和约0.55 mm,只有面部皮肤厚度的四分之一,更容易受到外界的伤害。

(2)眼部皮下几乎没有皮脂腺和汗腺分布,不会分泌油脂,所以如果眼周皮肤干燥、缺水,更易出现干纹。

(3)眼部周围的皮肤有丰富的微血管、淋巴及神经组织,对外界刺激敏感,微血管极为细小,一旦受损,易产生血液循环不良。

(4) 眼部皮下疏松结缔组织丰富,柔软而富有弹性,疏松结缔组织的纤维结构中,分布着极为丰富的毛细血管和神经末梢,毛细血管壁非常薄,有一定的渗透性,疏松结缔组织容易充血、积水,形成血肿或水肿。

(5) 眼部皮肤的工作负荷重,正常人每天眨眼 1.2 万~2.4 万次,易造成眼部皮肤松弛、失去弹性,从而出现皱纹,而长期面对电脑,容易引起眨眼次数过少,造成眼部皮肤疲劳、紧张。

二、眼部常见问题和形成原因

1. 黑眼圈 黑眼圈不是一个正式的医学术语,俗称"熊猫眼"(图 7-10-1),专业内称为"眼周色素沉着",是临床上常见的一种面部损美问题。黑眼圈的产生是由于经常熬夜,情绪不稳定,眼部疲劳、衰老,静脉血管血流速度过于缓慢,眼部皮肤红细胞供氧不足,静脉血管中二氧化碳及代谢废物积累过多形成慢性缺氧,血液滞留造成眼部色素沉着。经常化妆、长期暴露在日光下也会诱发黑眼圈的产生。过敏性疾病也会形成黑眼圈。

2. 眼袋 眼袋是指下眼睑皮肤下垂、臃肿,呈袋状。

(1) 单纯眼轮匝肌肥厚型:常见于年轻人,表现为下睑眼轮匝肌肥厚,皮肤肌肉并不松弛、眶隔脂肪也不肥大,呈现的眼袋仅是眼轮匝肌的轮状突起,特别是在微笑时尤显,故一般称其为假性眼袋。

(2) 单纯皮肤松弛型:常见于 35~45 岁中年人,可见下睑皮肤松弛,但无眶隔脂肪突出或移位,眼周可见细小皱纹(图 7-10-2)。

(3) 下睑轻中度膨隆型:主要是眶隔脂肪的先天过度发育,多见于 23~36 岁的中青年人。

(4) 下睑中重度膨隆型:伴有下睑的皮肤松弛,主要是皮肤、眼轮匝肌及眶隔松弛,造成眶隔脂肪由于重力作用脱垂,严重者外眦韧带松弛,睑板外翻,睑球分离,常常出现流泪,多见于 45~68 岁的中老年人。

3. 眼部细纹 眼部细纹(图 7-10-3)是指眼部皮肤受到外界环境影响,形成游离自由基,自由基破坏正常细胞膜组织内的胶原蛋白、活性物质,氧化细胞而形成的小细纹、皱纹。

4. 眼部脂肪粒 脂肪粒是一种长在皮肤上的白色小疙瘩,医学上称为粟丘疹,约针头般大小,看起来像是小个白芝麻一般在面部,特别是女性的眼周。脂肪粒的起因是皮肤上有微小伤口,而在皮肤自行修复的过程中,生成了一个白色小囊肿(图 7-10-4);也有可能是由于皮脂被角质所覆盖,不能正常排至表皮,从而堆积于皮肤内形成的白色颗粒。

图 7-10-1 黑眼圈　　图 7-10-2 眼袋　　图 7-10-3 眼部细纹　　图 7-10-4 眼部脂肪粒

一、信息采集与皮肤检测分析

顾客信息登记表

根据顾客预约信息，美容顾问完成顾客信息采集，在顾客到达门店后，根据情况与顾客深入沟通，明确顾客的需求。通过信息反馈、观测，初步判断眼部问题的成因，引导顾客完成皮肤检测仪检测，结合检测数据，将分析结果用通俗的语言告诉顾客，让顾客比较清晰地、及时地了解自己的眼部皮肤问题。同时，美容顾问协助顾客填写完成美容院顾客资料登记表。信息采集主要包括：基本信息、皮肤的状况分析、护肤习惯、饮食习惯、健康状况等（顾客信息登记表请扫二维码）。

何女士，感谢您在检测过程中的配合，从皮肤检测及生活习惯了解后的结果来看，主要有以下几方面问题。

（1）您的眼部因睡前喝水的习惯导致眼袋加重。

（2）眼部周围皮肤缺水偏干，伴有细小皱纹的出现。

（3）眼部卸妆不彻底，眼周色素沉着，形成了黑眼圈。

请不要担心，一会儿，我会给您制定适合您的眼部皮肤护理方案，来帮助您解决问题，您有什么疑问可以随时沟通。

二、皮肤护理方案制定

1. 疗程设计 每周1次（约55分钟），12次一个疗程，建议1个疗程后再次面诊进行方案优化。

2. 产品选择 眼部皮肤护理可以选择保湿类清洁产品、补水且加快眼部代谢的产品。

3. 仪器选择 眼部皮肤护理可以选择导入类美容仪器，如超声波美容仪、导入仪。

4. 手法设计 眼部皮肤护理采用轻柔、舒展、向上提升的按摩手法。

5. 流程设计 眼部护理流程如图8-10-5所示。

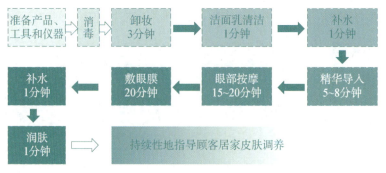

图7-10-5 眼部皮肤护理流程图

6. 居家护理

（1）日间护理产品包括：保湿嫩肤洁面乳、柔肤水、眼部精华、眼霜、面部精华、保湿营养日霜、防晒霜。

（2）晚间护理产品包括：卸妆油、保湿嫩肤洁面乳、柔肤水、眼部精华、眼霜、面部精华、保湿营养晚霜。

三、皮肤护理实施

1. 第一步：准备产品、工具和仪器 美容师将眼部护理时所需要的各种用品、用具备齐（表7-10-1），有序地码放在工作车上，排列整齐。检查电源及仪器设备性能，做好调试。调整好美容床的位置、角度，摆放好毛巾呈待客状态。

表7-10-1 眼部护理产品准备

序号	类别	选品	备注
1	洁面产品	温和型卸妆油	通常，卸妆油会比卸妆水的滋润度更好，适合偏干性皮肤
		保湿嫩肤洁面乳	温和、不刺激，适合偏干性肌肤
2	化妆水	精华水	补水的同时，其中的精华成分有抗氧化、高保湿功效
3	精华液	眼部精华液	仪器导入眼部精华，给眼部肌肤补充水分及营养，缓解眼疲劳，增加肌肤弹性，有效淡化细纹、改善黑眼圈及眼袋
4	按摩油	眼部按摩油	可结合指腹、拨筋棒疏通或眼部刮痧等方式给眼部按摩，有效改善眼部各问题
5	眼霜	眼部精华霜	修复眼周肌肤，达到紧致、细腻、富有弹性的眼部肌肤状态
6	眼膜	多效眼膜	具有多重功效：淡化眼部细纹、眼袋、黑眼圈，再现眼部光彩亮泽
7	乳液	精华乳	精华乳有效成分滋润老化肌肤，给肌肤提供营养，延缓皮肤老化
8	膏霜	保湿日/晚霜	给肌肤补充水分，减少细纹，改善皮肤纹理，保湿滋润皮肤

2. 第二步：消毒 皮肤护理用品、用具等以及仪器探头均用75%的乙醇进行消毒。美容师的双手也应该进行严格的消毒清洗。

皮肤护理实施前温馨提醒："何女士，我们的护理即将开始，大概需要55分钟，过程中有什么需要您随时跟我讲。"

3. 第三步：清洁面部

（1）卸妆：一般眼周的皮肤相对比较敏感，操作时应动作要轻柔，避免皮肤受到牵拉，眼部卸妆时选用眼部专用卸妆油。另外，操作时注意倒取卸妆油要适度，避免过多导致流入顾客口、鼻、眼中。

（2）清洁：选择滋润温和的保湿洁面乳进行面部清洁，除去表皮的污物。避免使用泡沫型有去角质深层清洁作用的洁面膏。皮肤上的洁肤用品应彻底清洗干净，以免残留在面部伤害皮肤。

4. 第四步：补水　用棉片将保湿精华水轻轻擦在脸上，补充水分，同时可以为皮肤提供营养，调整皮肤的 pH 值。

5. 第五步：精华导入　利用超声波美容仪在眼周导入眼部精华液，给眼部肌肤补充水分，缓解眼疲劳，增加肌肤弹性，有效淡化细纹、改善黑眼圈及眼袋。仪器导入时间在 5~8 分钟。

6. 第六步：眼部按摩　取足量的按摩精油用安抚、舒展、向上提升等手法进行按摩，方向与肌肉走向一致，与皱纹垂直，遵循由下向上、由里向外的基本原则。按摩时将眼部的皱纹展开，并重点提拉外眼角等松弛、下垂比较明显的部位，结合腧穴点按，选穴准确，过程中可以和顾客交流点按力度是否合适。逐渐提高眼部皮肤的温度，促进眼部血液循环，加速肌肤的新陈代谢，补充皮肤的养分，改善眼部肌肤问题。同时，结合淋巴排毒手法，沿太阳穴—耳前—耳后—颈侧淋巴排至锁骨处，将眼部积累已久的毒素排出体外。眼部按摩控制在 10~15 分钟（眼部按摩操作视频请扫二维码）。

眼部按摩视频

针对眼部皮肤在按摩时手法一定要轻柔、缓慢、贴合，因为眼部肌肤是面部脆弱部位之一，用力过猛的话，容易造成眼部肌肤损伤。同时，按摩产品用量不宜过多，以免给眼部肌肤带来负担，容易长脂肪粒。

7. 第七步：敷眼膜　敷眼膜之前，建议将眼膜先冷藏，冰冰的眼膜会令浮肿的眼睛得到绝对的舒缓。在上膜之前，要用热毛巾给眼睛热敷，加快眼部血液循环，促进产品吸收。眼膜的方向要从内眼角向外眼角的方向敷，位置在距离眼睛下方 3 mm 的地方。敷膜时间在 10~15 分钟。敷膜结束后用清水清洁干净。

> **知识链接**
>
> 眼部常用产品成分
>
> （1）鱼子精华：促进眼周肌肤的微循环系统，淡化黑眼圈。
> （2）胶原蛋白：促进皮肤更新能力，消除眼部肌肤疲劳和假性皱纹。
> （3）玻尿酸：强效保湿剂，为弹力纤维和胶原纤维提供充足的水分。
> （4）活性精萃：深层滋润并舒缓眼周肌肤，补充水分，注入能量。
> （5）小米草提取物：内含黄酮，可有效清除体内的氧自由基，帮助改善眼袋和黑眼圈。

8. 第八步：补水润肤　选择具有保湿营养性的精华水，全脸爽肤。取绿豆粒大小的眼霜，用双手无名指以打圈的方式均匀地涂在眼睛周围。涂抹面部保养品。

何女士,我们的护理结束了,护理后您的眼部皮肤状态改善还是比较明显的,看上去眼袋小了很多,眼周皮肤也更加饱满了,细纹有明显的淡化。一会我帮您整理一下头发,照一下镜子看看效果,也可以用仪器再测试一下,对比前后数据。

9. 第九步:效果对比　护理结束,美容师将顾客扶起,用掌揉、拍等放松手法,为顾客放松肩、背部,减轻久卧不适的感觉,引导顾客在镜前,观察眼部皮肤后改善的表现,如肤质、细纹、黑眼圈及眼袋的变化。将护理效果及顾客评价、满意度等信息填写在护理记录表上,并提醒顾客下次护理的时间及居家护理注意事项。

四、居家护理建议

在完成眼部皮肤护理后,我们还需要继续做好服务,为顾客提供居家眼部保养指导,日常的坚持保养更有助于缓解和改眼部肌肤的问题,达到逐渐呈现健康年轻的状态。

(1)改善眼周循环:不要熬夜和用眼过度,避免睡前大量喝水,适当按摩、湿敷、热敷以促进眼周循环。
(2)击退黑色素:抑制黑色素生成,注重眼部防晒。
(3)补水保湿、滋养、修护、抗氧化:眼部皮肤的油分、水分都不足,洁面后需立即用保湿精华滋润。除了补水保湿,在选择护肤品时可配合一些抗氧化、抗皱等功效性的产品。
(4)坚持好的习惯:多食富含维生素A、维生素B、维生素C及蛋白质的食物;坚持锻炼,适当做眼保健操及远眺,控制电子产品使用时间。

任务总结

眼周作为衰老表现最为突出的部位,其最主要的表现还是眼周的皱纹(特别是常说的鱼尾纹),但是保养过程中,小细纹的改善是相对比较明显的,而较为稳定的静态纹则很难改变,或者说没有办法去掉。所以在交流过程中,要解释详尽,告知周期变化,很难改变的状况可以提前告知,并建议顾客通过其他途径和方式去改善,同时帮助顾客调整心态,理性对待问题。

 任务评价

眼部皮肤护理任务的考核评分标准见表7-10-2。

表7-10-2 眼部护理考核评分标准

任务	流程	评分标准	分值	得分
护理准备（15分）	美容师仪表	淡妆，发型整洁美观，着装干净得体。无长指甲，双手不佩戴饰品（手镯、手表、戒指）	5分	
	用物准备	三条毛巾（头巾、肩巾、枕巾）的正确摆放 产品、工具、仪器准备	5分	
	清洁消毒	用品用具（包括2台仪器），美容师双手清洁、彻底消毒，美容师戴口罩	5分	
操作服务（70分）	洁面	卸妆：卸妆时用小棉片和棉签。卸妆的操作程序与方法正确	5分	
		用洁面乳清洁：洗面操作手法与程序正确	5分	
	补水	用小喷壶将爽肤水喷在小棉片上	2分	
	精华导入	仪器操作设置正确，使用小探头。导入时向内打圈，向外打圈扣分。探头贴皮肤、速度不快不慢	20分	
	眼部按摩	手法正确，点穴准确	12分	
		施力适宜、速度平稳、节奏、频率合理	6分	
		手指动作贴合、灵活、协调、动作衔接连贯	10分	
	敷眼膜	方向及位置准确	5分	
	补水	产品选择正确，手法正确	2分	
	润肤	产品选择正确，手法正确	3分	
工作区整理（5分）	用物用品归位	物品、工具、工作区整理干净	3分	
	仪器归位	仪器断电、清洁、摆放规范	2分	
服务意识（10分）	顾客评价（10分）	与顾客沟通恰当到位	5分	
		护理过程服务周到，对顾客关心、体贴，表现突出，顾客对服务满意	5分	
总分			100分	

 练一练

结合本任务的教学目标和教学内容，分析周围亲友眼部皮肤状态，为亲友提供护理服务及居家护理指导，并进行记录（图7-10-6）。

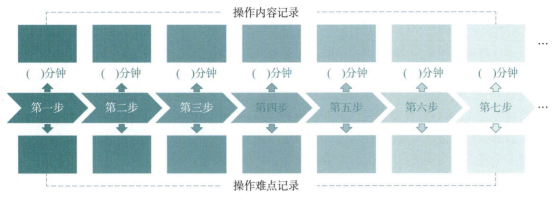

图 7‑10‑6 任务训练记录

想一想

1. 眼部的损美问题都有哪些？成因是什么？
2. 在服务过程中从哪些细节体现对顾客关心、服务周到？

（叶淑萍　章　益）

任务十一　面部拨筋

学习目标

1. 熟悉面部经络的分布，能够准确找到面部美容腧穴的定位。
2. 能够通过观察、访谈等手段进行皮肤问题分析，并根据客观存在的皮肤问题，制定个性化护理方案。
3. 在服务过程中，能够及时感知顾客的需求，对于有疼痛感的顾客要及时安抚并提前告知可能会出现的感受。
4. 有中医美容技艺传承的使命感，对本土传统技能有敬畏心。

情景导入

顾客陈女士告知美容顾问，其面部下眼眶、眉骨上及耳尖前上方均有疼痛感，美容院顾问小张在征得顾客的同意下，通过手触发现这些部位有硬结感，仔细观察顾客面部后，发现其肤色不均匀，眼袋明显。在交谈过程中，陈女士还喜欢频繁皱眉。张顾问将信息汇总，深入分析，并制定了护理方案，经顾客确认后安排了当班美容师实施护理。

通过面诊与顾客的沟通,美容顾问可以分析判断顾客存在面部筋结的问题,面部筋结形成后导致面部气血不畅、肌肤失去滋养,影响整个面部的肌肤状态。以上问题导致肤色不均、眼袋明显等表象。若要改善这些问题,则需要我们对面部筋结进行处理,可以通过面部拨筋的手法,改善面部气血不畅,增加肌肤的光泽与弹性。

面部拨筋项目在实施过程中,也许会引起疼痛感。我们需要特别注意的是,给予顾客充分的安全感。在疼痛感出现之前,要告知顾客下一步的操作,另外要通过顾客面部表情的变化来判断顾客的承受能力及体验感,用较为真诚的语言安抚、鼓励顾客,同时考虑顾客的切身体验,以此提升服务的质量。

一、面部筋结的形成

中医认为面部筋结是面部经络淤堵不通而形成的。现代医学认为,面部筋结是慢性软组织损伤诱发炎症粘连、瘢痕(纤维化)、组织挛缩而形成的。面部筋结的形成是一个慢性的过程。

> **知识链接**
>
> **筋结形成原理分析**
>
> 1. 人体弓弦力学系统:人类在不断的运动中,骨骼与软组织之间形成了力学连接,这种力学连接非常类似弓弦连接,即骨骼为弓,软组织为弦,软组织在骨骼的附着部位为弓弦结合部,它们共同构成人体弓弦力学系统。这一理论阐述了骨骼、肌肉、软组织间的力学关系,说明如果这种力学关系平衡失调,就会导致软组织的慢性炎症,继发粘连、瘢痕、挛缩(即筋结),为实践中实施的拨筋技术奠定了理论基础。
>
> 2. 网眼理论:网眼理论是指慢性软组织损伤不是某一点的病变,而是以人体弓弦力学系统为基础,以受损软组织的行径线路为导向,形成以点成线、以线成面的连带关系。可以将其形象地比喻为一张渔网,渔网的各个结点就是弓弦结合部(软组织在骨骼的附着点),是粘连、瘢痕(纤维化)、组织挛缩的集中部位,连接各个结点的网线就是弦的行径路线。弓弦结合部出问题,则整个网络都会受到影响。网眼理论说明了筋结形成的部位以及筋结点对面的影响,为拨筋技术的施术定位起到指导作用。

二、面部拨筋的作用

面部拨筋能对面部筋结形成的关键环节给予干扰,使其向好的方面转变,达到预期的效果,具体作用如下。

(1) 松懈软组织粘连、瘢痕挛缩,舒筋活络,使面部气血通畅、红润、光泽。

(2) 软坚散结,恢复人体自身调节功能,平衡弓弦力学系统。

(3) 促进肌肤代谢产物的吸收、排泄(排毒)。

一、信息采集与皮肤检测分析

根据顾客预约信息,美容顾问完成信息采集,在顾客到达门店后,根据情况与顾客深入沟通,明确顾客的需求。通过信息反馈、观测,初步判断皮肤存在问题及成因,引导顾客完成皮肤检测仪检测,结合检测数据,将分析结果用通俗的语言告诉顾客,让顾客比较清晰地、及时地了解自己的皮肤问题。同时,美容顾问协助顾客填写完成美容院顾客资料登记表。信息采集主要包括:基本信息、皮肤的状况分析、护肤习惯、饮食习惯、健康状况等(顾客信息登记表请扫二维码)。

顾客信息登记表

陈女士,感谢您在检测过程中的配合,从皮肤检测的结果来看主要有以下几方面问题。
(1) 您的皮肤存在肤色不均、弹性不足的状态。
(2) 面部局部有筋结存在。
(3) 眼袋有点明显。
请不要担心,一会儿,我会给您制定适合您的皮肤护理方案,来帮助您解决问题,您有什么疑问可以随时沟通。

二、面部拨筋方案制定

1. **疗程设计**　面部拨筋一般每年2~3个疗程,每个疗程4~6次,每周1次(50分钟/次)。
2. **产品选择**　面部拨筋产品可以选择精华油,也可以使用按摩膏。
3. **仪器选择**　面部拨筋的仪器可以选择拨筋棒或板,可以采用温润的牛角或玉石质地的。
4. **手法设计**　面部拨筋采用点揉、线性提升、按抚等按摩手法。
5. **流程设计**　面部拨筋的流程如图7-11-1所示。

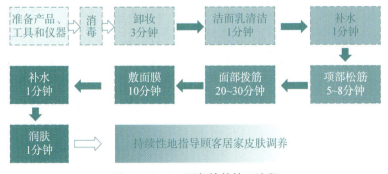

图7-11-1　面部拨筋护理流程

6. 居家护理

（1）自我按摩：洁面后，运用滋润的精华油作为介质，用中指、无名指指腹，或用拨筋棒，点揉按局部筋结部位，动作需要轻柔，力度适中，以不拉扯皮肤为度。

（2）中药熏蒸：可以选用活血养颜的中药方，如白芷、当归、黄芪、连翘等中药进行熬煮，并用蒸汽熏蒸面部，促进面部气血的运行。

三、皮肤护理实施

1. 第一步：准备产品、工具和仪器　美容师将皮肤护理时所需要的各种用品、用具备齐（表7-11-1），有序地码放在工作车上，排列整齐。检查电源及仪器设备性能，做好调试。调整好美容床的位置、角度，摆放好毛巾呈待客状态。

表7-11-1　面部拨筋护理产品准备

序号	类别	选品	备注
1	洁面产品	卸妆油	卸妆油能减少对肌肤的摩擦，适合弹性较差皮肤
		温和洁面乳	温和、不刺激
2	化妆水	精华水	补水的同时，其中的精华成分有抗氧化、营养等功效
3	拨筋棒	牛角或玉石质地	既能点按腧穴，又能面部拨筋
4	按摩油	营养滋润精华油	在面部拨筋时需要介质保护肌肤，精华油同时也可以滋润营养皮肤
5	面膜	胶原蛋白软膜	胶原蛋白软膜保具有湿润肤、祛斑亮肤、恢复皮肤弹性、紧肤抗皱等作用
6	眼霜	抗皱紧致眼霜	精华有效成分淡化黑眼圈，滋润眼周肌肤，改善眼袋
7	膏霜	紧致美白面霜	提升皮肤弹性，焕白肌肤，改善面部黑色素沉淀，增加皮肤光泽感，保湿滋润皮肤

2. 第二步：消毒　美容师将皮肤护理用品、用具等以及仪器探头均用浓度75%的乙醇进行消毒。美容师的双手也应该进行严格的消毒清洗。

面部拨筋护理实施前温馨提醒："陈女士，我们的护理即将开始，大概需要50分钟，在拨筋过程会有稍许疼痛情况，您也不用担心，是正常现象，有利于筋结的消散，如有什么需要您随时跟我讲。"

3. 第三步：清洁面部

（1）卸妆。一般眼周的皮肤相对比较敏感，加上陈女士的眼周存在较明显的眼袋，缺乏弹性,美容师在操作时动作要轻柔,避免皮肤受到牵拉。另外,美容师在操作时注意倒取卸妆油要适度,避免过多导致流入顾客口、鼻、眼中。

(2) 清洁。选择滋润温和的保湿洁面乳进行面部清洁,除去表皮的污物。避免使用泡沫型有去角质深层清洁作用的洁面膏。皮肤上的洁肤用品应彻底清洗干净,以免残留在面部伤害皮肤。

4. 第四步:补水 美容师用棉片将保湿精华水轻轻擦在顾客脸上,补充水分。同时,可以为皮肤提供营养,调整皮肤的 pH 值。

5. 第五步:项部松筋 顾客俯卧位,美容师选择合适的精油介质及拨筋棒。

(1) 拨枕骨下。美容师使用精油介质涂抹项部 3 线,即枕骨下、项中、项下(平肩部),随后持拨筋棒,用圆头沿项部 3 线,由内向外呈"N"字形拨动,每次 3 遍,先左后右。

> **特别提示**:遇有筋结可以加强拨动,但不可过度。

(2) 拨大椎。美容师在顾客大椎穴处,呈"Z"字形移位拨动 3 遍,随后用拨筋棒圆头点按大椎,进行不移位的左右、上下拨动。

> **特别提示**:在骨头上施力要适度。

6. 第六步:面部拨筋 顾客仰卧,翻身时美容师要照顾顾客翻身(面部拨筋操作视频请扫二维码)。

面部拨筋操作视频

(1) 开天门、点穴:单手持棒圆头从印堂到神庭打圈拨动 3 遍;双手持棒点按鱼腰、阳白、头临泣、丝竹空、太阳、头维各 3 遍。

> **特别提示**:施力均匀,遵循轻—重—轻原则;在拨筋前要将手部介质擦干净,以免发生手滑现象。

(2) 拨前发际线:双手持棒,沿前发际线从中间向两边(耳尖处)缓慢进行"之"字形拨动 3 遍。

注意:施力均匀、沉稳。

(3) 点按穴位:睛明、攒竹、鱼腰、丝竹空、瞳子髎、球后、承泣、睛明;鼻通、四白、上关、耳门;迎香、巨髎、颧髎、下关、听宫;人中、地仓、听宫;承浆、颊车、听会、翳风。

> **特别提示**:垂直施力,遵循轻—重—轻原则,点按时手要稳,施力在手腕,避免拨筋棒头在施力时滑动,伤及眼睛或其他组织。换位时,拨筋棒不要离开皮肤。

(4) 松筋:将面部分为 8 条线,以一手掌提升另一手打"Z"字形式进行拨筋,每线重复 3 遍;做完一边再做另一边。

具体如下:1 线为廉泉—翳风;2 线为承浆—翳风;3 线为地仓—听宫(在耳前位置加强);4 线为迎香—颧骨下—耳门;5 线为沿法令纹从上至下垂直皱纹拨动,另一只手绷紧皮肤;6 线为拨鼻梁;7 线为以打括号方式上下拨动睛明,再沿承泣—球后—瞳子髎以斜走"Z"字的方式拨动,在瞳子髎处以打括号方式上下拨动;8 线为从内到外"Z"字拨眉骨、额头,从中间向两边。

> **特别提示**:皮肤的提升中避免加重皮肤松弛,筋结、痛点部位,多做几遍;施力均匀、持续、沉稳;拨动时要注意经络的循行方向,垂直于皮肤皱纹施力;如果顾客面颊较大,可以增加线路,但拨筋的原则不变;对薄、敏感的皮肤操作时不可大力,施力大小、拨筋时间长短,以面部皮肤发红为度。

(5) 面部刮理：双手持拨筋棒，用扁板面从中间向两边施力刮理面部9线，每线3遍。

具体如下：1线为下颌廉泉—翳风；2线为承浆—翳风；3线为地仓—听宫；4线为人中—迎香—听宫；5线为鼻通—耳门；6线为下眼睑内侧—太阳；7线为眉骨—太阳；8线为额中—太阳；9线为额上—太阳。

> **特别提示**：施力始终一致，到发际时要施压后再滑至中间，刮拭时移动速度要不快不慢；刮拭时避免推挤皮肤；拨筋棒的扁平板不能与皮肤垂直，一般与皮肤呈45°；以不出痧为度。

(6) 耳前刮理：用拨筋棒的扁板面在耳前上下刮理3遍，向上绕耳尖—耳后—颈侧—锁骨上窝轻按，施力始终一致，实而不虚。

(7) 手法排毒：双手交替提升拉抹面部7线，到耳前加强后，再沿耳后、颈侧至锁骨上轻按。

具体如下：1线为下颌廉泉—翳风—耳前；2线为承浆—翳风—耳前；3线为地仓—听宫—耳前；4线为人中—迎香—听宫—耳前；5线为鼻通—太阳—耳前；6线为双手剪刀手从内向外拉抹眼周—耳前；7线为额头—耳前。

> **特别提示**：施力沉稳、始终一致，避免始重终轻，更不可以双手离开皮肤，双手施力不可以间断；避免带动顾客的头部；手下避免干涩，要及时补充介质。

7. **第七步：敷面膜** 调制胶原蛋白软膜，将调好的软膜快速、均匀地涂抹到脸上，敷面10分钟，注意避让眼睛和嘴巴。结束后，残留面膜要清洁彻底。也可用富含胶原蛋白等补水、营养成分的面贴布型（无纺布、蚕丝、纸质）面膜，避免使用撕拉型面膜。

8. **第八步：补水润肤** 美容师使用美白焕肤性的精华水为顾客皮肤，充分补水。选择具有滋润营养皮肤的精华乳或霜均匀涂于脸部。

陈女士，我们的护理结束了，皮肤护理后您的皮肤状态改善还是比较明显的，看上去光泽度好了很多。一会儿我帮您整理一下头发，照一下镜子看看效果，也可以用仪器再测试一下，对比前后数据。

9. **第九步：效果对比** 护理结束，美容师将顾客扶起，用掌揉、拍等放松手法，为顾客放松肩、背部，减轻久卧不适的感觉，引导顾客在镜前，观察面部皮肤后改善的表现，如光泽度、弹性、肤质、黑眼圈等。将护理效果及顾客评价、满意度等信息填写在护理记录表上，并提醒顾客下次护理的时间及居家护理注意事项。

四、居家护理建议

在完成皮肤护理后，我们还需要继续做好服务，要为顾客提供家庭保养指导，日常的坚持保养更有助于缓解和改善肌肤缺乏弹性与光泽的问题，达到逐渐呈现健康活力状态。

单元七 面部护理项目 7-77

除了定期到门店来保养外,平时我们也要注意坚持做好护肤工作,根据陈女士目前的情况,暂定以下保养建议。

(1) 清洁:不可过度清洁,以免损伤皮肤屏障功能,选择温和的洁面产品,同时,清洁过程中力度要轻柔,水温不宜过高或过低。

(2) 护肤:面对暗沉、弹性不足的皮肤状态,在做好基本的保湿补水的基础上,还应该选择美白焕肤功效的产品。同时黑眼圈、眼袋等情况,也需要选择抗衰滋润的眼霜,轻柔点按眼周肌肤,促进血液循环。

(3) 饮食:多食用补益气血的食品,如牛奶、鸡蛋、猪肉、牛肉、羊肉、鱼肉、虾以及各种蛋白质。加强锻炼,促进气血的运行,增强身体新陈代谢功能。

(4) 保持心情舒畅,睡眠充足。

任务总结

面部拨筋对面部皮肤组织的刺激较大,应避免使用暴力,操作时要关注顾客感受,保持与顾客沟通。同时,美容师在操作时持拨筋棒的手要稳,介质不宜过多,避免施力时滑脱,伤害眼睛等重要器官。

在皮肤护理过程中,需要观察面部筋结的变化情况,以此判断护理效果,是否有效增加肌肤弹性和光泽。通过我们的护理后会出现肌肤状态改善,如面部筋结减少的情况出现,那在后续面部拨筋过程中可以减轻拨筋力度,增加舒缓手法,对护理方案进行动态调整。

在面部拨筋护理过程中,需要美容师运用稍大的力度,借助拨筋棒进行面部的疏通,此手法虽然有利于筋结的消散,但是可能给顾客造成些许不适体验,因此,更加需要美容师端正自身的服务意识,与顾客做好良好的沟通工作,在操作前提醒,操作中随时观察,操作后解释并做好居家护理建议,通过全流程的细致服务,从而减轻顾客的不适感受体验,进一步为顾客营造良好的护理服务。

任务评价

面部拨筋护理任务的考核评分标准见表7-11-2。

表7-11-2 面部拨筋护理考核评分标准

任务	流程	评分标准	分值	得分
护理准备 (10分)	美容师仪表	淡妆,发型整洁美观,着装干净得体。无长指甲,双手不佩戴饰品(手镯、手表、戒指)	2分	
	用物准备	三条毛巾(头巾、肩巾、枕巾)的正确摆放 产品、工具、仪器准备	3分	
	清洁消毒	用品用具(包括拨筋棒等),美容师双手清洁、彻底消毒,美容师戴口罩	5分	

(续表)

任务	流程	评分标准	分值	得分
操作服务 (75分)	洁面	卸妆：卸妆时用小棉片和棉签。卸妆的操作程序与方法正确	5分	
		用洁面乳清洁：洗面操作手法与程序正确	5分	
	补水	用小喷壶将爽肤水喷在小棉片上	2分	
	项部松筋	项部三线动线准确，动作连贯灵活	5分	
		在大椎附近操作力度适中	5分	
	面部拨筋	点穴准确，力度适中	10分	
		拨筋施力适宜，速度平稳，节奏、频率合理	10分	
		面部线性操作顺序准确，动作衔接连贯	8分	
		筋结部分未使用暴力，手法灵活、协调	8分	
	敷面膜	调制面膜：动作熟练、调制后的面膜稀稠适度	5分	
		涂敷面膜：膜面较光滑，厚薄较均匀，不要遗漏，边缘清晰	5分	
		启膜：从下向上揭起。清洁面膜干净、彻底	3分	
	补水	产品选择正确，手法正确	2分	
	润肤	产品选择正确，手法正确	2分	
工作区整理 (5分)	用物用品归位	物品、工具、工作区整理干净	3分	
	仪器归位	仪器断电、清洁、摆放规范	2分	
服务意识 (10分)	顾客评价	与顾客沟通恰当到位	5分	
		护理过程服务周到，对顾客关心、体贴，表现突出，顾客对服务满意	5分	
总分			100分	

练一练

结合本任务的教学目标和教学内容，同学2人一组情景练习面部拨筋服务，并做好记录（图7-11-2）及时查漏补缺。及居家护理指导。

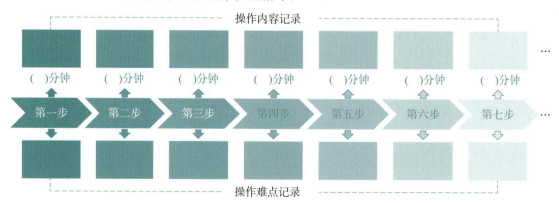

图7-11-2 任务训练记录

想一想

1. 简述人体弓弦力学系统。谈谈自己对人体弓弦力学系统的理解。
2. 简述面部拨筋操作流程和操作要领。

（陈芸芸　章　益）

任务十二　唇部护理

学习目标

1. 通过观察顾客唇部皮肤色泽、质地等表现，能够判断顾客唇部皮肤出现的问题，并能清晰、客观地描述唇部皮肤的结构及特征。
2. 在与顾客沟通中，认真倾听，获取影响唇部皮肤问题产生的相关因素。
3. 能够根据顾客唇部皮肤出现的问题，制定个性化唇部护理方案并与顾客确认。
4. 能够按标准唇部护理服务流程，实施护理操作。热心服务顾客，爱岗敬业。

 情景导入

顾客杨女士，自述唇部干燥，经常起皮。在咨询的过程中，美容顾问还观察到顾客的唇纹较深，唇色暗淡缺乏光泽。在进一步获取相关信息后，对杨女士唇部皮肤进行综合分析，制定了唇部护理方案。杨女士对护理方案满意，对唇部皮肤的改善也非常有信心。

任务分析

唇部的角质层只有皮肤角质层的 1/3，缺少了完整的皮肤屏障，也更容易受到外界的刺激。唇部干燥、起皮、唇纹深、唇色暗淡是较为常见的现象，许多顾客希望通过唇部护理项目进行改善，但是由于唇部面积较小，在实施护理的过程中，我们的动作幅度比其他项目要小。但是其护理的效果要达到较为理想的要求，对美容师的技巧提出更高的要求。动作精细化、流程规范化是达到护理效果的唯一办法。

相关知识

美容院唇部护理是指美容师通过一定的美容护理手段，保养顾客唇部皮肤，使其保持红润健康的良好状态。明晰唇部问题的原因是做好护理的首要任务。

一、唇部皮肤常见问题和成因

唇部皮肤常见问题主要表现为：干燥、起皮、唇纹深和色彩暗淡。由于唇部肌肤是身体上非常脆弱的一个部位，没有皮脂腺、汗腺，不会自行分泌水分和油脂，水分蒸发比脸部肌肤更快，更容易干燥，所以平时稍不注意就会干裂起皮。加上一些日常生活中的不良习惯，比如频繁舔咬嘴唇、用纸巾大力擦拭、唇周长时间接触牙膏泡沫没有清洗干净，轻则嘴唇干裂，重则容易引起唇炎，还会导致黑色素慢慢沉淀。

唇部皮肤分布了敏感的神经末梢，唇部的皮肤结构与身体其他部位的皮肤结构不同，唇部皮肤的角质层相对较薄，同时由于唇部皮肤的屏障功能较弱，外部的刺激（如紫外线、细菌、空气污染物等）更容易侵入唇部皮肤，继而诱发唇炎，这也是唇部为何如此敏感娇嫩的原因。

> **知识链接**
>
> 唇部问题的成因
>
> 1. 身体出现健康问题，气血不畅，唇部易干燥，无血色。
> 2. 忽略了唇部的保养或者使用了劣质唇膏。
> 3. 口红、唇釉等没有卸除干净，导致色素沉着。
> 4. 唇部有炎症，炎症后的色素沉着会使嘴唇暗沉。
> 5. 某些药物影响：正在服用抗组胺药、利尿剂、感冒药等也会使唇部变得干燥。
> 6. 疏于防晒，阳光中的紫外线可使唇部干燥、皲裂，甚至起泡。
> 7. 长期生活在气候干燥、寒冷、风吹的环境中。
> 8. 个人不良习惯：习惯性舔唇、咬唇、吸烟、喝酒、吃辛辣刺激食物等，均可引起唇炎。

二、唇部的组织构成

唇部可以分成三个部分（图7-12-1），首先是皮肤部，皮肤部和脸部肌肤比较接近，但是相比脸颊或额头的皮肤更薄、更敏感。其次是红唇部，红唇部是暴露在外的红色双唇，这个区域几乎没有角质、皮脂腺和汗腺，这里几乎不会出油、不会出汗，也缺乏角质层的屏障保护功能，水分容易散失。最后是黏膜部，在唇的里面，为口腔黏膜的一部分。由许多分泌黏液的唾液细胞以及微血管构成，这个部位一般不会有干燥的问题，但此部位容易被牙齿咬到，也常会因为饮食问题或内分泌失调而引起溃疡发炎。

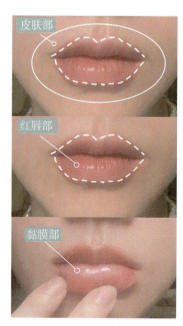

图7-12-1 唇部结构

任务实施

一、信息采集与皮肤检测分析

根据顾客预约信息，美容师完成信息采集，在顾客到达门店后,根据情况与顾客深入沟通,明确顾客的需求。通过信息反馈、观测,初步判断唇部皮肤问题的成因,引导顾客完成皮肤检测仪检测,结合检测数据,将分析结果用通俗的语言告诉顾客,让顾客比较清晰地、及时地了解自己的皮肤问题。同时,美容师协助顾客填写完成美容院顾客资料登记表。信息采集主要包括:基本信息、皮肤的状况分析、护肤习惯、饮食习惯、健康状况等(顾客信息登记表请扫二维码)。

顾客信息登记表

杨女士,感谢您刚才的配合,您唇部主要有唇部干燥和唇色暗淡两个方面问题。

请不要担心,一会儿,我会给您制定适合您的皮肤护理方案,来帮助您解决问题,您有什么疑问可以随时沟通。

二、唇部护理方案制定

1. **疗程设计**　每周1次(30分钟),3次一个疗程,建议2个疗程。
2. **产品选择**　唇部护理可以选择温和型清洁类产品、滋润、保湿、营养产品。
3. **手法设计**　唇部护理采用画圈、舒展等按摩手法。
4. **流程设计**　唇部护理流程如图7-12-2所示。

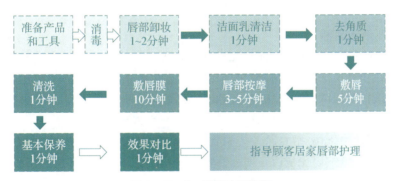

图7-12-2　唇部护理流程

5. **居家护理**

(1) 日间护理:滋润、隔离以及防晒。唇部护理产品选择以质感轻薄、不黏腻并带有一定防晒指数为佳。

(2) 晚间护理:晚间润唇产品需要加倍补水保湿,需要有修护、抗氧化、去唇纹等深层护理功效,还能当唇膜使用。

三、唇部护理实施

1. **第一步:准备产品、工具**　美容师将唇部护理时所需要的各种用品、用具备齐(表7-12-1),有序地码放在工作车上,排列整齐。调整好美容床的位置、角度,摆放好毛巾呈待客状态。

表 7-12-1 唇部护理产品准备

序号	类别	选品	备注
1	洁面产品	唇部卸妆液	唇部专用卸妆液更适合清除唇部彩妆
		保湿温和洁面乳	温和、不刺激,适合皮肤偏干的肌肤
2	去角质产品	去角质凝胶	凝胶比较温和,可去除老化的死细胞,改善皮肤颜色,使唇部皮肤细腻光滑
3	精华素	保湿营养精华	给干燥的唇部皮肤提供营养与滋润
4	按摩膏	营养滋润按摩膏	配合手法按摩的同时,按摩膏可以滋润营养唇部皮肤
5	唇膜	再生修复唇膜	唇部干燥脱皮,在保养滋润护理的同时修复唇部皮肤
6	膏霜	润唇膏	减少细纹,保湿滋润唇部皮肤,改善唇部干燥起皮

2. 第二步:消毒 唇部护理用品、用具等均用 75% 乙醇进行消毒。美容师的双手也应该进行严格的消毒清洗。

唇部护理实施前温馨提醒:"杨女士,我们的护理即将开始,大概需要 30 分钟,过程中有什么需要您随时跟我讲。"

3. 第三步:清洁面部

(1)卸妆。使用唇部专用卸妆产品清洁唇部,尤其是杨女士唇部褶纹较深,卸妆时,要充分清除掉褶纹里残留的唇妆。将充分沾湿卸妆液的棉片轻拭唇部,褶纹里的残妆可用棉花棒蘸取卸妆液仔细地清除。操作时动作要轻柔,避免皮肤受到牵拉。另外,操作时注意倒取卸妆液要适度,避免过多导致流入顾客口中。

(2)清洁。选择滋润温和的保湿洁面乳进行面部清洁,除去表皮的污物。皮肤上的洁肤用品应彻底清洗干净,以免残留在面部伤害皮肤。将唇部残留的卸妆液彻底清洁干净。

4. 第四步:去角质 只有彻底清除干燥翘起的唇皮,双唇才会恢复光滑细腻的感觉。可选用适合唇部用的去角质产品,如清爽的薄荷配方,在清除死皮的同时,又具修护作用,每月做 1 次。注意已经受损的嘴唇不能去角质。

5. 第五步:敷唇 用热毛巾敷在唇部 3~5 分钟。过程中要和顾客询问温度是否合适。

知识链接

唇部需要防晒吗?

唇部的皮肤没有黑色素保护,非常娇嫩,因此唇部肌肤更需要特别的呵护。阳光直射会加深唇色,加深唇纹,还会导致嘴唇干裂脱皮,所以唇部需要滋润以及防晒。娇嫩的双唇在冷风、烈日的环境中,需要使用有保护作用的防护产品呵护,这时候选择一支带防晒指数的润唇膏就可以解决。尤其是唇炎患者更需要做好防晒。普通的口红也能起到一些物理遮盖的效果。总之,越脆弱的地方越要做好防晒。

6. **第六步：唇部按摩**　选用唇部营养滋润按摩膏。按摩时，用食指和大拇指扶住上唇，大拇指不动，食指以画圈方式来按摩上唇。再用食指和拇指扶住下唇，食指不动，轻动大拇指以画圈方式来按摩下唇。注意动作轻柔，有节奏感按摩，反复数次。唇部按摩可促进唇部血液循环，加速肌肤的新陈代谢，消除或减少嘴唇皱纹。最后轻拍嘴角部位，改善嘴角纹。唇部按摩 3~5 分钟（唇部按摩及敷唇膜操作视频请扫二维码）。

7. **第七步：敷唇膜**　贴上唇膜或者涂上唇部修复精华素、维生素 E 并加以保鲜膜覆盖进行护理。用热毛巾或热纱布敷 10 分钟，促进唇膜更好吸收，每周可做 1~2 次。

8. **第八步：清洗**　去除唇膜，用湿润的洁面巾擦净唇部。

9. **第九步：基本保养**　涂上唇部保湿精华素或营养油等，供给唇部营养。

杨女士，我们的护理已经结束了，唇部护理后的改善还是比较明显的，您感觉现在唇部是不是很滋润呢？看起来也有光泽感了。一会儿我帮您整理一下头发，给您照一下镜子看看效果。

10. **第十步：效果对比**　护理结束，美容师将顾客扶起，用掌揉、拍等放松手法，为顾客放松肩、背部，减轻久卧不适的感觉，引导顾客在镜前，观察护理后改善的表现，将护理效果及顾客评价、满意度等信息填写在护理记录表上，并提醒顾客下次护理的时间及居家护理注意事项。

四、居家护理建议

在完成唇部护理后，我们还需要做好后续服务，为顾客提供家庭保养指导，日常坚持保养非常重要，更有助于改善唇部肌肤的问题，使唇部肌肤呈现健康状态。

唇部按摩及敷唇膜视频

（1）卸妆时，唇妆一定要彻底清洁干净。

（2）唇部干燥时，可涂抹润唇膏或者定期敷唇膜，但不能长期依赖润唇膏，否则唇部会失去自我滋润的能力。

（3）夏天可涂抹含防晒成分的护唇膏，防止唇部晒伤。

（4）平日要注意不要做太夸张的唇部动作，防止嘴角和上唇出现表情纹。也可以在每日卸妆后以无名指轻轻在唇部画圈按摩，持续 1 分钟以上。

健康、饱满的唇部是面部年轻化的一个重要特征。掌握唇部皮肤的结构及特点,在护理方案的指导下,护理过程注意精巧、细致,克服护理面积较小、皮肤比较敏感的困难,服务中帮助顾客建立信心,只需要专业的院内护理及居家保养就能获得比较好的效果。

唇部护理任务的考核评分标准见表7-12-2。

表7-12-2 唇部护理考核评分标准

任务	流程	评分标准	分值	得分
护理准备 （15分）	美容师仪表	淡妆,发型整洁美观,着装干净得体。无长指甲,双手不佩戴饰品(手镯、手表、戒指)	5分	
	用物准备	三条毛巾(头巾、肩巾、枕巾)的正确摆放,产品、工具准备	5分	
	清洁消毒	用品用具,美容师双手清洁、彻底消毒,美容师戴口罩	5分	
操作服务 （72分）	洁面	用洁面乳清洁:洗面操作手法与程序正确	5分	
		唇部卸妆:卸妆时用小棉片和棉签。卸妆的操作程序与方法正确	5分	
	去角质	去角质手法正确、熟练,力度适宜	4分	
	唇部按摩	按摩动作正确,采用适宜的按摩手法	8分	
		手指动作灵活、协调,衔接动作连贯	8分	
		施力动作适宜,速度、频率合理	8分	
	敷唇膜	动作熟练、准确	8分	
		涂敷唇膜厚薄均匀	6分	
		唇膜热敷方法得当	8分	
		敷唇膜时间得当	4分	
	清洗	动作轻柔	4分	
	基本保养	产品选择正确,手法正确	4分	
工作区整理 （3分）	用物用品归位	物品、工具、工作区整理干净	3分	
服务意识 （10分）	顾客评价	与顾客沟通恰当到位	5分	
		护理过程服务周到,对顾客关心、体贴,表现突出,顾客对服务满意	5分	
总分			100分	

 **练一练**

结合本任务的教学目标和教学内容,同学2人一组情景模拟练习唇部护理服务,并做好记录(图7-12-3)及时查漏补缺。

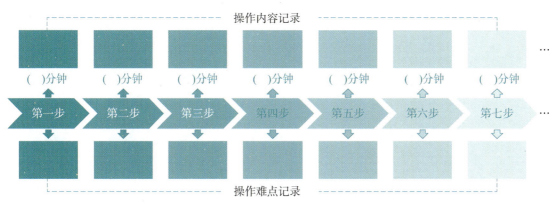

图7-12-3 任务训练记录

想一想

1. 唇部护理都需要去角质吗?
2. 在服务过程中与顾客沟通交流,从哪些细节体现人文关怀?

(薛久娇 华 欣)

单元八　身体护理项目

本单元开展以"做"为基础的全面学习活动,加强身体护理基础知识应用,针对体型肥胖、皮肤松弛等相关问题的身体护理操作、标准化服务流程与规范等实践能力培养,学习任务对接门店服务项目,内容包括肩颈、腹部、背部、四肢等不同身体部位的护理,学习目标依据岗位职业能力要求制定,学习内容基于真实工作情景与工作内容进行设计。

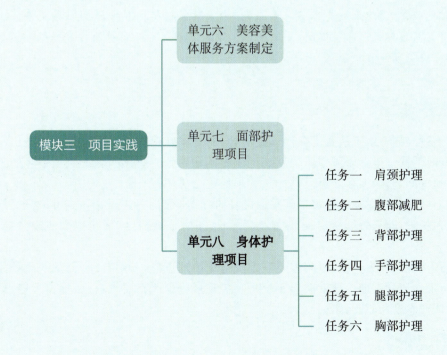

任务一　肩颈护理

学习目标

1. 通过完整的信息采集工作,分析顾客所需身体护理内容,并为顾客制定个性化的护理方案并与顾客确认。
2. 根据顾客身体护理需求,能规范完成肩颈护理的标准化工作流程。
3. 在肩颈护理服务过程中为顾客提供专业认真、贴心细致的服务。

情景导入

王女士,年龄40岁,自述双侧肩颈部酸痛,右臂有时胀麻,同时失眠已经有一个多月,平常也经常落枕,来到美容院寻求帮助,由宋顾问接待。在宋顾问触按王女士肩颈时,发现其肩颈部肌肉比较僵硬,宋顾问根据顾客情况制定肩颈护理方案并经顾客确认后安排当班美容师做护理。

任务分析

顾客肩颈疼痛多由于肩颈部肌肉僵硬导致,右臂胀麻感多由于颈椎椎间盘突出压迫神经导致,同时落枕也是由于顾客不良状态的颈椎问题导致。肩颈问题影响了顾客的睡眠状况。面对这些问题,顾客在交流反馈的过程中往往会焦虑,急于求成,甚至希望一次性解决问题。应对顾客的焦虑情绪美容顾问采取最好的方式是及时做出反馈,告知顾客通过科学、合适的肩颈护理,能有效舒缓肩颈肌肉,改善颈椎正常生理曲度,优化肩颈曲线,恢复肩颈健康。

在肩颈护理过程中,美容顾问需要制定规范化护理流程,采用合理、科学的肩颈按摩手法,实施标准化肩颈护理。这就需要美容师在护理过程中严格要求自己,保持严谨慎独、臻于完美的职业态度和职业素养。

相关知识

颈肩综合征是指以颈椎退行性病变或慢性劳损为基础,引起颈肩部血液循环障碍、肌肉组织痉挛水肿、广泛性疼痛僵硬,颈项部及肩关节周围痛的临床综合征。常见症状表现为颈项肩臂部僵硬疼痛,可伴功能障碍(图8-1-1)。

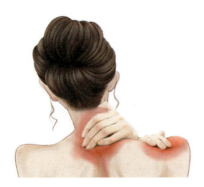

图 8-1-1 颈肩综合征疼痛部位

知识链接

颈肩综合征的成因

1. 肌肉损伤：劳损或感受风寒湿，导致肩颈部肌肉紧张僵硬，由此出现疼痛不适等症状。
2. 神经根受压：颈椎椎体挤压，导致椎间盘突出压迫神经根，由此引发神经所支配的肩颈及上肢部麻木不适等症状。
3. 生理曲度消失：颈椎生理曲度变直，破坏颈椎肌群平衡，引发慢性劳损，加速颈椎退行性改变。
4. 不良姿势：长期伏案低头或保持同一姿势，会导致颈肩部的肌肉长期处于紧张状态，由此导致肩颈疼痛症状加重。
5. 缺乏保养：平时不注重皮肤保养，防日晒意识差，护理皮肤或者保养不当。

任务实施

一、信息采集与肩颈检查

根据顾客预约信息，美容顾问完成顾客信息采集，在顾客到达门店后，根据情况与顾客深入沟通，明确顾客的需求。通过顾客表达、美容师触按，初步判断肩颈问题的成因，与顾客沟通是否日常有不良姿势或行为习惯，建议顾客避免加重肩颈的负担。同时，美体顾问协助顾客填写完成美容院顾客资料登记表。信息采集主要包括：基本信息、肩颈健康状况分析、日常行为习惯、睡眠习惯等（顾客信息登记表请扫二维码）。

顾客信息登记表

王女士，感谢您在检测过程中的配合，从皮肤检测的结果来看主要有以下几方面问题。
（1）主要是肩颈肌肉劳损僵硬。
（2）右手臂胀麻。
（3）不适症状导致睡眠质量降低，有失眠的困扰。
请不要担心，一会儿，我会给您制定合适的肩颈护理方案，来帮助您解决问题，您有什么疑问可以随时沟通。

二、肩颈护理方案制定

1. 疗程设计

（1）调理期：10次为一个疗程，一个疗程30天，前15天密集护理（隔天1次）；后15天巩固护理（每隔4～5天1次）。

（2）巩固期：10次为一个疗程，每周1次。

2. 产品选择　肩颈护理产品可以选择按摩基础精油产品、复方功效精油产品。

3. 仪器选择　肩颈护理仪器可以选择美体按摩仪器，如电动负压刮痧仪。

4. 手法设计　肩颈护理采用安抚、点按、捏拿、平推等按摩手法。

5. 流程设计　肩颈护理流程如图8-1-2所示。

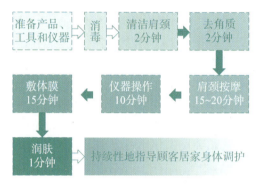

图8-1-2　肩颈护理流程

6. 居家护理

（1）建议顾客进行适当的肩颈锻炼，如肩颈拉伸、轻柔的旋转活动，配合适当的自我按摩，提高肩颈肌肉活力。

（2）建议顾客改正不良姿势习惯，如避免长期低头及伏案工作或长期保持同一个姿势，以免加重肩颈劳损。

三、肩颈护理实施

1. 第一步：准备产品、工具和仪器　美容师将皮肤护理时所需要的各种用品、用具备齐（见表8-1-1），有序地码放在工作车上，排列整齐。检查电源及仪器设备性能，做好调试。调整好美容床的位置、角度，摆放好毛巾呈待客状态。

表8-1-1　肩颈护理产品准备

序号	类别	选品	备注
1	清洁	清洁慕斯	温和清洁肩颈皮肤，祛除汗渍油脂等
		去角质凝胶	深层清洁，去除皮肤废旧角质，恢复肌肤光滑水嫩，有助于皮肤后续吸收
2	基础精油	荷荷巴油、甜杏仁油等	润滑作用，以免按摩时损伤皮肤

（续表）

序号	类别	选品	备注
3	功效精油	红花精油等	起到活血的作用,加强按摩功效
4	体膜	胶原蛋白软膜	身体面膜,呵护肩颈肌肤,补充营养,使皮肤更嫩、更光滑
5	膏霜	滋润身体乳	补水保湿肩颈皮肤,保持肌肤弹性活力

2. 第二步：消毒 美容师将肩颈护理用品、用具、仪器探头等均用75%乙醇进行消毒。美容师的双手也应该进行严格的消毒清洗。

肩颈护理实施前温馨提醒："王女士，我们的护理即将开始，大概需要50分钟，过程中有什么需要您随时跟我讲。"

3. 第三步：清洁肩颈 使用清洁慕斯对顾客肩颈皮肤进行清洁，以轻柔打圈的形式，照顾到肩颈各个部位，不要遗漏，随后用珍珠棉巾擦拭干净。

4. 第四步：去角质 使用去角质凝胶（或磨砂膏等）在肩颈部轻柔打圈，随后用珍珠棉巾擦拭干净。

5. 第五步：肩颈按摩 准备姿势：顾客俯卧位，暴露肩颈部位，用毛巾包头；美容师站顾客头位（操作视频请扫二维码）。

肩颈按摩操作视频

（1）舒缓肩颈部。①展油，取适量按摩油，在手心揉开，双手掌从大椎开始分推至肩胛下缘后包肩至风池点按3～5遍；②双手拿揉肩部肌肉，从肩髃至大椎方向拿揉，5（次）×5（组）=25遍（以下相同）；③双手大鱼际按揉肩部肌肉，从肩髃至大椎，5（次）×5（组）=25遍。

（2）肩部理筋散结。双手拇指从肩髃至大椎弹拨肩部肌肉，5（次）×5（组）=25遍。遇有筋结处，可增加弹拨次数或力度。

（3）安抚理揉。拿揉放松肩颈部肌肉，从肩髃至大椎，5（次）×5（组）=25遍。移动要缓慢。

（4）安抚理揉头部。①双手三指按揉风池，5（次）×5（组）=25遍；②三指合并按揉头部颞侧的肌肉，5（次）×5（组）=25遍；③五指拿揉头部（干洗头），5（次）×5（组）=25遍；④拇、食指揉捏、按摩耳朵，5（次）×5（组）=25遍。

（5）舒缓肩胛部。①双手拇指从大椎至神道交替推理，5（次）×5（组）=25遍；②拇指揉按双侧天宗，5（次）×5（组）=25遍，施力沉稳、有力，遵循轻—重—轻原则。

（6）肩胛部理筋散结。①双手掌交替推理一侧肩胛骨内缘线，5（次）×5（组）=25遍；② 拇指重叠揉按天宗，5（次）×5（组）=25遍；③做完一侧再以相同的方法做另一侧。

(7) 安抚理揉。双手叠掌,从肩胛内缘从下推按到肩关节5次。

(8) 易筋。①掌推理颈部督脉、两侧膀胱经3遍;②单手掌从颅底向肩关节方向推理斜方肌,先左后右。筋结部位增加推理次数或力度(加强)。

6. 第六步:仪器操作　使用电动负压刮痧仪(或其他肩颈按摩仪)刮拭肩颈10分钟,在明显不适部位可反复多次刮拭,加强活血止痛疗效。

7. 第七步:敷体膜　调制胶原蛋白软膜,将调好的身体护理用软膜快速、均匀地涂抹到肩颈,敷体膜15分钟。结束后,残留体膜要擦拭清洁彻底。

8. 第八步:润肤　使用滋润身体乳涂抹至肩颈部,为肌肤补充水分。

王女士,我们的肩颈护理结束了,您是否感觉肩颈轻松一点,肌肉摸上去没有那么僵硬了。一会我帮您整理一下头发,您穿戴好衣物后,稍微活动肩颈感受下。

9. 第九步:效果反馈　护理结束,美容师将顾客扶起,掌揉或轻抚顾客肩部,并适时送上温开水或养生茶供顾客补充水分。护理后肩颈出现痧斑等情况,具有促进局部血液循环等功效,解释为正常皮肤表现,会在1周内消退,不必担心。将护理效果及顾客评价、满意度等信息填写在护理记录表上,并提醒顾客下次护理的时间及居家护理注意事项。

四、居家护理建议

在完成肩颈护理后,即刻舒缓肩颈疲劳的效果明显,为维持肩颈舒适感受也需要顾客居家的配合,坚持正确肩颈活动方式,避免不良因素影响。美容师提供居家自我肩颈保养方法,使顾客能够长期保持肩颈健康。

王女士,您除了定期到门店来护理外,平时也要注意坚持做好护肤工作,根据您目前的情况,暂定以下保养建议。

(1) 生活习惯:遵循生理曲度,保持颈椎中立位,不能长时间低头,避免不良的姿势行为。

(2) 运动拉伸:适当的肩颈前后左右拉伸活动,拉伸颈肩部肌肉,加强运动锻炼,提升个人体质。

(3) 自我按摩:点按颈椎经络穴位,可于每天早晨或临睡前搓热大椎穴(第七颈椎棘突下)。

(4) 贴经穴贴:以痛为腧,主要贴痛点或大椎穴。

 **任务总结**

肩颈护理主要是需要美容师运用轻重适宜的按摩手法,实施节律有序的按摩流程,达到舒缓肩颈不适,改善肩颈肌肉僵硬、活动受限的目的。在按摩过程中,尤其要注意手法的贴合度,选择合适的精油量,避免摩擦肩颈皮肤,同时将按摩力度渗透到肌肉层,在肩颈阳性反应点可以加强刺激。

 **任务评价**

肩颈护理任务的考核评分标准如表8-1-2所示。

表8-1-2 肩颈护理考核评分标准

任务	流程	评分标准	分值	得分
护理准备 (15分)	美容师仪表	淡妆,发型整洁美观,着装干净得体。无长指甲,双手不佩戴饰品(手镯、手表、戒指)	5分	
	用物准备	产品、工具、仪器准备 毛巾包头正确,无碎发散落	5分	
	清洁消毒	用品用具(包括刮痧仪),美容师双手清洁、彻底消毒,美容师戴口罩	5分	
肩颈护理 (70分)	清洁肩颈	用清洁慕斯清洁:操作手法与程序正确,无泡沫残留	2分	
	去角质	用去角质凝胶操作:操作方式正确,清洁彻底	3分	
	肩颈按摩	手法正确、点穴准确	10分	
		按摩流程顺序正确,未遗漏步骤	5分	
		贯彻持久、均匀、柔和、有力、渗透动作原则,施力适宜,速度平稳,节奏、频率合理	15分	
		手指动作贴合、灵活、协调、动作衔接连贯	10分	
	仪器操作	仪器操作设置正确	3分	
		刮痧贴皮肤,速度不快不慢,以出现痧点痧斑为佳	10分	
	敷体膜	调制面膜:动作熟练、调制后的面膜稀稠适度	2分	
		敷膜均匀、完整,未漏涂部位	5分	
		清洁面膜残留干净,彻底	3分	
	润肤	产品选择正确,手法正确	2分	
工作区整理 (5分)	用物用品归位	物品、工具、工作区整理干净	3分	
	仪器归位	仪器关机、清洁、摆放规范	2分	
服务意识 (10分)	顾客评价	与顾客沟通恰当到位	5分	
		护理过程服务周到,对顾客关心、体贴,表现突出,顾客对服务满意	5分	
		总分	100分	

结合本任务的教学目标和教学内容,分析同学的肩颈状态,为其提供肩颈护理服务及居家护理指导,并做好记录(图8-1-3),及时查漏补缺。

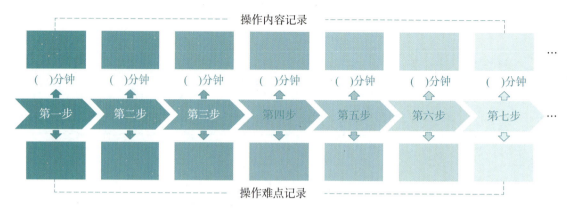

图8-1-3 任务训练记录

想一想

1. 在肩颈护理时,如果遇到阳性反应点或者顾客疼痛明显部分,应该选用何种手法及方式进行舒缓?

2. 在服务过程中,在不打扰顾客放松的情况下,通过什么方法能有效了解顾客实时的按摩感受?

(陈芸芸 章 益)

任务二 腹部减肥

学习目标

1. 能够正确进行腹部围度测量,并计算和判定肥胖程度,作出科学的评估。
2. 借助有效沟通和信息采集,准确分析原因并制定个性化护理方案。
3. 能够按照标准的服务流程,提供优质的服务,实施规范的护理操作,接待过程中,文明有礼,进退有度,给顾客舒适满意的过程体验。

情景导入

某企业程序员辛女士由于春节暴饮暴食,体重一个月增加了8斤,为迅速恢复体型,辛女士节食1周,出现头晕、情绪低落、月经推迟等症状。在朋友建议下来到专业美体塑形机构寻求帮助,美容顾问对其基本情况进行了解,为其制定个性化护理方案,安排资深美容师进行腹部减肥项目服务。

任务分析

随着年龄的增长,基础代谢率逐渐减少,如果饮食结构偏向于高糖、高热量、高脂肪食物,且健身运动时间不足,无法达到热量的"出入平衡",身体会渐渐"发福",内脏脂肪也会大幅度增长,随之而来的便是"水桶腰""啤酒肚"。导致影响身体健康的同时,还会降低生活品质。而像辛女士一样,盲目地想通过节食减肥短时间内见到成效,容易引发闭经、脱发、酮症酸中毒、糖尿病等症状。特别是产后女性,用这种不科学的方式去解决腹部赘肉、皮肤松弛等问题,更是会加重产后焦虑,影响身体恢复和哺乳等。

接待腹部减肥护理的顾客,一定要注意在服务过程中的人文关怀,将心比心,努力缓解焦虑情绪,而且要做好居家护理建议,帮助其更快获得显著效果。

相关知识

腹部肥胖,即腹部周围存储较多脂肪,又称为中心性肥胖,与早期死亡风险相关性较高。要想准确测量诊断,需要了解以下概念及测量方法。

一、基础代谢率

基础代谢率(basal metabolism rate,BMR)是指人体在清醒而又极端安静的状态下,不受肌肉活动、环境温度、食物及精神紧张等影响时的能量代谢。计算公式为:BMR=(收缩压-舒张压)+脉率(每分钟脉搏数)-111。随着性别、年龄等不同而有生理性变动。男子的基础代谢率平均比女子高,幼年比成年高;年龄越大,代谢率越低。一般来说,基础代谢率的实际数值与正常的平均值相差10%~15%都属于正常。超过正常值20%时,才能算病理状态。

二、热量缺口

热量摄入小于热量消耗,两者的差值就是热量缺口。

三、身体质量指数

身体质量指数(body mass index,BMI)是判断是否肥胖的最常用指标。计算公式为:BMI=体重(kg)÷身高的平方(m^2)。一般来说,18.5~25.0为正常,低于18.5过轻,高于25超重。

四、最小腰围

最小腰围(minimum waist circumference)是呼气末、吸气未开始之时,肋弓与髂嵴上缘之间,最细腰部水平围长。

五、臀围

臀围是臀部最高点的水平围长。

六、腰臀比

计算公式为：最小腰围除以臀围，一般来说，亚洲女性平均为0.73，亚洲男性平均为0.81。女性大于0.8，男性大于0.9，即为中心性肥胖。但其分界值随年龄、性别、人种不同而异。腰臀比每增加0.1个单位，死亡风险会增加20%。

一、信息采集与腹部肥胖分析

根据顾客预约信息，美容顾问完成信息采集，在顾客到达门店后，根据情况与顾客深入沟通，明确顾客的诉求。通过信息反馈，初步判断腹部肥胖的原因，引导顾客完成围度测量、体测仪检测，结合检测数据，将分析结果用通俗的语言告诉顾客，让顾客比较清晰地、及时地了解自己的身体问题。同时，协助顾客填写完成顾客信息登记表。信息采集主要包括：基本信息、身体状况分析、作息习惯、饮食习惯、健康状况等（顾客信息登记表请扫二维码）。

顾客信息登记表

辛女士，感谢您在检测过程中的配合，从腹部检测的结果来看主要有以下几方面问题。

（1）您的饮食习惯不良，需要进行调整。

（2）缺乏运动，经常久坐，需要进行改善。

（3）腰围、腰臀比过大，提示内脏脂肪过多。

请不要焦虑，稍后，我会为您制定适合您的身体护理方案，来帮助您解决困扰，并提供后续的调养指导，您有什么疑问可以随时与我沟通。

二、腹部护理方案制定

1. 疗程设计 腹部减肥疗程设计为每周2次（45分钟），8次一个疗程，建议3个疗程以上。保养期可每周1次。

2. 产品选择 腹部减肥产品可以选择促进脂肪代谢、紧致皮肤产品。

3. 仪器选择 腹部减肥的仪器可以选择燃脂紧致类美容仪器，如高周波美体仪。

4. 手法设计 腹部减肥采用太极八卦手、螃蟹手、点穴、拨筋等按摩手法。

5. 护理禁忌 腹部减肥注意经期血量多、孕期禁用。

6. 流程设计 腹部减肥流程如图8-2-1所示。

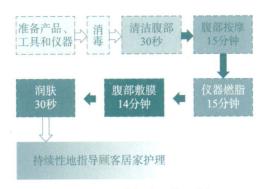

图 8-2-1 腹部减肥护理流程

7. 居家护理

（1）饮食：三餐定时定量，科学合理搭配；制造能量缺口；注意纤维素、蛋白质、维生素、水液等各营养元素的均衡摄取。

（2）起居：按时作息；保证每日 7～8 小时充足睡眠。

（3）运动：卷腹、仰卧举腿。

三、腹部减肥护理实施

1. 第一步：准备产品、工具和仪器 美容师将腹部减肥护理时所需要的各种用品、用具备齐（表 8-2-1），有序地码放在工作车上，排列整齐。检查电源及仪器设备性能，做好调试。调整好美容床的位置、角度，摆放好毛巾呈待客状态。

表 8-2-1 腹部减肥护理用品用具

序号	类别	选品	备注
1	测量	软尺	软尺轻巧易携带，容易贴合皮肤，适合测量身体围度
		体测仪	体测仪能够测量出身高体重、体脂等身体成分，并能够根据年龄、性别等个体参数科学计算出 BMI、BMR 等数值，进行功能评估
2	清洁	热毛巾	清洁皮肤的同时，有助毛孔舒张，利于后续按摩产品吸收
3	按摩	减脂塑形精油	将具有加速血液循环、促进脂肪分解的精油按比例搭配，配合滋养皮肤的基础油中使用
	燃脂紧致	瘦身减脂仪器	利用强力高周波刺激真皮层产生热量，促进血液循环，使脂肪细胞相互摩擦振动，促进脂肪细胞分解，并且可以促进真皮层的胶原纤维和弹性纤维再生，达到减脂瘦身、紧致皮肤的目的
4	敷膜	发热石膏膜或含中草药成分的减肥膜粉	微微发热再逐渐降温，发热最高温度为 42℃，可帮助产品有效成分抵达皮肤深处；具有收紧效果，形成的立体轮廓有助于每次护理后效果直观对比
5	润肤	紧致调理霜	滋润腹部皮肤，给肌肤提供水分、营养，改善松弛

2. 第二步：消毒　腹部减肥护理用品用具以及仪器探头等须用浓度75%的乙醇进行消毒。美容师的双手也应该进行严格的清洗消毒。

腹部减肥护理实施前温馨提醒："辛女士，我们的护理即将开始，全程大约需要45分钟，过程中有什么需求，请您随时与我沟通。"

3. 第三步：清洁腹部　使用蒸汽消毒柜消毒合格的热毛巾，进行腹部表面皮肤清洁，预热打开毛孔。注意将毛巾放置于顾客皮肤前，应双手先展开热毛巾，两手心向上托举至距离顾客腹部5 cm处，微微回旋片刻，让顾客对此温度产生适应，防止突然贴紧顾客皮肤引起心理及体感不适，也有助于毛巾散热，以防止温度较高造成顾客不适或烫伤。

4. 第四步：腹部按摩　顾客取仰卧位，美容师于顾客身侧站立。

（1）腹部展油：取适量减脂塑形精油，滴于手心预热展匀，双掌以脐为中心顺时针太极打圈，将油展开。可询问顾客："这个力度您觉得合适吗？如果需要调节，请随时和我沟通。"

（2）腹部按摩。

1）双手中指叠按膻中、中脘、下脘、气海、关元，每穴3遍。

2）双掌交替由上至下拉抹任脉，双手拇指点按急脉，重复3遍。顺时针太极打圈安抚。

3）双手拇指点按肾经，自幽门向下一寸一穴至大赫、肓俞、水分、阴交，每穴2遍。顺时针太极打圈安抚。

4）双手掌重叠从耻骨上向上直推任脉至鸠尾停留后，重复3遍。顺时针太极打圈安抚。

5）双手虎口张开，交替对力提拿腰侧。

6）双手掌重叠向内打圈揉按一侧腹部，再横掌从髂骨上缘推出，重复3遍。换做另一侧。顺时针太极打圈安抚。

7）以脐为中心，双手拇指分别交替推按3线：脐下至耻骨上、脐下至左侧腹股沟中点、脐下至右侧腹股沟中点。顺时针太极打圈安抚。

8）双手掌交替向上拉抹侧腰部数次。

9）双手掌经一侧髂骨上缘至同侧府舍、冲门点按（中指），重复3遍。换做另一侧。顺时针太极打圈安抚。

10）双手掌从脐下分推至腰后，双手中指点按命门、肾俞后沿髂骨上缘拉抹至耻骨部位，重复3遍。顺时针太极打圈安抚。

11）双手掌交替向下拉抹右腰侧部，重复3遍。

12）叠掌沿升结肠、横结肠、降结肠部位缓慢移动揉按腹部，从左侧腰部推出，重复3遍。顺时针太极打圈安抚。

13）搓热双手，叠掌置于下腹部，高频震颤3遍。顺时针太极打圈安抚。

（3）擦油：用毛巾"米"字形包手擦拭腹部多余精油，为顾客做好腹部保暖。

单元八 身体护理项目

按摩时手法要持久、均匀、有力、柔和、深透。遇到阳性反应点可着重增加力度、次数,延长按摩时间。点穴需要轻一重一轻,避免暴力。一般护理时间控制在 15 分钟左右(腹部按摩操作视频请扫二维码)。

腹部按摩操作视频

5. 第五步:仪器燃脂 涂抹介质,使用减脂塑形仪器进行腹部操作 15 分钟左右。如果使用具有加热功能的仪器一定要注意不可停留某处,必须一直以均匀节律移动探头,防止烫伤顾客或温度过高引起不适。脂肪较多或皮肤较松弛部位可循环往返进行重点加强。

6. 第六步:腹部敷膜 调制发热石膏膜,纱布打底,均匀涂于腹部,停留 10～14 分钟,视个体情况适当减少或延长留膜时间。结束后,产品须清洁彻底。

7. 第七步:润肤 取适量紧致调理霜均匀涂抹全腹部,按摩至彻底吸收。

辛女士,我们的护理结束了,目前您的腹部皮肤看上去微微发红,侧腰部曲线较操作前变得清晰明显,您如果感觉腹部皮肤微微发热、轻微刺痛,都属于正常现象,请您无须担心,一般 1 小时后,即恢复正常。现在请您配合我,再次测量一下腰围,您能够准确地得知护理效果。

8. 第八步:效果对比 护理结束,美容师将顾客扶起,用掌揉、拍等放松手法,为顾客放松肩、背部,减轻久卧不适的感觉,引导顾客在镜前,观察腹部曲线改善。为顾客进行腰围测量,将护理效果及顾客评价、满意度等信息填写在护理记录表上,并提醒顾客下次护理的时间及居家护理注意事项。

四、居家护理建议

在完成腹部减肥护理后,我们还需要继续做好服务,要为顾客提供居家护理指导,日常的生活习惯、运动坚持有助于减脂增肌、紧致皮肤,可以更有效地改善体质、重拾自信。

除了定期到门店进行护理外,平时我们也要注意坚持做好饮食、睡眠、运动等方面的工作,根据辛女士目前的情况,暂定以下保养建议。

(1)为其制定了一周食谱,请尽量每日定时定量进餐,避免睡前进食。注意每日保证充足水分的摄取,这有助于提高基础代谢率。

(2)请按时作息,保证每日 7 小时左右的充足睡眠。如需加班,仍保持按时早起,适当午睡进行休息补眠。

（3）请每日抽出 20 分钟以上时间，进行有氧运动，慢跑、快走、健身操等都是很好的选择。如想增加腹部减肥效果，推荐您每日进行卷腹 10 次，仰卧举腿 10 次，20 分钟内循环多次，提高基础代谢，加强体能练习，如身体感觉疲惫，可用原地小跑等待恢复后继续。

（1）因疾病引起的肥胖，首先应建议顾客到医院进行诊治；因遗传导致的肥胖，应在咨询时，向顾客进行充分解释说明，明确此项目能为其达到的功效。

（2）如顾客正值经期、孕期、哺乳期，严重的心血管病，或患有高血压病、糖尿病、传染病、皮肤病，或遇皮肤大面积破损等禁止进行此项护理。

（3）顾客处于过饥、过饱、过度虚弱等状态均不宜进行此项护理，建议餐后 2 小时，身体状态正常时再进行。

任务总结

根据每位顾客的个体情况，减脂期的时间都不太相同，护理方案需要结合个人饮食、起居、运动、经期等情况进行个性化制定，并保持动态化更新。遇到"瓶颈期"时，顾客可能会失去信心与动力，甚至对护理效果产生怀疑，因此，在平时的沟通中，美容师要适时科普减肥知识，同时要有一定的洞察能力，根据顾客的反馈提前预判，及时帮助顾客调整心态，建立信心。

任务评价

腹部减肥护理任务的考核评分标准见表 8-2-2。

表 8-2-2　腹部减肥护理考核评分标准

任务	流程	评分标准	分值	得分
护理准备（13 分）	美容师仪表	淡妆，发型整洁美观，着装干净得体。无长指甲，双手不佩戴饰品（手镯、手表、戒指）	3 分	
	用物准备	毛巾用品的正确摆放 产品、工具、仪器准备	5 分	
	清洁消毒	用品用具（包括仪器探头），美容师双手清洁、彻底消毒，佩戴口罩	5 分	
操作服务（72 分）	清洁	操作程序与方法正确	2 分	
	按摩	展油手法正确，无滴落	2 分	
		施力方向准确，结合顾客情况，适度调节	10 分	
		手法正确、点穴准确	10 分	
		持久、均匀、柔和、有力、深透	10 分	
		动作贴合、灵活、协调、动作衔接连贯	8 分	

(续表)

任务	流程	评分标准	分值	得分
操作服务 (72分)	仪器操作	仪器操作设置正确,探头紧贴皮肤、速度不快不慢	5分	
		操作顺序、步骤准确	10分	
		施力适宜,速度平稳,节奏、频率合理	5分	
	敷膜	调制:动作熟练,稀稠适度	8分	
		涂敷:膜面较光滑,厚薄较均匀,无遗漏,边缘清晰干净		
		起膜:清洁干净彻底,皮肤、床铺、地面无碎屑遗留		
	润肤	产品选择正确,手法正确	2分	
工作区整理 (5分)	用物用品归位	物品、工具、工作区整理干净	3分	
	仪器归位	仪器断电、清洁、摆放规范	2分	
服务意识 (10分)	顾客评价	与顾客沟通恰当到位	5分	
		护理过程服务周到,对顾客关心、体贴,表现突出,顾客对服务满意	5分	
总分			100分	

练一练

结合本任务的教学目标和教学内容,为身边有腹部减肥需求的亲朋好友制定护理方案,为其提供护理服务及居家护理指导,并做好记录(图8-2-2),及时查漏补缺。

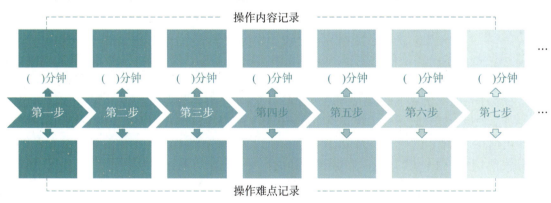

图8-2-2 任务训练记录

想一想

1. 腹部减肥护理操作中,针对有便秘、腹泻、月经不调、胃肠胀气等日常表现的人群,需要重点加强哪些经穴的按摩力度和时间？操作手法有没有需要微调或改变的地方？
2. 在服务过程中,身为一名优秀的从业人员,在腹部减肥服务时,涉及顾客隐私的问题,如何沟通？

(张 新 华 欣 叶秋玲)

任务三　背部护理

学习目标

1. 借助有效沟通和信息采集,作出科学的评估,准确诊断分析背部问题并完成个性化护理方案。
2. 能够按照标准的服务流程,提供优质的服务,实施规范的护理操作;接待过程中,文明有礼、进退有度,给顾客舒适满意的过程体验。
3. 能够为顾客提供适合的居家护理指导,维护稳定的值得信任的顾客关系。

情景导入

自 11 月开始各平台年度直播巅峰到来,某新媒体公司网络运营师林女士连续加班近一个月后,出现落枕、肩部僵硬、腰部酸痛等症状,近一周感觉腰部疼痛加重,出现臀部酸胀、腿麻软症状,严重影响生活质量。在同事推荐下,她来到专业的美容美体机构寻求帮助,美容顾问对其基本情况进行了解,为其制定护理方案,安排资深美容师进行背部护理项目服务。

任务分析

林女士长时间伏案工作,腰背部肌肉持续紧张,肌张力调节失衡,导致一系列症状出现。接受背部护理能够有效缓解这些问题。由于腰背部有脊柱、脊髓,前方又紧邻重要的胸腹腔脏器,它们发生病变也会导致背部出现不适。所以我们在护理操作前一定要做好信息采集,了解顾客不适症状发生的原因,排除器质性病变、骨骼损伤等情况,再结合背部诊断,明确需要重点放松的部位,在护理实施时才能够有的放矢,取得显著效果。

相关知识

腰背已成为疼痛多发部位,视力下降、颈椎前倾、生理曲度改变、脊柱侧弯、椎间盘突出等随之而来的连锁问题也越来越多,且向低年龄阶段发展趋势明显。

我们的背部拥有最重要的人体结构——脊柱,是人体的上半身重要的支撑,控制分属相应节段的功能。背部还分布许多肌肉,能够协调全身的活动。华佗夹脊穴、五脏六腑的背俞穴也分布在背部,监管调节五脏六腑的功能。

坐姿不良、久坐久站、长期搬运抬举重物等均会引起背部肌肉僵硬、关节劳损,引发背部酸胀疼痛不适等症状。严重者直接影响工作状态和生活质量。身体内脏腑功能失调也会反应在背部相应反射区域,出现皮肤脱屑、敏感、红肿、瘙痒、结节、疼痛等阳性反应。我们可以通过这些皮肤上的"警示灯"协助检测诊断。

背部护理可促进气血运行、行气活血,舒筋通络,调节脏腑功能、舒缓僵硬疼痛。配合做好后续的居家护理建议,能够起到更佳的护理效果。

知识链接

背部常见问题

1. 落枕:受风寒或颈肩肌肉过度拉伸扭伤,致使晨起后颈肩肌肉紧张、僵硬疼痛、屈伸不利、活动受限。一般情况下,单侧发病为多,头偏向患侧,触之疼痛、僵硬、紧张感。与肌肉劳损情况、睡姿、睡枕等有关。容易反复发作,一般可自愈,但过程较痛苦。

2. 脊柱侧弯:电子科技的高速发展,给生活带来便捷的同时,也带来了因长时间"低头"等不良姿势,脊柱两侧肌肉筋膜受力不均,疲劳僵硬,单方向被拉扯,引起慢性炎症、脊椎退行性改变的结果。

3. 椎间盘突出:椎间盘是连接两节椎骨之间的"垫片",像扁圆形的果冻,中间髓核相对柔软,包裹在其四周的纤维环稍坚硬。腰椎具有向前凸出的生理曲度,但由于其位于躯干底部,本身负荷就相对较大,退行性改变较明显。如果长期姿势不良、过度负重、超重、久坐久站等外在因素作用下,椎间盘的纤维环破裂,髓核突出或脱出,刺激或压迫相近的神经根等组织,会产生腰痛,一侧下肢或双下肢麻木、疼痛、无力等症状。以腰4—骶1发病率最高。会有不同程度的腰肌劳损,自觉酸麻胀痛,触之僵硬发紧。

任务实施

一、信息采集与背部诊断分析

根据顾客预约信息,美容顾问完成顾客信息采集,在顾客到达门店后,根据情况与顾客深入沟通,明确顾客的诉求,初步判断背部症状表现、不适部位、产生原因。引导顾客完成视诊、触诊,明确诊断,将分析结果用通俗的语言向顾客进行解释说明,使其能够较清晰地了解目前情况,为后续护理程序的顺利开展起到良好的铺垫,以获得其最大限度的配合,建立相互信任关系。同时,美容顾问协助顾客填写完成顾客资料登记表,为今后护理过程的记录、改善效果比对及为其进行全面护理做好归档。信息采集主要包括:基本信息、背部状况分析、作息习惯、饮食习惯、健康状况等(顾客信息登记表请扫二维码)。

顾客信息登记表

林女士,感谢您的配合,我们已经完成检测,经分析诊断,您目前有以下几方面问题需要改善注意。
(1)您的伏案工作时间过长,背腰部肌肉长期处于紧张状态。

（2）缺乏适度适时拉伸运动，背腰部肌肉得不到休息，处于劳损状态。

（3）局部气血循环较差，经络瘀阻，组织得不到濡养，体内毒素堆积较多。

请您不要担心，稍后，我会为您制定适合您的背部护理方案，来帮助您缓解以上问题，并提供后续的调养方案及居家指导。如果您坚持进行护理，将有效改善您的困扰，在此过程中，您有任何疑问都可随时与我联系沟通。

二、背部护理方案制定

1. 疗程设计　调理期：每周 2 次（60 分钟/次），10 次一个疗程，建议 3 个疗程以上。后续可每周 1 次以巩固效果。

2. 产品选择　背部护理可以选择促进气血循环，帮助体内毒素代谢，紧致皮肤的产品。

3. 仪器选择　背部护理可以选择离子疏通或负压吸拔类美体仪器。

4. 手法设计　背部护理采用大安抚、推抹、点穴、拨筋等按摩手法。

5. 护理禁忌　经期、孕期、哺乳期以及有严重皮肤问题、心脏病、高血压病的人群禁用。

6. 流程设计　背部护理流程如图 8-3-1 所示。

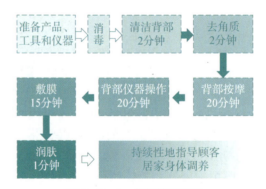

图 8-3-1　背部护理流程

7. 居家护理　起居：（1）劳逸结合，伏案久坐 2 小时后，站立拉伸颈肩背腰肌肉，扩胸，远眺 10 分钟；（2）注意保持姿势端正；（3）不要过度负重、频繁抬举，搬运重物时要注意保护腰膝；（4）床铺不要太软，枕头高度适宜，勿高勿低。

运动：（1）每日搓项、搓大椎穴 100～300 次；（2）适当进行瑜伽、普拉提、八段锦、太极拳等运动。

叮嘱顾客回家每天早晨或临睡前搓热大椎穴；贴经穴贴（以痛为腧，主要贴痛点或大椎穴）；每天做易筋操 1 遍。

三、背部护理实施

1. 第一步：准备产品、工具和仪器　美容师将背部护理所需要的各种用品、用具备齐（表8-3-1），有序地码放在工作车上，分层排列整齐。检查电源及仪器设备性能，做好调试。调整好美容床的位置、角度，摆放好毛巾呈待客状态。

表8-3-1　背部护理用品用具

序号	类别	选品	备注
1	清洁	清洁慕斯	含水量高，质感轻薄细腻的清洁慕斯，能够减少对皮肤的摩擦，温和清洁背部皮肤
		酵素粉	富含氨基酸，酶活性增强，对皮肤更具亲和性。加水搅拌能够产生绵密丰富的泡沫，均匀刷于背部皮肤，可温和清洁
2	去角质	磨砂膏	含有均匀细微颗粒，利用物理摩擦，去除背部多余角质
3	按摩	活络油	含中草药成分，能够加速血液循环，滋润营养皮肤。在按摩过程中还能减少摩擦，是优质介质
		仪器	利用负压吸拔、离子疏通等背部按摩仪器，促进血液循环，被动肌肉按摩，细胞定向疏导，达到提高代谢、有效深透、疏经通络、改善循环的目的
4	敷膜	体膜	均匀涂抹于背部，滋润营养皮肤
5	润肤	润肤霜	保持皮肤水油平衡，锁住水分、营养

2. 第二步：消毒　背部护理用品、用具等以及仪器探头均用75%乙醇进行消毒。美容师的双手也应该进行严格的清洗消毒。

背部护理实施前温馨提醒："林女士，我们的护理即将开始，全程大概需要60分钟，过程中有什么需求，请您随时与我沟通。"

3. 第三步：清洁背部　先用洁面巾打湿背部皮肤，使用清洁慕斯或酵素粉进行背部皮肤清洁，产生绵密丰富的泡沫，在背部进行打圈清洁，并用洁面巾擦拭干净。

4. 第四步：去角质　使用磨砂膏等去角质产品进行轻柔打圈，去除背部多余角质后用洁面巾擦拭干净。

5. 第五步：背部按摩　顾客俯卧位，美容师站立于顾客头位。

（1）背部展油：取适量按摩油，滴于手心预热，双掌沿脊柱旁从上向下将油展开。从上背部开始分推，逐渐向下移动，在腰部加强，至骶臀部，再从体侧包回至上背部，包肩从指尖推出。可询问顾客："这个力度可以吗？如果需要调节，请随时和我讲。"

(2) 背部按摩。

1) 单手五指拿揉项部上中下各 5 次;拇食指揉按风池 5 次。

2) 双手虎口张开,交替向上拇指施力推拿斜方肌 10 次,到肩部使用拿法,劳损明显处可增加次数(20 次),再做另一边。

3) 双手掌向内揉按上背部,以两边—中间—两边顺序缓慢移动。

4) 双手拇指从大杼开始向下直推膀胱经第一侧线至骶臀部;双手从体侧拉回,再重复 1 次;双手掌分推腰部 10 次(劳损明显处可加强);双手掌包体侧向上拉至肩胛骨,分推至肩关节,分别包肩从指尖推出。

5) 双手拇指从大杼开始"轻—重—轻"点按膀胱经第一侧线,向下一寸一穴至骶臀部(压痛明显处可适当增加力度或次数);双手从体侧拉回,再重复 1 次;双手掌分推腰部 10 次(劳损明显处可加强);双手掌包体侧向上拉至肩胛骨,分推至肩关节,包肩从指尖推出。

6) 双手拇指从上向下"轻—重—轻"点按华佗夹脊穴至腰骶部,从大椎旁开 0.5 寸处开始,交替从棘突下推滑至对侧点按(压痛明显处可适当增加力度或次数,也可变换成拨法加强);双手从体侧拉回,再重复 1 次;双手掌分推腰部 10 次(劳损明显处可加强);双手掌包体侧向上拉至肩胛骨,分推至肩关节,包肩从指尖推出。

7) 双手虎口张开,沿肩胛骨内缘从下向上交替推按 10 次(筋结或压痛处可适当增加次数和力度加强),换做另一边。

8) 双掌虎口张开从上向下交替推按两侧膀胱经至腰骶部;双手从体侧拉回,再重复 1 次;双掌分推腰部 10 次(劳损明显处可加强);双掌包体侧向上拉至肩胛骨,分推至肩关节,包肩从指尖推出。

9) 双掌交替拿揉斜方肌数次后,向下拉抹至肩胛骨内侧缘,用四指从上向下揉按肩胛骨内侧缘 3 遍。

10) 双掌交替从内(脊柱)向外、从上(肩胛部)—下(腰骶部)—上缓慢移动横推(拉)背部两侧各 3 遍,远侧使用横推法,再用横拉法做另一侧。

11) 双手虎口张开,从腰侧开始交替向上缓慢移动推按体侧至肩部;交替推按肩关节数次;交替推按上肢至腕部;双手拇指交替推按大鱼际、搓掌心数次,从指尖推出,再变换站位,做另一侧。

12) 站于顾客头位,双手握拳从上向下至腰骶部跪指推两侧膀胱经,换小鱼际施力向上拉回,重复 3 遍;双手小鱼际在腰部上下推拉数遍至微微发热(劳损明显处可加强),之后换掌分推腰部(安抚),包体侧向上拉至肩胛部,分推包肩从指尖推出。

13) 双掌从上向下直推至腰骶部,腰部加强后包体侧、包肩从指尖推出。

(3) 擦油:毛巾叠成"米"字形,包手擦拭多余精油,为顾客做好背部保暖。

按摩时手法要持久、均匀、有力、柔和、深透。遇到阳性反应点可着重增加力度、次数,延长按摩时间,或变换手法加强刺激。一般护理时间控制在 20 分钟左右,护理全程,双手不能同时离开皮肤(背部按摩操作视频请扫描二维码)。

背部按摩操作视频

6. 第六步:背部仪器操作 使用负压吸拔、离子疏通等背部按摩仪器进行操作 20 分钟左右。循环较差,阳性反应较多的部位可增加次数、力度重点操作。

7. 第七步:敷膜 均匀涂于背部,停留 15 分钟,视个体情况适当减少或延长操作时间。结束后,擦拭干净残留体膜。

8. **第八步：润肤**　取适量润肤霜均匀涂抹背部，结合打圈的手法按摩至彻底吸收。

> 林女士，我们的护理结束了，目前您的背部皮肤劳损处有红色痧斑、痧点，您如果感觉背部皮肤局部微微发热、轻微疼痛都属于正常现象，明天身体可能会有轻微疲惫感，请您无须担心，这都是身体代谢的正常反应，一段时间后即可恢复。

9. **第九步：效果反馈**　护理结束后，美容师送上养生茶水，引导顾客在镜前观察背部护理效果，解释说明痧点、痧斑等皮肤现象出现的原因及反映出的身体问题；感受劳损处的舒缓改善效果。将护理效果及顾客评价、满意度等信息填写在护理记录表上，并提醒顾客下次护理的时间及居家护理注意事项。将灯光调至微暗，待顾客继续休息一会，整理好衣物，再次进入，提醒顾客带好个人物品。

四、居家护理建议

在完成背部护理后，我们还需要继续做好服务，要为顾客提供居家护理指导，日常的坚持护理更有助于体态的改善、曲线的形成、肌肉的放松，达到身体健康、心情舒畅、体态优美的健康形态。

> 除了定期到门店进行护理外，平时我们也要注意坚持做好饮食、睡眠、运动、坐姿等方面的工作，根据林女士目前的情况，暂定以下保养建议。
> （1）为您推荐适合的养生膳食，如葛根、干姜、甘草、白术、茯苓等，可泡茶可煮食。
> （2）请注意坐姿站姿，伏案工作2小时，起身活动10分钟。
> （3）请每日抽出30分钟时间，进行八段锦、易筋操等养身功法或进行身体拉伸训练。

任务总结

根据每位顾客的个体情况，进行个性化方案的制定，并保持跟踪回访，有些顾客护理后反而会出现症状加重、疲惫的感觉。因此，要做好事前沟通，护理后解释说明，平时做好调养知识科普，帮助顾客打消顾虑。

任务评价

背部护理任务的考核评分标准见表8-3-2。

表8-3-2 背部护理考核评分标准

任务	流程	评分标准	分值	得分
护理准备 (13分)	美容师仪表	淡妆,发型整洁美观,着装干净得体。无长指甲,双手不佩戴饰品(手镯、手表、戒指)	3分	
	用物准备	毛巾用品的正确摆放。产品、工具、仪器准备	5分	
	清洁消毒	用品用具(包括仪器探头),美容师双手清洁、彻底消毒,佩戴口罩	5分	
操作服务 (72分)	清洁	操作程序与方法正确。皮肤擦拭干净,无泡沫、皮屑残留;地面无泡沫、皮屑	2分	
	去角质		3分	
	按摩	展油手法正确,无滴落	2分	
		施力方向准确,结合顾客情况,适度调节	10分	
		手法正确、点穴准确	10分	
		持久、均匀、柔和、有力、深透	10分	
		手指动作贴合、灵活、协调、动作衔接连贯	8分	
	仪器操作	仪器操作设置正确、探头紧贴皮肤、速度不快不慢	5分	
		操作顺序、步骤准确	10分	
		施力适宜、速度平稳、节奏、频率合理	5分	
	敷膜	涂敷:膜面较光滑,厚薄较均匀,无遗漏,边缘清晰干净	5分	
		起膜:清洁干净彻底,皮肤、床铺、地面无碎屑遗留		
	润肤	产品选择正确,手法正确	2分	
工作区整理 (5分)	用物用品归位	物品、工具、工作区整理干净	3分	
	仪器归位	仪器断电、清洁、摆放规范	2分	
服务意识 (10分)	顾客评价	与顾客沟通恰当到位	5分	
		护理过程服务周到,对顾客关心、体贴,表现突出,顾客对服务满意	5分	
总分			100分	

结合本任务的教学目标和教学内容,为亲友进行评估后,为其进行背部护理服务及居家护理指导,并做好记录(图8-3-2),及时查漏补缺。

单元八 身体护理项目

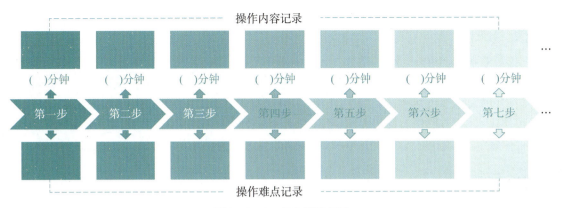

图 8-3-2 任务训练记录

想一想

1. 对于"驼背"症状明显的顾客,要如何针对性地制定护理方案呢?
2. 林女士在护理后的第二天,身体疲倦,背部酸痛,身为她的美容师,你该如何做好维护客情的后续服务呢?

（张 新 华 欣 叶秋玲）

任务四 手部护理

学习目标

1. 借助有效沟通和信息采集,作出科学的评估,准确进行手部问题诊断分析并完成个性化护理方案。
2. 能够按照标准的服务流程,提供优质的服务,实施规范的护理操作,接待过程中,文明有礼、进退有度,给顾客舒适满意的过程体验。
3. 能够为顾客提供适合的居家护理指导,维护稳定的顾客关系。

情景导入

小张平日酷爱室外体育运动,尤其是网球、羽毛球等球类。掌背、小臂慢慢出现一些斑点,过年聚会,亲友说怎么这么年轻就长了老年斑,小张才意识到,自己一直疏于手部皮肤的日常管理。在朋友推荐下来到专业的美容美体机构寻求帮助,美容顾问对其基本情况进行了了解,为其制定护理方案,安排资深美容师进行手部护理项目服务。

我们的手,能够撑击拿握,是独一无二的重要工具,能够完成很多精细动作,又是重要的感觉器官和沟通工具,用手势传递情感信息是人类沟通的重要一环。它是除了面部外最常暴露在外的人体部位,又称为"第二张脸"。但对它的护理往往被人们忽略,易出现干燥脱屑、斑块斑点、关节肌肉劳损等症状,手部发麻、疼痛、肿胀、感觉障碍、皮肤问题都会对生活质量、工作效率造成影响。科学的皮肤护理、定期的手部舒缓都可以对手部问题起到防治效果。

我们用手感知世界,手部会接触很多物体,为保护手部健康,需要频繁清洗消毒。较高温度的水、酒精、皂类等清洗、消毒产品的频繁使用会导致皮肤失水、皮脂分泌失衡以及手部皮肤干燥、粗糙,因此应避免这些产品,使用温和产品,并注意涂抹护手霜或凡士林进行手部保养。手部皮肤同样要注意防晒,及时涂抹或补涂防晒产品,不然很容易引起光老化,产生斑点、皱纹等问题。

气血不足的人群手部容易出现末梢循环不良,双手出现缺血缺氧表现,如手凉、麻木、疼痛、颜色青紫,尤其在寒冷刺激下这些症状更易出现或加重,可多进行手部运动、按摩护理、合理用药,以便缓解。

手部容易患关节炎、关节劳损、腱鞘炎以及软组织损伤等问题,引起局部瘀血、肿胀、增生、疼痛、麻木、异响、关节变形、活动受限等问题,可以采取热敷、合理用药、按摩护理等方法舒缓或治疗。平时注意防寒保暖,少接触寒冷刺激,运动动作规范,避免长时间保持同一动作、姿势,使用活血化瘀产品适当按摩舒缓。

一、信息采集与手部分析

根据顾客预约信息,美容顾问完成顾客信息采集,在顾客到达门店后,根据情况与顾客深入沟通,明确顾客的护理诉求。通过手部皮肤检测,将分析结果用通俗的语言告知顾客,让顾客比较清晰地、及时地了解自己的手部问题。同时,美容顾问协助顾客填写完成美容院顾客信息登记表。信息采集主要包括:基本信息、身体的状况分析、作息习惯、饮食习惯、健康状况等(顾客信息登记表请扫二维码)。

顾客信息登记表

张女士,感谢您在检测过程中的配合,从手部检测的结果来看主要有以下几方面问题。
(1)手部肌肉较僵硬紧张。
(2)手部皮肤较干燥。
(3)手部皮肤轻度老化。
请您不要焦虑,稍后,我会为您制定适合您的手部护理方案,来帮助您解决以上困扰,并提供后续的居家调养指导,您有什么疑问可以随时与我沟通。

二、手部护理方案制定

1. **疗程设计** 每周2次(60分钟),8次一个疗程,建议3个疗程以上。
2. **产品选择** 手部护理可以选择美白滋润、紧致皮肤的产品。
3. **手法设计** 手部护理采用穴位点按、推抹、揉按等按摩手法。
4. **护理禁忌** 皮肤损伤、感染、严重皮肤病、关节肿胀的人群禁用。
5. **流程设计** 手部护理流程如图8-4-1所示。

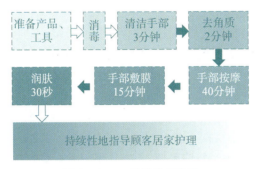

图8-4-1 手部护理流程

6. **居家护理** 饮食:①注意蛋白质、维生素等各营养元素的均衡摄取;②每日摄入2L左右的水分。

起居:①保证每日7~8小时充足睡眠;②劳逸结合,伏案2小时,起身活动10分钟;③洗手后及时涂抹护手霜;④接触洗洁精、洗衣粉、消毒液等产品时佩戴家务手套。

运动:可进行俯卧撑、颈项拉伸、扩胸伸展、八段锦等运动。

三、手部护理实施

1. **第一步:准备产品、工具** 美容师将手部护理时所需要的各种用品、用具备齐(表8-4-1),有序地码放在工作车上,排列整齐。调整好美容床的位置、角度,摆放好毛巾呈待客状态。

表8-4-1 手部护理用品用具

序号	类别	选品	备注
1	清洁	洗面奶	清洁手部皮肤
2	去角质	去角质凝露	帮助老化的皮肤角质层剥离,有利于后续产品的吸收
3	按摩	按摩膏	结合手法按摩,增强气血循环的同时,按摩膏可以滋润营养皮肤
4	敷膜	一次性玫瑰手膜	玫瑰精华美白滋润,套于整个手部,帮助淡斑润肤,改善干燥粗糙、斑点细纹的皮肤问题
5	润肤	护手霜	进一步保湿滋润手部皮肤的同时,形成保护膜,减少水分蒸发

2. 第二步：消毒 手部护理用品、用具等均用75％乙醇进行消毒。美容师的双手也应该进行严格的清洗消毒。

手部护理实施前温馨提醒："张女士，我们的护理即将开始，全程大概需要60分钟，过程中有什么需求，请您随时与我沟通。"

3. 第三步：清洁手部 先用洁面巾打湿手部皮肤，使用洗面奶与水充分打出大量泡沫，在手部以打圈的方式进行手臂、手背、手心、手指、指缝部位的皮肤清洁，并用洁面巾擦拭干净。

4. 第四步：去角质 使用去角质凝露等去角质产品进行轻柔打圈，去除手臂外侧、手背、指背多余角质后用洁面巾擦拭干净。

5. 第五步：手部按摩 顾客取仰卧位，美容师坐于顾客身侧。

（1）三点式涂抹按摩膏，打圈、推抹均匀展开。可询问顾客："这个力度可以吗？如果需要调节，请随时和我讲。"

（2）手臂按摩：①点按曲池、手三里；曲泽、内关；外关、阳溪、阳谷，每穴点3下，按3秒，揉3次（点按前后可适当轻柔按揉穴位，进行预热准备及舒缓点穴的刺激感）；②大鱼际揉手臂3次；③指腹推手臂3次；④虎口推手臂3次；⑤对掌搓手臂3次，由近心端至远心端进行操作，搓动快，移动慢；⑥捏弹手臂放松。

（3）手背按摩：①拇指轮抚手背，重复多次；②点按合谷、中渚、鱼际、劳宫，每穴点3下，按3秒，揉3次（点按前后可适当轻柔按揉穴位，进行预热准备及舒缓点穴的刺激感）；③指揉掌骨3次，由远端至近端，从掌骨间带回；④指推掌骨3次，由远端至近端，从掌骨间带回。

（4）手指按摩：①指揉指骨3次，由远端至近端，再向远端（指尖）压排带回；②指推指骨3次，由远端至近端（注意用力和缓，勿伤指间关节），再向远端（指尖）压排带回；③勾指（食中二指）揉指侧，由远端至近端，旋转90°勒指，重复3次。

（5）手心按摩：①拇指轮抚掌心，重复多次；②夹住两侧手指，使用拇指指间关节由近端至远端抹掌心；③将顾客手翻转，使其手心面对美容师面部，使用拇指指腹由近端至远端推掌心；④夹住两侧手指，拇指指腹由近端至远端推无名、食指。

（6）手腕按摩：①指揉手腕3次；②抖腕关节多次；③一手与顾客十指相扣，一手保护顾客手腕，逆时针转3圈，顺时针转3圈，叩击掌心多次；④抖整个手部，进行整体放松。

使用洁面巾将多余的按摩膏擦拭干净，再做另一侧。

按摩时手法要持久、均匀、有力、柔和、深透。遇到阳性反应点可着重增加力度、次数，延长按摩时间。一般按摩时间控制在40分钟左右（手部按摩操作视频请扫二维码）。

6. 第六步：手部敷膜 将一次性手膜套于手部，粘好胶贴，停留15分钟后摘下，将多余精华用洁面巾擦拭干净。

7. 第七步：润肤 取适量护手霜均匀涂抹手部至彻底吸收。

手部按摩操作视频

张女士,我们的护理结束了,目前您的手部皮肤状态比护理前明显滋润很多,亮度提升明显,您有感觉到手部皮肤微微发热,肌肉松弛舒缓吗?坚持护理效果会更明显、持久,我可以用您的手机为您拍照记录每一次护理后的效果,您可以随时对比。

8. 第八步:效果反馈 护理结束,美容师将顾客扶起,用掌揉、拍等放松手法,为顾客放松肩、背部,减轻久卧不适的感觉。引导顾客观察手部改善效果,将护理效果及顾客评价、满意度等信息填写在护理记录表上,并提醒顾客下次护理的时间及居家护理注意事项。

四、居家护理建议

在完成手部护理后,我们还需要继续做好服务,要为顾客提供居家护理指导,日常的坚持护理更有助于手部问题的缓解和改善,保持细嫩柔滑、紧致优美的状态。

除了定期到门店进行护理外,平时我们也要注意坚持做好饮食、睡眠、运动等方面的工作,根据张女士目前的情况,暂定以下保养建议。

(1)保证每日规律摄入充足的水分、维生素、蛋白质等营养素。

(2)请保证每日7~8小时睡眠,按时作息。如需加班,仍保持早起,适当午睡。

(3)考虑到您有规律的健身习惯,请继续保持,做好运动后的肌肉放松,可使用筋膜枪或按摩泡沫轴帮助肌肉放松,促进乳酸代谢。

(4)坚持涂抹防晒产品,并及时补涂,或穿戴防晒袖、手套、衣帽等进行物理防晒。

(5)清洗消毒双手或沐浴后请及时涂抹润肤产品,滋润保护皮肤。

根据每位顾客的个体情况,手部改善达到满意的时间都不太相同,制定的方案需要结合

个人生活习惯、工作性质、饮食、起居、运动等情况进行个性化制定,并保持动态化更新。尤其皮肤老化产生的斑点、关节变形,由于颈椎问题导致的麻木等症状,需要顾客的配合与坚持。在平时的沟通中,要适时科普相关知识,同时美容师要有一定的洞察能力,根据顾客的反馈提前预判问题,及时帮助顾客调整心态,科学地看待问题。

任务评价

手部护理任务的考核评分标准见表8-4-2。

表8-4-2 手部护理考核评分标准

任务	流程	评分标准	分值	得分
护理准备 (13分)	美容师仪表	淡妆,发型整洁美观,着装干净得体。无长指甲,双手不佩戴饰品(手镯、手表、戒指)	3分	
	用物准备	两条毛巾(胸巾、手巾)的正确摆放。产品、工具准备	5分	
	消毒	用品用具消毒,美容师双手清洁、彻底消毒,佩戴口罩	5分	
操作服务 (72分)	清洁	操作程序与方法正确。部位无遗漏。皮肤擦拭干净,无泡沫、皮屑残留;地面无泡沫、皮屑	2分	
	去角质		3分	
	按摩	按摩膏涂抹展匀手法正确	2分	
		施力方向准确,结合顾客情况,适度调节	10分	
		手法正确、点穴准确	15分	
		持久、均匀、柔和、有力、深透	20分	
		手指动作贴合、灵活、协调,动作衔接连贯	8分	
	敷膜	敷膜:动作熟练、精华无洒漏,正反正确,胶贴粘牢。垃圾放置正确	10分	
		起膜:揭起胶贴。清洁多余精华干净,彻底。地面无滴落		
	润肤	产品选择正确,手法正确	2分	
工作区整理 (5分)	用物用品归位	物品、工具、工作区整理干净	5分	
服务意识 (10分)	顾客评价	与顾客沟通恰当到位	5分	
		护理过程服务周到,对顾客关心、体贴,表现突出,顾客对服务满意	5分	
总分			100分	

结合本任务的教学目标和教学内容,为身边有手部护理需求的亲朋好友制定护理方案,为其提供护理服务及居家护理指导,并做好记录(图8-4-2),及时查漏补缺。

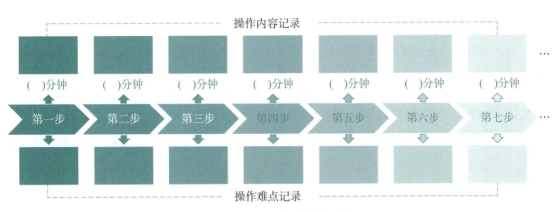

图 8-4-2 任务训练记录

想一想

1. 手部通行着许多经络，所属部位出现阳性反应，均可反馈出相应经络脏腑连属问题，请结合中医美容知识，总结归纳坚持手部护理能够改善的身体问题。
2. 除手部按摩外，还有哪些方法可以改善手部问题？

（张　新　章　益）

任务五　腿部护理

学习目标

1. 了解腿部常见问题及成因，能够通过观察或触摸顾客腿部，初步判断顾客腿部问题，并清晰、客观地描述腿部问题的表现。
2. 能够根据顾客需求、腿部问题的分析，制定个性化护理方案并与顾客确认。
3. 掌握腿部护理的操作流程及动作要领，熟练完成整套腿部操作流程。

 情景导入

　　某美容院顾问接待的一位女顾客：张某，女，36 岁，培训老师。自述畏寒怕冷，手足不温，长期站立讲课导致腿部肌肉僵硬酸痛。美容顾问按压其小腿时，顾客酸痛感明显，有静脉曲张、小腿及足部冰凉症状。美容顾问对这位顾客腿部问题进行分析，制定护理方案并经顾客确认后再安排当班美容师做腿部护理。

顾客腿部肌肉僵硬酸痛,有静脉曲张,小腿及足部冰凉表现较为明显。导致腿部出现这些问题的原因很多,美容顾问明确形成的原因,制定个性化腿部护理方案,这是改善腿部问题的关键。可以运用恰当的沟通方法,让顾客感受到应有的尊重和关心,使心情愉悦,配合完成信息收集。全面、准确地获取信息,有助于正确的分析和判断。方案制定既要从专业角度建议还得考虑顾客的需求及消费习惯等综合因素。

下肢支撑着身体的重量,各种运动和长期劳作,可能会对下肢肌肉、关节等有影响,会出现膝关节疼痛、肿胀、活动受限等,影响人们的生活质量。人体有6条经络经过下肢。对下肢进行护理,运用一定的按摩手法,直接或间接地刺激肌肉、骨骼、关节、韧带、神经、血管等组织,可改善下肢周围组织血液循环,产生局部或全身性良好反应,使人体内部的各种生理功能逐渐趋于正常,增强人体抵抗力,达到保养皮肤、舒缓放松肌肉和增加身体活力、保护关节、维持关节正常功能及美腿瘦腿的作用。

一、腿部按摩的作用

(1) 活动下肢,增加下肢关节的灵活度。
(2) 放松肌肉,消除疲劳,促进血液循环。
(3) 疏通经络,调节脏腑功能,预防各种疾患。
(4) 滋润皮肤,增加皮肤弹性,延缓皮肤衰老。

二、腿部按摩的适应人群

(1) 末梢循环差、足部冰冷及易生冻疮的人群。
(2) 下肢困重、踝关节肿胀者。
(3) 膝关节疼痛、肿胀、弹响明显,活动障碍症状严重的人群,如患有风湿性关节炎等。
(4) 下肢肌肉僵硬、酸痛、无力、活动受限者,如下肢静脉曲张患者等。
(5) 经络阻塞症状的人群,如腿痛、腿型粗大。

一、信息采集与腿部问题分析

根据顾客预约信息,美容顾问完成顾客信息采集,在顾客到达门店后,根据情况与顾客深入沟通,明确顾客的需求。通过信息反馈、观测,美容顾问初步判断腿部问题的成因,让顾客比较清晰地、及时地了解自己的腿部问题。同时,美容顾问协助顾客填写完成美容院顾客信息登记表。信息采集主要包括:基本信息、饮食习惯、健康状况等(顾客信息登记表请扫二维码)。

> 张女士,感谢您在检测过程中的配合,从您腿部的肌肉、脂肪、水肿、血液循环等情况分析,并结合您生活习惯问题,总结以下几方面问题。
> (1) 您的腿部因为长时间站立导致肌肉僵硬、酸痛。
> (2) 腿部血液循环较差,有水肿情况产生,按压回弹较慢,且伴随有静脉曲张现象。
> (3) 腿部温度较低,腿脚冰凉。
> 请不要担心,一会儿,我会给您制定适合您的腿部护理方案,来帮助您解决问题,您有什么疑问可以随时沟通。

二、腿部护理方案制定

1. 疗程设计 前期3天做一次腿部护理项目,中期根据顾客的身体状况设计疗程,一般3~10天/次,10次为一个疗程,必要时可以增加至两个疗程。前期(调理期)3次,每隔3天做一次;中期(巩固期)3次,每隔7天做一次,具体依顾客身体状况而定;后期(保养期)4次,7~10天做一次。建议1个疗程后再次评估,进行方案优化。

2. 产品选择 可选用促进循环、排水肿、祛风散寒类的精油、药油或者按摩霜。

3. 仪器选择 可选用震动按摩仪、负压体雕仪、电疗仪等。

4. 手法设计 采用贴合、柔和的按摩手法。

5. 流程设计 腿部护理流程见图8-5-1。

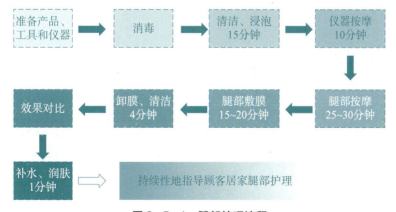

图8-5-1 腿部护理流程

6. 居家护理

(1) 晚间用热水泡脚,提升腿部温度,增强腿部循环。

(2) 配合居家产品稍加按摩放松腿部。

三、腿部护理实施

1. 第一步：准备产品、工具和仪器 美容师将腿部护理时所需要的各种用品、用具、仪器备齐（表8-5-1），有序地放在工作车上，排列整齐。检查电源及仪器设备性能，做好调试。调整好美容床的位置、角度，摆放好毛巾呈待客状态。

表8-5-1 腿部护理产品准备

序号	类别	选品	功效
1	按摩油	精油	舒筋活络、排寒排湿、消水肿
2	身体膜	中草药膜	疏经通络、祛风散寒、除湿、活血化瘀
3	仪器	震动按摩仪	配合手法的操作，更加渗透地放松肌肉筋膜，通经活络，消散淤结

2. 第二步：消毒 腿部护理用品、用具等以及仪器探头均用75％乙醇进行消毒。美容师双手也应该进行严格的消毒清洗。

腿部护理实施前温馨提醒："张女士，我们的护理即将开始，大概需要70分钟，过程中有什么需要您随时跟我讲。"

3. 第三步：腿部清洁 选择42℃的温水，冲洗下肢后加入艾草包浸泡，温水没至膝盖下方，维持15分钟。

知识链接

温水浸泡下肢的好处

1. 可以防止细菌感染，保持皮肤的健康。
2. 能促进肌肤排汗，保证皮肤体温调节正常。
3. 提高神经系统的兴奋性，扩张血管，促进血液循环，改善器官和组织的营养状态。
4. 降低肌肉张力，使肌肉放松，消除疲劳。
5. 促进皮肤的新陈代谢，有利于角质层老化细胞的脱落。
6. 加强皮肤的呼吸功能，使皮肤滋润、嫩滑。

4. 第四步：仪器操作 根据张女士的情况，选择震动按摩仪，帮助放松肌肉筋膜，通经活络，仪器操作时间为10分钟。

5. 第五步：腿部按摩 分古法开穴、循经通络两部分操作。每一个部分实施2~3个按摩动作，每个动作3~5遍，取顾客俯卧位，先按摩顾客左侧腿，再按摩顾客右侧腿（可扫二维码观看视频）。

腿部按摩操作视频

> **知识链接**
>
> 腿部按摩的注意事项
>
> 1. 妊娠期及月经期禁忌腿部按摩。
> 2. 极度疲劳、酗酒后神志不清者不宜按摩腿部。
> 3. 身体患有肿瘤者，禁用精油按摩。
> 4. 有皮肤病及皮肤破损者，如湿疹、癣、疱疹、溃疡性皮肤病、烫伤、烧伤、晒伤等禁忌腿部按摩。
> 5. 有严重感染性疾病者，如肺炎、骨髓炎、急性化脓性关节炎、丹毒等禁忌腿部按摩。
> 6. 患有严重疾病者，如严重心脏病、肝病、肺病、肾病及各种恶性肿瘤患者禁忌腿部按摩。
> 7. 有血液病及出血倾向者，如重度贫血、血友病等血液系统疾病者禁忌腿部按摩。
> 8. 美容师在操作前将用物准备齐全，避免操作过程中离岗。
> 9. 美容师须做到手法贴合，力度适宜，速度适中，与顾客保持良好的沟通。
> 10. 在精油按摩腿部后4小时内禁止洗澡。

6. 第六步：腿部敷膜 一般情况下，会根据顾客的实际情况选择合适的身体膜（表8-5-2），根据张女士的情况，美容师选择中草药体膜进行敷涂，取适量膜粉，加温水搅拌成糊状，用毛刷将身体膜以同一个方向均匀涂抹于皮肤上，用保鲜膜包裹进行保温，促进中草药体膜的有效成分吸收。

表8-5-2 身体膜的分类

类别	成分	特点	作用
中草药体膜	各种中药、面粉、蜂蜜、牛奶等	取材广泛，简单易行，针对性强，无任何副作用	滋润、养颜、除皱、增白、增加皮肤弹性；软化皮肤角质层，使身体光滑润泽；紧实皮肤，有瘦身效果
身体泥膜	矿物质、有机物质	具"地质"性	保湿、滋润、营养肌肤及温热作用
身体蜡膜	石蜡、蜂蜡、矿物油	石蜡、蜂蜡、矿物身体蜡膜加热后作为导热体，呈半流动状	滋润、补充皮肤矿物质及温热作用

> **知识链接**
>
> 腿部敷膜注意事项
>
> 1. 有花粉或中药过敏等顾客禁忌腿部敷膜。
> 2. 妇女妊娠期及月经期的顾客，腰部和腹部不宜敷中药身体膜，避免出现流产和经血过多的现象。
> 3. 顾客在剧烈运动后、饥饿及饭后半小时内、极度劳累或极度虚弱状况下，不宜敷中药身体膜。
> 4. 酒后神志不清者不宜敷中药身体膜。
> 5. 泥膜和蜡膜敷膜速度要快。
> 6. 敷身体蜡膜应注意控制温度。
> 7. 用玻璃碗盛蜡膜。
> 8. 提醒顾客注意保暖，防止着凉。

7. 第七步：卸膜清洁 在敷膜15～20分钟后，美容师须将张女士身上的身体膜卸下后清洁敷膜部位，并用毛巾擦拭干净。

8. 第八步：效果对比 美容师引导顾客感受腿部做完之后的轻松程度，首次操作的时候最好先做一条腿，做完后与另外一条腿对比，从皮肤的光泽、紧致度、温度以及轻松的程度产生比较。

张女士，我们的护理结束了，护理后您的腿部状态改善还是比较明显的，看上腿部水肿消了很多，腿部的温度也上升了。等下您可以站起来感受下腿部的放松程度，做下前后的对比。

顾客的腿部问题多是由于顾客身体的亚健康状况及不良的习惯导致的，想要彻底解决并不是一朝一夕的，需要长期的调理，在为顾客服务的过程中，还需要帮助顾客建立科学养生的理念，养成健康的生活习惯。

腿部护理任务的考核评分标准见表8-5-3。

表 8-5-3 腿部护理考核评分标准

任务	流程	评分标准	分值	得分
护理准备 （15分）	美容师仪表	淡妆，发型整洁美观，着装干净得体。无长指甲，双手不佩戴饰品（手镯、手表、戒指）	5分	
	用物准备	三条毛巾（头巾、肩巾、枕巾）的正确摆放	5分	
		产品、工具、仪器准备		
	清洁消毒	用品用具（包括仪器），美容师双手清洁、彻底消毒，美容师戴口罩	5分	
操作服务 （70分）	仪器操作	准确开启及设置仪器	5分	
		正确操作仪器，强度合适贴合	20分	
	腿部按摩	腿部展油，手法柔和，力度沉稳	5分	
		跪推放松腿部，力度柔和，上重下轻	10分	
		疏通放松腿部经络，力度柔和，经络走向准确	15分	
		安抚放松腿部，力度柔和，手法贴合	2分	
	身体敷膜	用合适温度的热毛巾清洁顾客皮肤	5分	
		选择合适的身体膜给顾客敷膜，迅速贴合均匀	5分	
		揭膜，清洁身体	3分	
工作区整理 （5分）	用物用品归位	物品、工具、工作区整理干净	3分	
	仪器归位	仪器断电、清洁、摆放规范	2分	
服务意识 （10分）	顾客评价	与顾客沟通恰当到位	5分	
		护理过程服务周到，对顾客关心、体贴，表现突出，顾客对服务满意	5分	
总分			100分	

练一练

结合本任务的教学目标和教学内容，分析周围亲友腿部状态，为亲友提供护理服务及居家护理指导，并做好记录（图 8-5-2），及时查漏补缺。

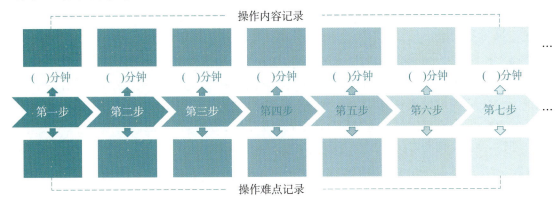

图 8-5-2 任务训练记录

想一想

1. 分析常见的腿部问题有哪些？原因是什么，遇到相应的腿部问题该如何处理。
2. 在服务过程中从哪些细节体现对顾客关心、服务周到？

（叶淑萍　章　益）

任务六　胸部护理

学习目标

1. 根据顾客胸部皮肤的特点，正确选用相应的清洁、脱屑、按摩、敷膜、润肤的护理产品及正确运用护理手法。
2. 能够按照胸部护理的服务流程完成护理任务。
3. 能够依据胸部护理的质量标准进行。
4. 能够熟练掌握接待及与顾客沟通的技巧。
5. 具备服务意识、卫生意识和安全意识。

情景导入

赵女士，37岁，是一位外企公司的管理层。由于生活节奏较快、工作压力大，她的胸部在每个月的经期前后伴有胀痛感，与此同时，在生育后乳房有松弛、下垂的情况，已通过就医排除胸部疾病的可能。她想通过美容院的日常保养护理，改善现有的胸部问题。美容师根据赵女士的诉求为她定制了一套合适的护理方案。

顾客的诉求源于胸部问题所造成的困扰，同时为改善乳房的不佳形状，使衰老、下垂的乳房挺拔、丰满而不下垂、胸肌强健。美容师为顾客所制定的护理方案，应结合顾客的实际情况，通过胸部基础护理和胸部刮痧，促进血液和淋巴的循环，使体内代谢加强，改善胸部皮肤的呼吸状态，促进皮脂腺与汗腺的分泌，改善肌肉营养供应，提高肌肉的张力、收缩力、耐力和弹性，增强肌肉动力功能。

单元八　身体护理项目　8-37

 相关知识

一、胸部按摩的注意事项

胸部按摩要保证每周常规护理，在完成一个疗程后，护理的次数可逐渐减少。在疗程前后，美容师均应为顾客做一下胸围测量，并做好记录。需要为顾客提供具有安全感的护理场所，既要保障顾客的隐私，又要使顾客在护理过程中从身体、心灵上得到真正的放松，帮助顾客改善因情绪所造成的胸部问题。在整个护理操作过程中，避免碰到顾客的乳晕、乳头部位。在敷膜时，切忌用潮湿的棉片将乳晕部位盖住。怀孕或哺乳期的女性，胸部皮肤有炎症、湿疹、溃疡等症状的女性，患有乳房疾病的女性，处于经期的女性，患有严重心血管疾病的女性不能做胸部护理。

二、胸部刮痧的注意事项

（1）胸部刮痧时刮板与体表的接触角度小，受力就相对越小，角度以45°为宜，力度要轻。

（2）胸部为人体心、肺之所在，用力过重会对心肺功能造成影响和损害。对于患有严重心肺疾病的患者不宜做胸部刮痧。

（3）乳头及乳晕部禁止刮痧。

 任务实施

一、信息采集与个案服务项目设计

胸部护理是身体护理中较为特殊的护理服务，需注意与顾客的沟通方式。美容师要熟练运用沟通技能采集顾客信息，了解顾客的要求，并为其设计专属服务方案，为其推荐适合的服务项目，使顾客满意。美容师应多使用商量式的委婉语气，体现出对顾客的尊重和关心。信息采集主要包括：基本信息、胸部的状况分析、护肤习惯、饮食习惯、健康状况等（顾客信息登记表请扫二维码）。

顾客信息登记表

赵女士，感谢您在检测过程中的配合，从乳房检测的结果来看主要有以下几方面问题。

（1）您的乳房左右对称、大小适中，但存在乳房松弛、下垂的情况。

（2）仪器检测到您的胸部淋巴有轻微堵塞，这应该是您乳房胀痛的原因之一。

请您不要担心，一会儿，我会给您制定适合您的胸部护理方案，来帮助您解决问题，您有什么疑问可以随时沟通。

> **知识链接**
>
> **胸部护理的8个生活小妙招**
>
> （1）洗澡时要用温水洗胸。
> （2）选择适合自己的内衣,不要过紧或过松。
> （3）做到日常保养,定时做胸部按摩护理。
> （4）加强运动,合理锻炼胸肌。
> （5）减少紧张受压的情绪,保持心情放松、舒缓的心态。
> （6）合理调节饮食结构,重点要注意饮食平衡,多吃些富含蛋白质、维生素E和锌的食物,如鸡蛋、牛肉、豆腐、虾等,这些食物不仅可以促进乳腺的发育,还有助于减少胸部的松弛程度。
> （7）进行乳腺自查以及定期体检,可以尽早发现乳腺的异常状态,及早进行治疗。同时,在月经期后进行自查比较合适,因为在这个时候雌激素水平较低,乳腺组织没有明显增生,检查结果比较准确。
> （8）规律作息时间,保证固定的睡眠时间,让乳房有充分的休息和保养时间。

二、胸部护理方案制定

1. 疗程设计　调理期10次为一个疗程,一个疗程30天,15天密集护理,后15天巩固疗程护理,每隔4～5天1次。巩固期10次为一个疗程,每星期1次。保养期10次为一个疗程,每10天1次。

2. 产品选择　胸部护理可以选择温和型清洁类产品,无刺激、滋润度高的产品。

3. 仪器选择　胸部护理可以选择吸杯式健胸仪器、电子健胸仪、超声波美容仪。

4. 手法设计　采用轻抚、轻拍等按摩手法,按抚理揉,舒揉胸部,疏通胸部经络。

5. 流程设计　胸部护理的流程具体见图8-6-1。

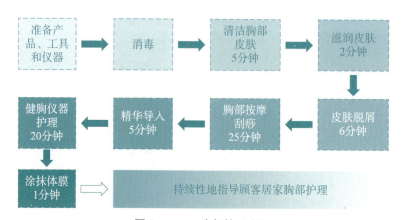

图8-6-1　胸部护理流程

6. 居家护理　注意乳房卫生,常用温水进行清洗,穿着合适的内衣,早晚搓热膻中穴2次,每天做易筋操。

三、胸部护理实施

1. 第一步：准备产品、工具和仪器 将皮肤护理时所需要的各种用品、用具备齐（表8-6-1），有序地码放在工作车上，排列整齐。检查电源及仪器设备性能，做好调试。调整好美容床的位置、角度，摆放好毛巾呈待客状态。

表8-6-1 胸部护理产品准备

序号	类别	选品	备注
1	清洁	温和的洁肤乳	质地温和、无刺激，延展性好，可清除皮肤表面的污垢，多于油脂及老化角质细胞
		保湿身体乳	具有良好的滋润、保湿、营养作用，可以在皮肤上形成一层膜，起到隔离保护皮肤的作用
2	磨砂膏	温和、细腻的磨砂膏	含有均匀细微的颗粒，可深入清洁皮肤，去除老化角质细胞污垢及多余油脂
3	按摩油、精油	营养滋润按摩油	可润滑皮肤、减少摩擦，延展性好，可使按摩动作顺利、流畅，还可滋润皮肤
		护理精油	用刮痧板进行胸部刮痧，通过疏通经络，缓解胸部淤堵，使各条经络的血气充足，达到保养胸部的目的（隔两次做）
4	护肤液	补水滋养的精华液	超声波美容仪导入精华，将有效成分滋润色斑肌肤，质地温和可调理皮肤的角质层吸收效果好，改善乳房皮肤色泽
5	体膜	补水美白的体膜	在敷体膜期间，用面膜刷蘸取体膜均匀刷膜，起到保湿润肤、亮肤的作用
6	护肤乳	保湿的护肤乳	促进皮肤吸收，保湿滋润皮肤

2. 第二步：消毒 胸部护理用品、用具等以及仪器探头均用75%乙醇进行消毒。美容师的双手也应该进行严格的消毒清洗。

皮肤护理实施前温馨提醒："赵女士，我们的护理即将开始，大概需要1个小时，过程中有什么需要请随时跟我讲。"

3. 第三步：清洁皮肤 先将洁肤乳涂抹在顾客胸部皮肤上，然后双手掌用按抚法于两胸之间做沿乳房向外打圈等动作，清洁手法适中，操作力度要轻柔不可过重，操作时应避开乳晕与乳头部分（如顾客进店后，在店中进行淋浴，可省略此步骤，直接进行清洗）。

4. 第四步：滋润皮肤 右手中指在上，食指、无名指在下夹住面片，将保湿身体乳均匀涂抹在胸部皮肤上（避开乳头及乳晕部位）。

5. 第五步：皮肤脱屑 将磨砂膏点涂于顾客胸部，加适量温水以打圈的形式均匀涂抹开，双手四指两侧沿胸部做同时向内打圈的动作（避开乳头及乳晕部位），动作要轻柔，可重复2～3遍，之后用洗面海绵清洗干净。

6. 第六步：胸部按摩、刮痧

（1）胸部按摩。用按摩油进行按摩，保持动作的连贯性，可在每节按摩动作之后，运用按抚动作进行衔接，来达到舒缓、放松的效果。按摩时间为15～20分钟。在按摩时，力度要视顾客的承受能力而定，要注重力度的调整。向上向内按摩时力度可稍大，向下向外按摩时力度要稍小。做胸部按摩时，出现局部微红、胀、痛的感觉属于正常情况（具体见表8-6-2）。

表8-6-2 胸部按摩流程

流程	操作手法	图示
1	涂上按摩油后，双手掌用按抚法于两胸之间上端处向下安抚，并沿胸外围返回两胸上端	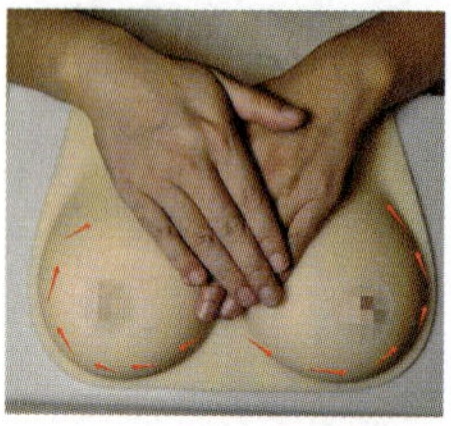
2	双手掌交替沿胸外轮廓转圈	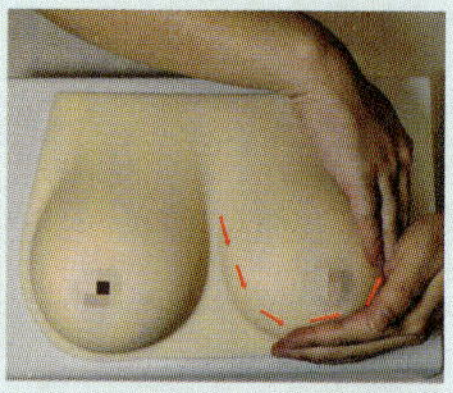
3	同第一步骤一致，在返回两胸上端时用大拇指由中间向两边点压	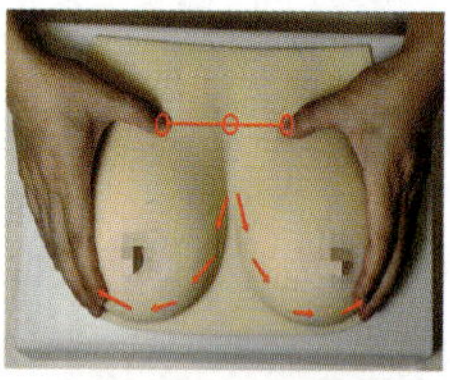
4	双手交替在胸两侧向上抹或轻轻拍打	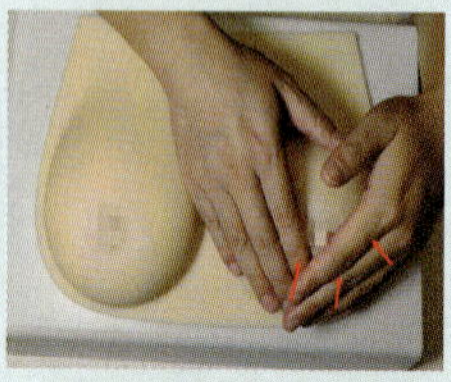
5	胸部按抚，双手掌于两胸之间上端处向下轻抚，并沿着胸外回到两胸上端，结束按摩	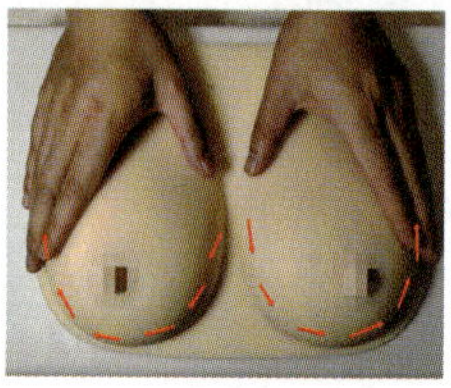

（2）胸部刮痧流程如表8-6-3所示。

表8-6-3　胸部刮痧流程

流程	操作手法	图示
1	站于顾客体侧，右手持刮痧板，于两胸中间沿任脉做由上向下刮拭的动作，反复数次	
2	站于顾客体侧，右手持刮痧板，于胸部上端沿悬韧带做由里向外刮拭的动作，反复数次	
3	站于顾客体侧，右手持刮痧板，做由乳房外缘向乳头方向呈放射状的刮拭动作（避开乳晕和乳头部位），反复数次	

7. 第七步：精华导入　利用超声波美容仪配合精华（如丰胸精油、紧致精华等），进行导入，在胸部由下向上、由内向外地打圈动作，时间5～10分钟（避开乳头及乳晕部位）。

8. 第八步：健胸仪器护理　健胸仪器有两种。一种是电子健胸仪，主要用于下垂、松弛乳房紧致护理，每次护理30分钟，该仪器需持续做1～2疗程，10次为一疗程，连20次即可达到满意的效果。

另一种是吸杯式健胸仪，用于乳房增大护理，每次10分钟，吸力适中，时间不宜过长，以免造成皮下出血。

9. 第九步：涂敷体膜　用刷子将体膜均匀地刷在整个胸部（避开乳头及乳晕部位），用保鲜膜覆盖，保持15～20分钟，其间可用热毛巾交替更换热敷，随后用洗面海绵进行彻底清洗。

10. 第十步：滋润皮肤　涂抹护体乳时，应将适量护体乳涂在胸部，然后美容使用，双手手掌做向上打圈的动作（避开乳头及乳晕部位）。

赵女士，我们的护理结束了，您胸部护理后乳房的形态有所改善，您感觉一下是否胸部堵胀的情况好一些了，我帮助您穿好衣服，您感受一下是否舒服多了，我们也可以用量尺再测试一下，对比前后数据。

11. 第十一步：效果对比 护理结束，美容师用掌揉、拍等放松手法，为顾客放松肩、背部，减轻久卧不适的感觉。美容师将顾客扶起，引导顾客在镜前，帮助顾客测量胸部的各项数据，经过数据对比来告知顾客胸部下垂改善的情况，同时引导顾客用手感受胸部肿胀感到减缓，最后，将护理效果及顾客评价、满意度等信息填写在护理记录表上，并提醒顾客下次护理的时间及居家护理注意事项。

四、居家护理建议

建议居家穿合适的胸衣，经常做健胸运动，每天自行按摩10分钟。

除了定期到门店来保养外，平时我们也要注意坚持做好胸部护理，根据赵女士目前的情况，制定以下保养建议。

（1）饮食：摄入足量的钙质，多饮用牛奶，食用富含维生素E以及利于激素分泌的食物，如卷心菜、花菜、葵花籽油玉米油和菜籽油等。补充维生素B族，如粗粮、豆类、牛乳、牛肉等。加强锻炼，增强身体新陈代谢功能。

（2）运动：每天抽出一点时间，做一点适当的扩胸运动，不仅仅是为了使胸部的形状更好看，更重要的是能够使胸部的血脉流通，减少患乳房疾病的可能。

（3）自我按摩：临睡前，涂抹适量的胸部乳液（普通身体乳液也可以）于手心，从乳房中心位置以画圈的形式向上按摩至锁骨位置，然后再把范围扩大到乳房周围继续做螺旋状按摩。每个动作重复10次，注意动作轻柔，直至胸部微微发烫为止。

任务总结

胸部产生的问题与顾客本人的生活习惯有关，要建议保持好的心情，做好基础护理，加强胸部运动，强健胸肌及结缔纤维组织。结合美容院护理及个人护理，促进血液和淋巴液循环，加强体内代谢，改善局部的营养状态。使用护胸精华、精油增加皮肤弹性，消除衰老的表皮细胞，改善皮肤的呼吸状况，促进皮脂腺与汗腺的分泌。合理饮食，改善肌肉营养供应，提高肌肉的张力、收缩力、耐力和弹力，增强肌肉动力功能。

任务评价

胸部护理任务的考核评分标准见表8-6-4。

单元八 身体护理项目

表 8-6-4 胸部护理考核评分标准

任务	流程	评分标准	分值	得分
护理准备（15分）	美容师仪表	淡妆,发型整洁美观,着装干净得体。无长指甲,双手不佩戴饰品(手镯、手表、戒指)	5分	
	用物准备	浴袍、大毛巾、三条小毛巾,护理产品、工具、仪器准备	5分	
	清洁消毒	用品用具(包括导入仪声头),美容师双手清洁、彻底消毒,美容师戴口罩	5分	
操作服务（65分）	清洁	清洁手法适中,操作力度要轻柔不可过重,操作时应避开乳晕与乳头部分	6分	
	滋润胸部皮肤	将保湿身体乳均匀涂抹在胸部皮肤上	6分	
	皮肤脱屑	避开乳头及乳晕部位,动作要轻柔,可重复 2～3 遍,之后用洗面海绵清洗干净	5分	
	胸部按摩、刮痧	用按摩油进行按摩,保持动作的连贯性,可在每节按摩动作之后,运用按抚动作进行衔接,来达到舒缓、放松的效果。按摩时间为 15～20 分钟,力度适中。用精油、刮痧板进行胸部刮痧	26分	
	精华导入	利用超声波美容仪配合精华(如丰胸精油、紧致精华等),进行导入,在胸部由下向上、由内向外地打圈动作,时间 5～10 分钟(避开乳头及乳晕部位)	6分	
	健胸仪器护理	健胸仪器有两种:一是电子健胸仪,用于下垂、松弛乳房紧致护理,每次护理 30 分钟;二是吸杯式健胸仪,用于乳房增大护理,每次 10 分钟,吸力适中,时间不宜过长,以免造成皮下出血(根据需求使用仪器)	(10分)	
	涂敷体膜	用刷子将体膜均匀地刷在整个胸部(避开乳头及乳晕部位),用保鲜膜覆盖,保持 15～20 分钟,其间可用热毛巾交替更换热敷,随后用洗面海绵进行彻底清洗	6分	
工作区整理（10分）	滋润皮肤	涂抹护体乳时,应将适量护体乳涂在胸部,然后美容使用,双手手掌做向上打圈的动作(避开乳头及乳晕部位)	3分	
	用物用品归位	物品、工具、工作区整理干净	5分	
	仪器归位	仪器断电、清洁、摆放规范	2分	
服务意识（10分）	顾客评价	与顾客沟通恰当到位	5分	
		护理过程服务周到,对顾客关心、体贴,表现突出,顾客对服务满意	5分	
		总分	100分	

结合本任务的教学目标和教学内容,为你的女性朋友制定一个完整的胸部按摩操作流

程,并进行操作,详细记录护理后的变化。为其提供护理服务及居家护理指导,并做好记录(图8-6-2),及时查漏补缺。

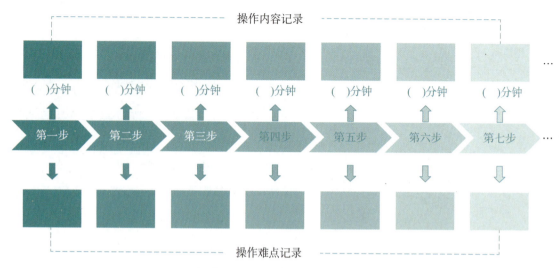

图8-6-2 任务训练记录

想一想

1. 在胸部基础护理中,针对不同的胸部问题应选用哪些护理方法?按摩时间多久为宜?

2. 在服务过程中哪些细节能够体现对顾客关心、服务周到?

（华　欣　章　益）

模块四

综合素养提升

单元九　竞赛能力提升

单元介绍

本单元包含美容技能竞赛（面部护理、身体护理模块）标准解读、美容技能竞赛技巧训练两部分内容。主要围绕世界技能大赛美容项目技术文件的解读，融合全国行业赛部分技术文件内容，帮助参赛选手了解美容美体竞赛的项目、技术要求，规避不必要的失分以及因违规而失去参赛资格。同时，设计"赛前技术培训"方案，针对不同技术模块的赛前训练和关键技术进行强化，在过程中培养学习者有备而战、坚韧不拔的竞赛精神。

学习导航

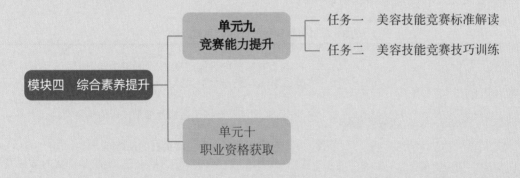

任务一 美容技能竞赛标准解读

学习目标
1. 熟悉美容技能竞赛的规范、标准。
2. 明确美容技能竞赛的模块内容及相关任务。
3. 了解美容技能竞赛赛场的相关信息和基本要求。

一、美容技能竞赛的规范、标准

美容技能竞赛的规范、标准体现了美容师最佳职业表现所具备的知识、技能和素养，主要分为以下几个部分。每个部分根据其重要程度分配了权重，其配分根据各层级的比赛允许有百分之五左右的调整（表9-1-1）。

表9-1-1 美容技能竞赛的规范、标准

1. 工作组织与管理（8%）	1.1 美容师应知	(1) 与行业有关的人体健康、安全和卫生知识； (2) 工作区域的安全卫生标准，以及护理准备的方法； (3) 设施设备、仪器、工具和产品的准备方法及安全卫生标准； (4) 仪器、产品严格按照制造商要求使用的重要性； (5) 营造服务专业氛围的方法； (6) 计划护理各环节所需要的时间及时间管理技巧； (7) 在护理全程，维护工作区域有序、干净和整洁的方法及标准
	1.2 美容师应会	(1) 按照健康、安全和卫生标准，从工作区域、顾客和自身做好准备； (2) 按照安全卫生标准准备设施设备、仪器、工具和产品； (3) 按照要求使用仪器和产品； (4) 为顾客提供轻松、舒适的服务环境； (5) 按照护理时间计划实施护理并按时完成； (6) 护理全程始终保持工作区域安全、有序和整洁
2. 职业素养（6%）	2.1 美容师应知	(1) 行业相关法律法规及严格遵守的重要性； (2) 正确的价值观及正面积极的心态对职业发展的重要性； (3) 良好的人际交往能力及应变能力在服务工作中的重要性；

（续表）

		(4) 良好的职业形象、职业习惯在服务工作中的重要性； (5) 真诚的笑容、得体的言谈举止在服务工作中的重要性； (6) 扎实的专业知识和娴熟的专业技能在提供优质服务中的重要性； (7) 学习新知识、掌握先进技术在工作中的重要性； (8) 自律与自我管理，服从与团队协作在工作中的重要性
	2.2 美容师应会	(1) 严格遵守行业法律法规，不做超出执业范围的美容服务； (2) 用心、专注、积极地投入工作； (3) 与顾客、同事建立并保持良好的情感联系； (4) 仪容仪表、言谈举止、行为习惯均展现出训练有素的职业形象； (5) 以真诚、热情、严谨、细致的专业态度服务顾客； (6) 以丰富的专业知识和娴熟的专业技能为顾客提供高品质服务； (7) 了解行业新科技、新技术、新产品，拓展相关专业知识； (8) 管理好自身情绪和压力，保持工作与生活的平衡； (9) 保持皮肤和身体健康
3. 顾客服务 (6%)	3.1 美容师应知	(1) 收集、整理和保存顾客相关信息资料的重要性； (2) 服务过程保持顾客舒适、保护顾客隐私的重要性； (3) 仔细聆听、询问以及正确理解顾客护理愿望的重要性； (4) 对不同文化、年龄、期望的顾客应采取不同的沟通方式； (5) 顾客期望与实际疗效有差距，不盲目承诺护理效果的重要性； (6) 全面询问和检查顾客皮肤及身体状况以保证安全护理的重要性； (7) 护理的各种禁忌证及不能采用某种护理方法的原因； (8) 常见皮肤病判断以及应采取相应就医治疗的建议； (9) 护理过程中发生肌肉痉挛的处理措施； (10) 服务过程、售后服务对维护顾客关系的重要性； (11) 为顾客提供日常保养建议的重要性
	3.2 美容师应会	(1) 以专业、安全的方式为顾客提供专业的服务； (2) 为顾客提供舒适而难忘的服务； (3) 正确解读顾客的肢体语言并发现其需求； (4) 尊重文化差异，维护顾客尊严，以不同方式满足不同顾客需求； (5) 通过询问和观察发现禁忌证并采取相应措施； (6) 对超出美容师职责范围的服务，应提出采取医疗手段的建议； (7) 在沟通中区分顾客的期望和要求，不能盲目承诺； (8) 为顾客提供化妆品购买和日常保养建议； (9) 护理过程中与顾客保持积极沟通以满足其需求； (10) 护理结束后及时询问反馈意见，保证顾客满意离开

(续表)

4. 面部护理及美化 (35%)	4.1 美容师应知	(1) 工作区域的准备方式及标准； (2) 面部、头部解剖学和皮肤生理学等医学基础知识； (3) 化妆品及其成分的作用、适应证、使用方法和禁忌； (4) 不同类型皮肤的分析、判断及护理方法； (5) 眼部、唇部及其他特殊部位皮肤的护理方法和禁忌； (6) 根据顾客实际情况制定科学合理的护理方案； (7) 皮肤护理的禁忌证及其影响； (8) 使用电疗仪器时谨记安全步骤和规范操作的重要性； (9) 不同个性及脸型、五官的化妆及修饰技巧； (10) 不同类型和颜色的彩妆能达到或呈现的理想妆效； (11) 化妆的新技术、新产品及时尚流行趋势
	4.2 美容师应会	(1) 采用目测、触摸、仪器等检测方法对皮肤进行分析和判断； (2) 制订科学的院护和居家护理计划； (3) 为不同皮肤类型选择适宜的护肤品； (4) 护理过程始终保持顾客安全与舒适，保护顾客隐私； (5) 电疗前做好自己和顾客皮肤测试并用正确方法操作； (6) 节约使用产品，避免产生浪费； (7) 为顾客出席不同场合的活动提供合适化妆和美甲服务； (8) 嫁接及粘贴条状、簇状、单根不同样式的假睫毛
5. 身体护理 (25%)	5.1 美容师应知	(1) 工作区域的准备方式及标准； (2) 人体骨骼、肌肉解剖学，循环系统等医学基础知识； (3) 咨询、身体分析及制定护理计划； (4) 识别身体护理禁忌证； (5) 使用身体电疗仪器时谨记安全步骤和规范操作的重要性； (6) 身体按摩护理的类型及手法； (7) 精油的类别、功效以及在身体护理中的使用方法； (8) 机械按摩的类型和方法； (9) 顾客文化背景差异及个性化服务要求
	5.2 美容师应会	(1) 根据顾客实际情况及需求制订身体护理计划； (2) 护理过程始终保持顾客安全与舒适，维护顾客隐私； (3) 根据顾客需要选择并使用身体护理产品进行护理； (4) 根据识别的禁忌证和预防情况进行适当的调整； (5) 运用 4 种以上经典按摩手法进行身体护理； (6) 运用各种机械治疗仪器进行身体护理； (7) 根据顾客需要使用不同精油进行身体护理
6. 手足护理及美甲 (12%)	6.1 美容师应知	(1) 手部、足部及指甲的解剖学基础知识； (2) 指甲及皮肤感染原因与防护方法；

(续表)

		(3)相关化学产品的安全使用方法； (4)手足护理的步骤、方法和禁忌； (5)自然甲护理及修复知识； (6)甲片的运用以及美甲的艺术设计； (7)美甲行业服务新技术、发展趋势与时尚流行
	6.2 美容师应会	(1)根据顾客的需要进行手部或足部护理； (2)修甲形、去指(趾)皮、去茧、磨砂、按摩和敷膜； (3)运用甲油绘制法式指甲和涂甲油； (4)运用甲油胶绘制新娘、晚宴、幻彩等艺术美甲； (5)为顾客提供产品购买及日常护理等建议
7. 脱毛(8%)	7.1 美容师应知	(1)毛发、皮肤类型、皮肤结构等基础知识； (2)脱毛的适应证和禁忌证； (3)脱毛的安全卫生标准； (4)热蜡、温蜡和糖浆的正确操作步骤以及相关设备、产品使用规范； (5)正确避免和处理皮肤损伤
	7.2 美容师应会	(1)根据安全、卫生标准准备仪器、工具和产品； (2)正确评估客户的毛发/皮肤类型及忍耐度； (3)以正确的方式在自己和顾客身上测试蜡温； (4)在不同部位以正确的方式操作不同的蜡； (5)护理过程避免对顾客皮肤造成损伤； (6)使用正确的产品及方法清除残蜡，用镊子拔除剩余毛发； (7)为顾客提供脱毛后的居家护理建议
	总分	

二、技能测评补充说明

以下几方面的表现，在相关评分项中的评分标准见表9-1-2。

表9-1-2 评分标准

序号	测评方面	标准
1	职业形象	(1)服装及鞋子干净整洁； (2)不佩戴耳环、手表、项链、戒指和手链等配饰； (3)双手干净,皮肤光滑,不留长指甲,无假甲片和甲油； (4)头发干净整洁,发髻梳理干净利落,身体无异味； (5)操作过程保持良好的姿态和专业形象
2	顾客维护	(1)护理全程保护好顾客的隐私,不曝光； (2)护理全程保持顾客姿态的舒适性； (3)根据顾客对环境温度需要增加毛毯或浴巾； (4)护理结束后将顾客送回至指定休息点

(续表)

序号	测评方面	标准
3	工作区域管理	(1) 用指定的设备、工具和毛巾等器物准备护理工作区域； (2) 所有工具、产品摆放井然有序、取用方便； (3) 操作过程随时清理使用过的物品，始终保持工作区域的干净整洁； (4) 干净浴巾叠放在床尾，脏毛巾放在指定的回收大毛巾篮里； (5) 自取物品放回产品桌、床、推车、凳子、垃圾桶等消毒后归放原位； (6) 工作区域还原至护理前的摆放标准
4	竞赛用品用具	(1) 选手只能携带指定的产品和工具，并用工具箱归放整齐自行保管； (2) 赛前将相关模块工具产品出示检查，合格后方可使用； (3) 未经允许，不得擅自使用清单外的任何工具产品，否则视为违规； (4) 如因裁判赛前未检查出清单外的工具产品，裁判组根据对比赛结果影响程度提出处理意见
5	技术展示	选手在遵照测评标准前提下，可以使用各自的技术手法进行操作

三、测试项目结构

测试项目结构如表9-1-3所示。

表9-1-3 测试项目结构

测试项目		分数及结构		
		评价	测量	合计
1	面部护理（高级护理、简单护理）	15	14.05	29.05
2	身体护理	9	12	21
3	手足护理	5.5	6	11.5
4	眼部护理（种睫毛、染睫毛、眉毛）	6	4.45	10.45
5	脱毛（温蜡、热蜡）	5.5	5.5	11
6	化妆	8.1	1.9	10
7	美甲	5.6	1.4	7
合计	总分	54.7	45.3	100

四、竞赛模块及任务描述

选手应完成以下任务并举手评分，规定操作时间应请计时员计时。

1. 面部护理　面部护理任务按表9-1-4的流程操作。

表9-1-4　面部护理流程

序号	模块	任务描述
1	准备工作	(1) 工作区域准备; (2) 安顿好顾客并消毒双手; (3) 请裁判在过程中评分
2	卸妆清洁	(1) 卸妆:眼部、唇部、面部; (2) 清洁:面部、肩颈部; (3) 举手示意,请裁判对卸妆清洁结果评分
3	皮肤分析	(1) 对顾客进行皮肤分析并填写皮肤分析表; (2) 举手示意,请裁判评分
4	护理计划	(1) 填写护理计划、护理流程及产品选择; (2) 举手示意,请裁判评分
5	蒸汽护理	(1) 蒸汽均匀覆盖整个面部,不直吹鼻孔。蒸汽护理至少5分钟; (2) 举手示意,请裁判评分
6	酵素去角质	举手示意,裁判对去角质清洁结果评分
7	去除黑头	(1) 去除明显的黑头,若无黑头则展示技术; (2) 裁判对去黑头过程评分
8	超声波导入	(1) 在面部及颈部进行护理,护理时间3～5分钟; (2) 裁判对超声波导入过程评分
9	按摩	(1) 举手示意计时员,计时20分钟; (2) 面部、肩颈部按摩,不少于3种按摩技法; (3) 裁判对按摩过程评分
10	膏状面膜(停留5分钟)	(1) 覆盖全脸及颈部,留出眼眶、鼻孔、嘴唇; (2) 举手示意,裁判对面膜效果评分和拍照; (3) 举手示意,裁判对面膜清洁结果评分
11	爽肤、润肤	举手示意,请裁判评分

2. 瑞典式身体按摩　瑞典式身体按摩任务按表9-1-5的流程操作。

表9-1-5　瑞典式身体按摩流程

序号	模块	任务描述
1	准备工作	(1) 工作区域准备; (2) 安顿好顾客并消毒双手; (3) 请裁判在过程中评分
2	清洁去角质	(1) 双臂、双腿、背部(每个部位先清洁后去角质); (2) 举手示意,裁判对清洁去角质评分

(续表)

序号	模块	任务描述
3	体膜及包裹	(1) 双臂、双腿、背部(停留 5 分钟); (2) 举手示意,裁判对结果评分
4	瑞典式按摩	(1) 举手示意计时员,计时 40 分钟; (2) 背部、双后腿按摩,不少于 4 种按摩技法; (3) 裁判对按摩过程评分
5	清洁双手和足部	(1) 双手、足部; (2) 举手示意,裁判对结果评分
6	结束工作	(1) 顾客穿好浴袍护送顾客到指定位置; (2) 整理和清洁工作区域、消毒双手; (3) 举手示意,裁判员对结果评分

五、赛场基础设施要求

(1) 赛场分为美容、美体、脱毛、种植睫毛 4 个比赛区域,每个区域相对分隔。
(2) 每个赛区分别设置 6~7 个工位,每个工位长约 4 米、宽 3 米,约 12 平方米。
(3) 每个赛区配备 1 个产品桌、2 台水槽、1 个大储水桶、1 个大垃圾桶、1 个大毛巾篮。
(4) 每个工位配备一张升降美容床、美容师凳和顾客椅,1 台推车、一台放大镜灯和 1 个小垃圾桶。
(5) 美体和脱毛赛区的美容床必须有升降和折叠功能。
(6) 每个工位配置 1 个多功能电插座。
(7) 地面铺装材质无特别要求,颜色以灰调为佳。
(8) 整个场地必须具备明亮、均匀的灯光条件(类似商场照明)。

六、竞赛物品清单表

1. 场地清单 清单如表 9-1-6 所示。

表 9-1-6 赛场清单

工位仪器设备(所有仪器设备赛场多备 2~3 套)	
品名	备注
美容床	床高不低于 70 cm,美体、脱毛区域必须能升降和折叠
美容凳	选手用,带轮子
美容椅	模特用,有靠背的办公椅
美容推车	大号或中号
洗面盆	美容、美体赛区各工位 1 个
小垃圾桶	各工位 1 个

(续表)

场地设施	
产品桌	尺寸约:160×70×70 cm
饮水机	赛场饮水用
办公桌、椅、储物柜	裁判室、模特室、选手室、评分室,根据场地规划确定
电子倒计时屏	每个赛区放置一个
指针石英挂钟	每个赛区放置一个
计时白板或KT板架	各赛区记录整体赛时和延时记录
音响、麦克风	赛场设置一套
全方位四角影像动态监控	
平板电脑	选手作品拍照记录
场地提供用品	
备用模特	每天需要4位模特
大垃圾桶	选手赛后丢垃圾
透明胶带	检查结果粘贴陈列表
赛场提供产品	
面护赛区:清润卸妆油、柔和洁面乳、酵素去角质粉、基础营养液(爽肤水)、多效按摩膏、美肌面膜、水润活力乳、身体按摩油	

2. 自带产品清单 清单如表9-1-7所示。

表9-1-7 选手自带工具产品清单

品名	数量	备注
选手自带工具产品清单	1份	裁判检查工具时出示
比赛模特(选手自用)	1个	(1)身体健康,无心脑血管疾病及肺病,无高、低血压、贫血病 (2)皮肤健康,不敏感、无创伤、无任何皮肤患病,可轻微暗疮 (3)无种植睫毛
模特物品:棉质浴袍、一次性乳贴、低腰底裤、一次性棉拖鞋、一次性浴帽		统一白色
面部护理物品:产品取物勺、大碗、小碗、计时器、纸巾、消毒湿纸巾、免洗外科手部消毒凝胶、发带、白色大浴巾(待定、180×90 cm)、白色中毛巾(待定、35×75 cm)、取物盘、面膜刷、面膜碗、洁面海绵、一次性洁面巾、棉片	若干	棉片、洁面巾可赛前打湿,比赛时产品用小碗取用

(叶秋玲 薛久娇)

任务二　美容技能竞赛技巧训练

训练目标

1. 强化美容美体护理技能,提高学生竞技水平、应赛能力。
2. 提升服务意识,为顾客提供细致周到的服务。
3. 培养认真严谨、精益求精、吃苦耐劳的工作态度。

技术重点

1. 严格遵守卫生消毒制度。
2. 仪器及护理操作规范、准确。

技术难点

1. 熟练面部及身体按摩,手法平稳、流畅、有节奏感。
2. 掌握敷膜的技巧,膜面光滑、厚薄均匀、边缘整齐。

训练计划

1. 时间安排:6周(建议每周20学时)。
2. 训练人员:一名主讲教师＋一名技术辅助教师(建议校内教师＋企业教师模式)。
3. 训练方式:两人一组,角色扮演美容师与顾客,轮换模拟练习,过程中要有体验感反馈。

训练方案

一、技能训练

第1～3周:进行面部护理训练,按照服务流程,模块化训练。
第4～6周:进行身体护理训练,按照服务流程,模块化训练。
教师讲解训练重点,对于错误操作要及时纠正,具体如表9-2-1和表9-2-2所示。

表9-2-1　面部护理(真人模特)

学时	训练模块	训练内容及标准
1	职业形象	仪表端庄、整洁大方,精神饱满,符合美容师职业形象
2	护理准备	到产品台拿取分装产品,摆放在推车上,做到安全、整齐、取用方便

(续表)

学时	训练模块	训练内容及标准
2	消毒卫生	消毒双手,取消毒物品,戴手套对床、凳、推车、洁面盆、仪器、垃圾桶、盛器等物品进行消毒; 所有消毒工作程序正确、有序、认真、彻底; 接触顾客前消毒双手; 产品按卫生标准取用; 美容师身上、顾客身上、工作区域无残留产品
5	卸妆清洁	清洁手法:手法有节奏感,手法变化符合顾客需要,动作细致、轻柔、熟练。 用棉片及棉签检查皮肤有无残留产品,并将棉片和棉签陈列
4	皮肤分析	对顾客进行皮肤分析并填写皮肤分析表
4	护理计划	根据皮肤分析表结果填写护理计划、护理流程及产品,填写正确,操作顺序正确
2	蒸汽护理	蒸汽喷口与顾客面部保持约30 cm以上安全距离,蒸汽均匀覆盖整个面部,不直吹鼻孔; 蒸汽护理至少5分钟
2	酵素去角质	认真仔细、动作轻柔去除顾客面部角质; 清洁彻底并无残留产品
2	去除黑头	戴上手套,用纸巾包裹食指,使用拉、推的方法去除明显的黑头,若无黑头则展示技术; 操作部位为鼻头及鼻翼两侧、额部或下颌部位
4	超声波导入	消毒仪器,先自测,再测试顾客; 以正确的强度及操作方法在面部及颈部进行护理; 护理时间3~5分钟; 仪器操作平稳,探头移动顺畅
22	面部按摩	按摩手法柔和、平稳、流畅、熟练、有节奏感; 按摩手法、力度及变化适合顾客皮肤需要,功效与作用性强; 在顾客面部、前胸和肩颈按摩至少20分钟
16	面膜	面膜均匀覆盖面部及颈部,内外轮廓线整齐; 未粘到嘴唇、眼皮上,或进鼻孔、耳朵里; 卸面膜后,面部、颈部无残留产品
1	爽肤润肤	用棉片或手蘸取适量爽肤水和面霜均匀、仔细、认真地涂抹于所有护理部位,皮肤吸收大部分产品,光滑不油腻
2	结束工作	工作区域干净整洁,工位、设备、仪器、产品归放到赛前标准
护理中全程注意事项	服务顾客	护理全程动作细致轻柔,微笑亲切自然,沟通清楚准确,服务热情、周到; 护理全程始终保持顾客舒适和安全,内衣及多余皮肤没有曝光
	仪姿仪态	坐姿规范:身挺直、双膝靠拢; 站姿规范:挺胸抬头、收腹、直腰、面带微笑
	工作组织与管理	插板及电线、设施设备、工具产品、毛巾床单摆放有序,符合人体工学,使用方便; 每个步骤时间安排合理,各环节衔接流畅

表9-2-2 身体护理(真人模特)

学时	训练模块	训练内容及标准
1	护理准备	到产品台拿取分装产品,摆放在推车上,做到安全、整齐、取用方便
2	消毒卫生	消毒双手,取消毒物品,戴手套仔细消毒床、凳、推车、洁面盆、仪器、垃圾桶、盛器等物品; 所有消毒工作程序正确、有序、认真、彻底; 接触顾客前消毒双手; 产品按卫生标准取用; 美容师身上、顾客身上、工作区域无残留产品
2	顾客和美容师准备	在顾客双膝或脚踝下放脚枕,消毒顾客双脚,美容师护理前消毒双手
4	清洁和去角质	各部位产品用量分配均匀,操作范围正确、有序、细致、熟练,力度和揉搓频率适中; 用手触摸双臂、双腿和背部皮肤无残留产品,皮肤保持干爽
22	按摩	按摩手法平稳、流畅、熟练、有节奏感; 运用抚摸、揉捏、轻叩、摩擦及振动等经典手法中至少4种手法进行按摩; 手法、力度、变化适合顾客需要,功效与作用性强; 按摩时间:双腿、背部、双臂的按摩至少40分钟
16	体膜	顾客背部体膜包裹贴合、完整、安全、温暖、舒适; 体膜范围到位,涂抹均匀,覆盖皮肤; 体膜至少停留5分钟; 清洁体膜后顾客皮肤无残留产品
2	润肤	皮肤滋润不油腻,无产品堆积,操作过程认真仔细
2	结束工作	帮助顾客穿好浴袍护送顾客到指定位置; 工作区域干净整洁,工位、设备、仪器、产品归放到赛前标准
护理中全程注意事项	顾客服务	护理全程动作细致轻柔,微笑亲切自然,沟通清楚准确,服务热情、周到; 护理全程始终保持顾客舒适和安全,内衣及多余皮肤没有曝光
	按摩姿态	肩膀自然放松、背/颈部保持直立,膝盖自然弯曲,动作与身体协调
	工作组织与管理	插板及电线、设施设备、工具产品、毛巾床单摆放有序,符合人体工学,使用方便; 每个步骤时间安排合理,各环节衔接流畅

二、服务训练

通过以下训练,让学生体会、感受正确的美容服务心态。
(1) 微笑训练:对着镜子微笑练习,展示自信与亲和力。
(2) 体态训练:舞蹈形体基本功训练,感受肢体柔软。
(3) 语态训练:语言表达方式、眼神交流、语音语速训练。
(4) 沟通能力训练:顾客引导仪态、服务过程沟通技巧。
(5) 触觉训练:寻找顾客真实的承受力。
(6) 听觉训练:听音乐体会节奏感、放松感。

三、心理辅导

(1) 找初心:引导参赛者经常思考为什么要参加竞赛,参赛可以带来什么等问题。
(2) 表决心:明确目标、制定合理的计划。
(3) 找信心:技术水平遇到瓶颈的时候,要做好心理疏导,帮助找回信心。

四、模拟竞赛训练活动设计

(1) 标准化规范化训练:不计算时间,只对流程的规范性、实施的效果提要求。
(2) 时间管理能力提升:计算时间,对手法的娴熟度、时间的把控度提要求。
(3) 团队协作意识培养:团队协作完成任务,根据美容师的优势进行分工,四人一组完成任务。
(4) 竞技抗争意识增强:组织两人、多人淘汰赛。

(章　益　薛久娇)

单元十 职业资格获取

本单元针对美容师职业技能等级认定要求,进行考核标准解读,介绍美容师职业技能等级认定的方式、考核要求、考核重点等。在此基础上制定训练方案,可用于职业技能等级认定前的中短期职业技能培训,帮助学习者提高美容师资格证书的获取能力。

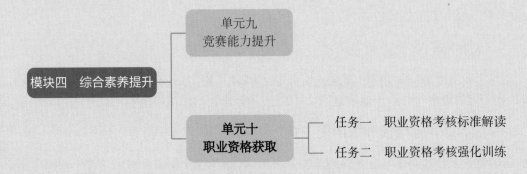

任务一 职业资格考核标准解读

学习目标
1. 明确美容师职业技能等级认定应知、应会的内容。
2. 熟悉美容师技能考核的重点及易错点。
3. 了解美容师职业技能等级认定的方式。

一、美容师职业技能等级

美容师职业技能等级共设五个等级,分别为:五级/初级工、四级/中级工、三级/高级工、二级/技师、一级/高级技师。

二、美容师职业能力特征

美容师职业能力特征包括:具有一定的学习和计算能力;具有一定的空间感和形体知觉;具有一定的观察、判断、沟通表达能力;手指、手臂灵活,动作协调。

三、美容师职业技能等级认定方式

美容师职业技能等级认定分为理论知识考试、技能考核以及综合评审。理论知识考试、技能考核和综合评审均实行百分制,成绩皆达 60 分(含)以上者为合格。

1. 理论知识　以笔试、机考等方式为主,主要考核从业人员从事本职业应掌握的基本要求和相关知识要求。

2. 技能考核　主要采用现场操作、模拟操作等方式进行,主要考核从业人员从事本职业应具备的技能水平。

3. 综合评审　主要针对技师和高级技师,通常采取审阅申报材料、答辩等方式进行全面评议和审查。

四、美容师职业技能的要求

(1) 理论知识权重如表 10-1-1 所示。

表 10-1-1 理论知识权重

项目		技能等级				
		五级/初级工(%)	四级/中级工(%)	三级/高级工(%)	二级/技师(%)	一级/高级技师(%)
基本要求	职业道德	10	5	5	5	5
	基础知识	40	20	15	10	5
相关知识要求	接待与咨询	10	20	20	—	—
	护理美容	30	40	45	45	40
	修饰美容	10	15	15	25	30
	培训指导与技术管理	—	—	—	15	20
合计		100	100	100	100	100

(2) 技能要求权重如表 10-1-2 所示。

表 10-1-2 技能要求权重

项目		技能等级				
		五级/初级工(%)	四级/中级工(%)	三级/高级工(%)	二级/技师(%)	一级/高级技师(%)
技能要求	接待与咨询	10	20	25	—	—
	护理美容	70	60	50	45	30
	修饰美容	20	20	25	25	30
	培训指导与技术管理	—	—	—	30	40
合计		100	100	100	100	100

五、技能考核重点及易错分析

1. 考核要点一:面部皮肤基础护理

(1) 重点掌握:面部按摩手法、面膜涂敷。

(2) 易错点。

1) 按摩手法:①按摩手法及施力不适宜,速度不平稳,节奏、频率不合理;②按摩方向不符合基本原则;③手法生硬、不协调,动作衔接不连贯;④按摩基本手法不足 9 个,按摩穴位不足 10 个,点穴错误。

2) 面膜使用:①调制面膜稀稠不适度、有颗粒、有气泡;②涂敷面膜方法错误;③面膜不光滑,薄厚不均;④卸膜动作错误;⑤清洁面膜不干净、不彻底。

2. 考核要点二:面部常见损美性皮肤护理

(1) 重点掌握:美容仪器的应用、面部按摩手法、面膜的涂敷。

(2) 易错点。

1) 美容仪器的应用：①美容仪器的使用不符合操作规程；②参数设置错误；③操作仪器不熟练。

2) 面部按摩手法：①面部按摩方向不符合基本原则；②按摩手法及施力不适宜，速度不平稳，节奏、频率不合理；③手法生硬、不协调，动作衔接不连贯，点穴错误。

3) 面膜使用：①调制面膜稀稠不适度、有颗粒、有气泡；②涂敷面膜方法错误，面膜不光滑，薄厚不均；③卸膜动作错误，清洁面膜不干净、不彻底。

3. 考核要点三：特殊护理——眼部护理

(1) 重点掌握：仪器在眼部的使用、眼部按摩手法。

(2) 易错点：①超声波仪器参数设置错误，声头选择错误，操作方法错误；②眼周点穴错误，手法不灵活、不连贯，用力过重，速度过快。

4. 考核要点四：特殊护理——唇部护理

(1) 重点掌握：唇部按摩手法、敷唇膜。

(2) 易错点。

1) 按摩手法：①唇部按摩手法不熟练；②施力过重，按摩速度过快。

2) 敷唇膜：①涂敷唇膜方法不正确，厚薄不均；②流程错误。

5. 考核要点五：经络美容——头面部经穴美容

(1) 重点掌握：面部经络按摩手法。

(2) 易错点：穴位按摩错误，按摩动作生硬，按摩手法及施力不到位，按摩速度过快。

6. 考核要点六：身体皮肤局部护理

(1) 重点掌握：身体局部按摩手法。

(2) 易错点：按摩不同部位未采用适宜的按摩手法，穴位选取错误，按摩动作生硬，按摩手法及施力不到位。按摩动作少于9种。

7. 考核要点七：芳香美容——面部芳香护理

(1) 重点掌握：面部精油按摩。

(2) 易错点：①按摩方向不符合基本原则；②手法不灵活、不协调，动作衔接不连贯；③点按穴位错误；④施力不适宜，速度不平稳，节奏、频率不合理。

8. 考核要点八：刮痧美容——面部刮痧护理

(1) 重点掌握：面部刮痧操作。

(2) 易错点：①刮痧方向不符合刮痧原则；②刮板点按穴位不正确，持板错误；③刮拭动作不协调、不连贯；④刮拭用力过重。

9. 考核要点九：身体护理——减肥与塑身

(1) 重点掌握：身体按摩、敷体膜。

(2) 易错点。

1) 按摩：①按摩动作不到位；②按摩手法生硬；③按摩快慢节奏不一致，按摩穴位不准确。

2) 敷体膜：①敷膜的方法错误；②膜面不光滑，薄厚不均匀；③取膜动作不准确、不熟练，清洗体膜不干净、不彻底。

10. 考核要点十：身体护理——美胸

(1) 重点掌握：美胸仪器使用、按摩手法、敷胸膜。

(2) 易错点。

1) 美胸仪器使用：美胸仪器操作方法不正确，不熟练。

2) 按摩手法：①按摩动作、方向不正确；②按摩手法不协调，动作不连贯；③按摩速度、频率不合理；④局部点穴不准确。

3) 敷胸膜：①敷膜操作前没覆盖乳头、乳晕；②敷膜动作不正确、不熟练；③膜面薄厚不均匀，不光滑；④卸膜后清洁不彻底。

（叶秋玲　薛久娇）

任务二　职业资格考核强化训练

训练目标

1. 拔高护理技能，增强护理服务的熟练度、流畅度。
2. 提升服务品质，加强服务过程中的规范安全、人文关怀的意识。
3. 培养终身学习的习惯，在技能学习中锲而不舍、精益求精的精神。

技术重点

1. 护理手法及仪器的使用操作要规范、到位。
2. 服务中的卫生消毒要严谨。

技术难点

1. 能根据顾客的需求和体验感，及时调整力度、速度，且手法熟练、正确。
2. 在服务过程中，把握合适的沟通、交流方式。

训练计划

时间安排：2周（建议每周32学时）。

训练人员：1名主讲教师11名技术辅助教师（建议校内教师＋企业教师模式）。

训练方式：两人一组，角色扮演美容师与顾客，轮换模拟练习，过程中要有体验感反馈。

训练方案

一、第一周训练

通过模块化拆分训练，加强局部技术的熟练度、规范性。即拆解成护理前的准备、卫生消毒、皮肤类型判断、爽肤、蒸面、面部刮痧、按摩手法、仪器护理、敷膜、整理10个内容进行训练。教师讲解训练重点,对于错误手法(表中否定项)要及时纠正。

训练内容1:护理前的准备(2学时),如表10-2-1所示。

表10-2-1 护理前的准备训练

训练技能	训练重点	否定项
护肤前的准备	(1)用具、用品的码放规范,美容仪器、设备电路进行检查	(1)用具、用品码放不规范,未检查美容仪器、设备电路
	(2)盖毛巾被、包头、盖肩巾的操作方法正确	(2)盖毛巾被、包头、盖肩巾的操作方法不正确或包头巾松紧不适度
减肥护理前的准备	(1)减肥部位体围测量方法正确	(1)减肥部位体围测量方法不正确
	(2)测量数据、记录准确	(2)测量数据、记录不准确
	(3)减肥部位铺、盖毛巾方法正确、到位	(3)减肥部位铺、盖毛巾方法不正确、不到位
胸部护理前的准备	(1)美胸部位体围测量方法正确	(1)美胸部位体围测量方法不正确
	(2)测量数据、记录准确	(2)测量数据、记录不准确
	(3)美胸部位铺、盖毛巾方法正确、到位	(3)美胸部位铺、盖毛巾方法不正确、不到位

训练内容2:卫生消毒(2学时),如表10-2-2所示。

表10-2-2 卫生消毒训练

训练技能	训练重点	否定项
卫生消毒	(1)器皿用具消毒、取护肤品规范、卫生	(1)器皿用具未做消毒,使用未消毒挑板取护肤品或直接用手指取护肤品
	(2)美容师双手清洁或消毒	(2)美容师双手未做清洁或消毒

训练内容3:皮肤类型判断(2学时),如表10-2-3所示。

表10-2-3 皮肤类型判断训练

训练技能	训练重点	否定项
皮肤类型判断	根据皮肤特征,正确判断皮肤类型、特点	错误判断皮肤类型

训练内容4:清洁(2学时),如表10-2-4所示。

表10-2-4 清洁训练

训练技能	训练重点	否定项
卸妆与清洁	(1)卸妆的操作程序与方法正确	(1)卸妆的操作程序与方法不正确
	(2)卸妆彻底	(2)卸妆不彻底

(续表)

训练技能	训练重点	否定项
	(3) 清洁操作手法正确	(3) 洁面操作手法不正确
	(4) 清洁程序正确	(4) 洁面程序不正确
	(5) 纸巾、棉片、洁面海绵的使用方法正确	(5) 纸巾、棉片、洁面海绵的使用方法不正确
	(6) 清洁彻底	(6) 清洁不彻底
去角质	(1) 根据不同皮肤选择产品	(1) 选择产品不正确
	(2) 动作轻柔,手法熟练	(2) 动作生硬,手法不熟练

训练内容 5:爽肤(2 学时),如表 10-2-5 所示。

表 10-2-5　爽肤训练

训练技能	训练重点	否定项
爽肤	涂爽肤水的手法正确	手法不正确

训练内容 6:蒸面(2 学时),如表 10-2-6 所示。

表 10-2-6　蒸面训练

训练技能	训练重点	否定项
蒸面	(1) 喷雾仪的使用符合操作规程,方法正确	(1) 喷雾仪的使用不符合操作规程,方法不正确
	(2) 操作动作准确、熟练	(2) 操作动作不准确、不熟练

训练内容 7:面部刮痧(4 学时),如表 10-2-7 所示。

表 10-2-7　面部刮痧训练

训练技能	训练重点	否定项
面部刮痧	(1) 符合面部刮痧基本方向,由内而外,由上而下,顺次刮拭	(1) 刮痧方向不符合基本原则
	(2) 点按穴位准确,手法熟练	(2) 点按穴位不准确,手法不熟练
	(3) 刮拭动作协调、连贯	(3) 刮拭动作不协调,不连贯
	(4) 手法均匀一致,用力适中	(4) 手法不均匀一致,用力过重

训练内容 8:按摩手法(6 学时),如表 10-2-8 所示。

表 10-2-8　按摩手法训练

训练技能	训练重点	否定项
按摩手法	(1) 符合按摩基本原则：按摩方向与肌肉走向一致，与皱纹垂直；"从下向上"；"从里向外"	(1) 按摩方向不符合基本原则
	(2) 根据不同部位的特点，采用适宜的按摩手法，施力动作适宜，速度平稳，节奏、频率合理	(2) 按摩手法及施力不适宜，速度不平稳，节奏、频率不合理
	(3) 手指动作灵活、协调，衔接动作连贯	(3) 手指动作不灵活、协调，动作衔接不连贯
	(4) 按摩基本手法不少于 9 个，按摩穴位不少于 10 个，取穴准确	(4) 按摩基本手法不足 9 个，按摩穴位不足 10 个，取穴不准确

训练内容 9：仪器护理（4 学时），如表 10-2-9 所示。

表 10-2-9　仪器护理训练

训练技能	训练重点	否定项
仪器护理	(1) 美容仪的使用符合操作规程，方法正确	(1) 美容仪的使用不符合操作规程，方法不正确
	(2) 操作动作准确、熟练	(2) 操作动作不准确、不熟练
减肥仪	减肥仪使用方法正确，动作熟练	减肥仪使用方法不正确，动作不熟练
美胸仪器	美胸仪器操作方法正确、熟练	美胸仪器操作方法不正确、不熟练

训练内容 10：敷膜（4 学时），如表 10-2-10 所示。

表 10-2-10　敷膜训练

训练技能	训练重点	否定项
面膜	(1) 调制面膜：动作熟练、准确、调制后的面膜稀稠适度	(1) 调制面膜动作不熟练、准确或调制后的面膜稀稠不适度
	(2) 涂敷面膜：在 2 分钟之内完成面膜操作，方法正确	(2) 超出敷面膜时间，涂敷面膜方法不正确
	(3) 膜面光滑，薄厚均匀	(3) 膜面不光滑，薄厚不均匀
	(4) 卸膜动作准确、熟练	(4) 卸膜动作不准确、不熟练
	(5) 清洗面膜干净、彻底	(5) 清洗面膜不干净、不彻底
眼膜	(1) 眼膜的选择适合眼部皮肤问题	(1) 眼膜的选择不适合眼部皮肤问题
	(2) 眼膜操作正确、熟练	(2) 眼膜操作不熟练

(续表)

训练技能	训练重点	否定项
唇膜	(1) 动作熟练、准确	(1) 动作不熟练、不准确
	(2) 涂敷唇膜方法正确，薄厚均匀	(2) 涂敷唇膜方法不正确，薄厚不均匀
敷体膜	(1) 敷膜方法正确，动作熟练、准确	(1) 敷膜方法不正确，动作不熟练
	(2) 体膜薄厚均匀	(2) 膜面不光滑或薄厚不均匀
	(3) 取膜动作准确、熟练	(3) 取膜动作不准确、不熟练或清洗体膜不干净、不彻底
敷胸膜	(1) 敷膜操作前用棉片覆盖乳头、乳晕	(1) 敷膜操作前没用棉片覆盖乳头、乳晕
	(2) 敷膜动作正确、熟练	(2) 敷膜动作不正确、不熟练
	(3) 膜面光滑、薄厚均匀	(3) 膜面不光滑、薄厚不均匀
	(4) 卸膜完整	(4) 卸膜不完整

训练内容11：整理(2学时)，如表10-2-11所示。

表10-2-11　整理训练

训练技能	训练重点	否定项
结束工作	结束工作程序规范，方法正确	结束工作程序不规范，方法不正确

二、第二周训练

根据不同的服务对象(模拟)，从接待、物品准备开始到技术服务和整理，进行全流程模拟训练(16学时)；根据不同的服务对象(真实)，从接待、物品准备开始到技术服务和整理，进行全流程真实性训练(16学时)。任务流程性训练可参照教材中各任务护理流程图。

(章　益　薛久娇)

附录一　课程标准

一、课程名称

美容美体技术。

二、适用专业及面向岗位

适用于高职医学美容技术、美容美体艺术及相关专业,也适用于中职的美容美体、中医美容等专业及美容技术岗位晋升培训。面向美容师、皮肤管理师、美容技术主管(顾问)、店长等岗位。

三、课程性质

本课程为专业技术技能课程,是一门培养美容技术操作能力为主的实践课程。课程以中医经络美容知识与技术为基础,与美容师、美容技术主管技术岗位的典型工作任务对接,涵盖医学美容技术专业主要就业岗位典型工作任务的核心内容。本课程融入了国家美容师职业资格证书认定标准以及1+X美容光电操作、皮肤护理等职业技能等级证书考核标准,对接了世界技能大赛美容赛项、行业规范化服务、企业美容美体技术服务等标准。具有综合性、实践性强的特点,也是医学美容技术、美容美体艺术专业的专业核心课程及特色课程。重点培养学生运用皮肤生理、经络美容等基础知识进行专业面部护理及身体护理项目操作的实践工作能力。

四、课程设计

1. 设计思路　校企共同开发,依据岗位真实工作任务,即专业的面部护理及身体护理标准化服务的职业能力要求,确定课程目标,基于岗位工作过程中典型工作任务的技术操作规范设计学习任务,突出学生美容美体技术操作能力培养。本课程以面部护理、身体护理真实工作任务,设计学习情景,如面部皮肤护理、肩颈护理、腰背部护理等,课程内容及考核评价标准与国家美容师和芳香保健师职业资格标准要求衔接,教学过程与面部及身体护理流程操作的工作过程衔接,以工学交替、任务训练为主要学习形式,让学生在教师的指导及与同学的相互配合下,熟练项目标准流程、操作手法及操作技巧并灵活运用。

2. 内容组织　将完成岗位典型工作任务所需的知识及能力与美容师职业资格标准的要求相融合,结合岗位职业资格考核重点,组织教学内容。以项目化教学为主要教学形式,教学内容由基础知识、基础技能、服务技能、综合素养提升四个模块及若干典型工作任务组成。

五、课程教学目标

1. 知识目标

（1）了解面部护理常用仪器的使用方法及原理。

（2）熟悉常用穴位的名称定位及取穴方法。

（3）熟悉十二经脉在体表的循行线路及循按方法。

（4）熟悉各类面部及身体护理项目操作流程及规范。

（5）熟悉按摩的原理、注意事项及操作技巧。

2. 能力目标

（1）具备按美容美体标准化、规范化实施专业皮肤面部护理、身体护理的操作能力。

（2）能够根据个体差异进行护理手法、产品、仪器的选择与搭配。

（3）常用穴位定位准确、熟练、方法正确。

（4）能够解释主要操作及产品的作用、护理要点，解答顾客疑问。

（5）能循行体表十二经脉线路查找痛症、解释痛症的原因，具备与顾客进行专业沟通的能力。

（6）能正确有效地针对顾客的需求制定个案分析，完成工作任务。

（7）能正确判断皮肤类型，根据各类型皮肤保养及问题进行居家保养指导。

3. 素养目标

（1）具有卫生意识、安全责任意识。

（2）服务意识强，服务体贴周到、耐心细致，关心顾客的感受。

（3）服务流程规范，不使用过期变质产品，不违规操作。

（4）吃苦耐劳，任劳任怨，不斤斤计较。

（5）不泄漏顾客信息，尊重顾客的隐私权。

（6）弘扬"刮痧、腧穴"等中医美容传统文化，有民族自豪感。

（7）善于学习，发挥传统中医美容优势，纳入新技术、新规范，守正创新。

六、课程思政

1. 培养正确的人生观 美容课程思政的首要任务之一是培养学生树立正确的人生观。美容行业的发展需要有高品质的美容师，而高品质的美容师需要有正确的人生观。在美容课程中，教师可以通过讲授美容师的职业道德和职业精神，引导学生以积极的态度对待自我、对待他人以及对待工作，让学生健康成长，为美容行业的发展注入新的活力。

2. 传递正确的价值观 美容课程思政的另一个重要任务是传递正确的价值观。美容行业作为服务行业，需要美容师具备良好的职业道德和职业操守。在美容课程中，教师可以通过案例分析、讨论等形式，引导学生了解并树立正确的价值观，如尊重他人、追求卓越、诚信守法、弘扬优秀传统文化等，使学生成长为有社会责任感的美容师，为美容行业树立良好的形象。

3. 引导正确的思维方式 美容课程思政的另一个重要目标是引导学生正确的思维方式。美容行业涉及多个学科和技术，需要学生具备良好的学习能力和思维方式。在美容美体课程中，教师可以通过案例分析、实践操作等方式，培养学生的观察力、分析能力和解决问题的能力,让学生不断提升自我,为美容行业的创新发展做出贡献。

4. 培养全面发展的美容师　美容课程思政的最终目标是培养学生全面发展的美容师。美容行业需要多元化的人才,不仅仅要求学生掌握专业知识和技术,还要求学生具备广泛的知识和素养。在美容课程中,教师可以引导学生参加各类社会实践活动,培养学生的团队合作能力、沟通能力等。通过培养全面发展的美容师,促使培育体系更好地适应美容行业的发展需求。

七、参考学时与学分

建议高职 116 学时 6 学分;中职 232 学时 12 学分。

八、课程结构

序号	学习任务 (单元、模块)	对接典型工作任务及学习活动	知识、技能、态度要求	教学活动设计	学时 高职/中职
1	美容美体基础知识	认识工具、皮肤类型、熟悉筋络与腧穴	(1) 熟悉专业工具的性能及用途、美容媒体基础知识的重点及注意事项; (2) 具备按美容美体标准化、规范化实施专业皮肤面部护理、身体护理的操作能力; (3) 熟悉掌握专业知识,灵活运用	(1) 动作表达; (2) 任务训练; (3) 任务考核; (4) 分享:职业妆	8/16
		美容美体服务准备	(1) 准备专业工具与服务用物(毛巾、产品、工具),准备房间(适宜的灯光、音乐、温度); (2) 操作准备(消毒、顾客沐浴、更衣、物品存放等)		
2	基础技能	美容基本手法	(1) 熟悉手部灵活性、协调性、力度、贴合度训练方法、动作要领、注意事项; (2) 旋腕、轮指动作协调,关节活动灵活; (3) 美容基本手法操作协调、柔软、有力、贴合	(1) 课堂讲授:操作规范、注意事项、项目考核要求; (2) 任务训练:操作手法、操作流程、用力技巧、产品使用、专业沟通;	20/40

（续表）

序号	学习任务（单元、模块）	对接典型工作任务及学习活动	知识、技能、态度要求	教学活动设计	学时 高职/中职
		面部护理基础技能	（1）了解面部清洁、面部按摩、面部敷膜的基础知识； （2）掌握面部护理的手法及流程； （3）操作中有针对性地进行专业沟通，解答顾客问题； （4）用心服务、关心顾客，注意询问顾客感受、效果对比； （5）操作结束整理	（3）任务考核：面部皮肤分析、专业面部护理流程操作	
		身体护理基础技能	（1）了解肩颈、腰部、腹部、乳房、四肢的相关基础专业知识； （2）各环节手法操作规范、动作协调，符合手法要求（柔软、贴合、连贯、持久、均匀）； （3）能循行体表十二经脉线路查找痛症、解释痛症原因，具备与顾客进行专业沟通的能力； （4）操作中有针对性地进行专业沟通，解答顾客问题； （5）用心服务、关心顾客，注意询问顾客； （6）感受、效果对比； （7）操作结束整理	（1）课堂讲授：操作规范、注意事项、项目考核要求； （2）任务训练：操作手法、操作流程、用力技巧、产品使用、专业沟通； （3）任务考核：身体护理分析、专业身体护理流程操作	20/40
3	服务技能	美容美体服务方案制定	（1）面部护理方案制定； （2）身体护理方案制定； （3）按照所掌握的服务技能进行"一人一案"制定		8/16
		面部护理项目	（1）了解顾客护理目的及解决问题的需求； （2）准备用物（毛巾、产品、工具），准备房间（适宜的灯光、音乐、温度）； （3）操作准备（引导顾客沐浴、更衣，体位准备，美容师双手消毒）； （4）简要说明项目效果、操作步骤、使用产品、手法感受； （5）熟悉各种皮肤的特点，掌握护理手法，按护理项目（干性皮肤、油性皮肤、敏感性、眼部……）流程规范及要求实施操作；	（1）课堂讲授：操作规范、注意事项、项目考核要求； （2）任务训练：操作手法、操作流程、用力技巧、产品使用、专业沟通； （3）任务考核：方案制定	30/60

（续表）

序号	学习任务（单元、模块）	对接典型工作任务及学习活动	知识、技能、态度要求	教学活动设计	学时 高职/中职
			（6）各环节手法操作规范、动作协调，符合手法要求（柔软、贴合、连贯、持久、均匀）； （7）点穴位手法正确、定位准确，施力按轻—重—轻节奏，力度适中； （8）各类产品、工具及仪器使用规范、操作熟练； （9）敷膜（面膜取量和加水适量，厚薄均匀、光滑、边缘整齐、周边无污染）； （10）操作中有针对性地进行专业沟通，解答顾客问题； （11）用心服务、关心顾客，注意询问顾客感受、效果对比； （12）操作结束整理		
		身体护理项目	（1）了解顾客护理目的及解决问题的需求； （2）准备用物（毛巾、产品、工具），准备房间（适宜的灯光、音乐、温度）； （3）操作准备（引导顾客沐浴、更衣，体位准备，美容师双手消毒）； （4）简要说明项目效果、操作步骤、使用产品、手法感受； （5）熟悉护理流程及诊断（问诊、望诊、触诊），问诊：疼痛（程度、部位、时间、类型）、诱因（姿势、职业病、生活习惯）、既往史； （6）简易望诊（面色、黑眼圈）、望肩颈（是否对称、生理弯曲是否正常）、观察颈部皮肤； （7）触诊：沿体表经络、穴位、经筋、皮部进行推、按、压拨等手法查痛症（硬块、结节、松紧度）； （8）解释问题成因，简要说明操作步骤、使用产品、感受；		30/60

(续表)

序号	学习任务（单元、模块）	对接典型工作任务及学习活动	知识、技能、态度要求	教学活动设计	学时 高职/中职
			(9) 按操作流程及手法规范要求进行操作，按摩手法熟练（动作），用力方法、速度、技巧符合操作要求； (10) 工具及仪器使用规范、操作步骤及手法熟练； (11) 熟悉常用穴位定位准确，取穴方法正确； (12) 操作中有针对性地进行专业沟通、身体保健知识宣教服务全过程体现人文关怀，注重顾客感受		
4	综合能力提升	竞争能力的提升	(1) 美容技能竞赛标准解读； (2) 美容技能竞赛技巧训练	(1) 课堂讲授：竞赛标准解读、注意事项、项目考核要求； (2) 任务训练：竞赛技巧训练； (3) 任务考核：方案制定	建议技能强化活动周等集中性安排 在强集性安排
4	综合能力提升	职业资格获取	(1) 职业资格考核标准解读； (2) 职业资格考核强化训练（重难点、技巧）		
合计					116/232

九、资源开发与利用

1. 教材编写与使用

（1）教材编写既要满足行业标准要求，又要兼顾国家美容师职业资格、1+X 相关证书、美容职业技能比赛等要求。理论知识以职业资格标准及实际应用为重点，操作内容应以符合行业企业美容美体服务项目标准化、规范操作要求为原则。

（2）教材内容应体现先进性、通用性、实用性，将本专业新技术、新产品、技术创新纳入教材，使教材更贴近专业的发展和实际的需要。

（3）教材体例突破传统教材的学科体系框架，以任务训练、案例导入、思维导图、视频等丰富的形式表现。操作视频以二维码形式呈现，方便学生课外复习训练。

2. 数字化资源开发与利用　校企共同开发和利用网络教学平台及网络课程资源。课堂教学课件、操作培训视频、考核标准、任务训练、微课等教学资源，利用学校在线学习平台，由学校和企业发布可在线学习课程资料，学生采取线上线下学习相结合的方式，更灵活地完成课程的学习任务。导师也可以发布非课程任务的辅导材料（形式包括但不限于视频、PPT、PDF、Word 文档等），用于学生碎片化学习阅读，拓展相关知识点。

3. 企业岗位培养资源的开发与利用　根据美容行业发展要求，将美容行业的新技术、新产品、高科技仪器设备的应用，整理为课堂教学、案例教学的资源，作为岗位培养的教学条件，利用移动互联网、云计算、物联网等技术手段，建立信息化平台，实现线上线下教学相结合,改善教学条件,使教学内容与行业发展要求相适应。

十、教学建议

校企合作完成课程教学任务。教学形式采用集中授课、任务训练、岗位培养形式,学校导师集中讲授项目理论知识,让学生知道操作原理。企业导师以任务训练、在岗培养等形式,进行项目操作技术技能训练及岗位实践,让学生学会操作并符合上岗要求。教学过程突出"做中学、学中做",校内以课堂教学与课外训练相结合,主要训练基本手法。岗位实践以工学交替形式,进行专业技术综合能力培养和职业素质培养。

十一、课程实施条件

具备专业水平及职业培训能力的双导师、校企实训资源是本课程实施的基本条件。学校提供专业理论及基本技能教学的师资及实训条件,企业提供现场教学、岗位能力培养的师资及实训条件。承担课程教学任务的教师应熟悉岗位工作流程,了解美容专业护理规范及服务流程,能独立完成所有项目流程及操作技能示范。校内专业实训室建设应有仿真教学、任务训练、职业技能证书考证的相关设备条件,实现教学与实训合一、教学与培训合一、教学与考证合一,满足学生综合职业能力培养的要求。企业有进行本课程全部项目训练的设施设备、场地及足够的学徒岗位,能满足学徒岗位培养条件。

十二、教学评价

采用过程性评价与结果考核评价相结合等多元评价的方式,将课堂提问、任务训练、课外实践、项目考核、任务考核的成绩计入过程考核评价成绩,其中项目操作考核有单项技能考核、综合技能考核。操作技能考核除了考核操作流程、手法外,还考核专业沟通能力、服务意识。结果考核以顾客评价、业绩考核为重点。

教学评价应注意学生专业技术操作能力、技术培训指导能力、解决问题能力的考核,强调操作规范的同时应引导灵活运用技术,对在技术应用上有创新的学生应给予特别鼓励,对学生的学习变化要进行监测,并全面、综合评价学生能力。

(章益华 欣)

附录二　技能考核评价表及护理方案表

1. 技能考核评价表请扫二维码。
2. 护理方案表请扫二维码。

技能考核评价表　护理方案表

(叶秋玲　薛久娇)

附录三　美容师练习题

第一部分　美容师考题精选

一、选择题

1. 关于美容师职业道德规范主要内容的表述,下列选项错误的是(　　)。
   A. 努力学习,诚实守信是美容师职业道德规范的一部分内容
   B. 实事求是,礼貌待客是美容师职业道德规范的一部分内容
   C. 热忱服务,效益第一是美容师职业道德规范的一部分内容
   D. 遵纪守法,爱岗敬业是美容师职业道德规范的一部分内容

2. 下列选项中,不符合敬业爱岗要求的表述是(　　)。
   A. 爱岗就是热爱本职工作,敬业就是对工作尽职尽责
   B. 干一行,爱一行
   C. 就对自己喜欢的工作岗位尽心尽力
   D. 热爱本职工作,尽职尽责是爱岗敬业的集中表现

3. 关于对美容师爱岗敬业的要求,正确的理解是(　　)。
   A. 爱岗敬业就是让美容师多做、多干
   B. 爱岗敬业是美容院经营者增收的手段
   C. 爱岗敬业会加重美容师的工作负担
   D. 爱岗敬业就是美容师热爱本职工作,尽职尽责

4. 关于美容师遵守礼貌待客要求,正确的做法是(　　)。
   A. 着装时尚新潮,色彩艳丽,引人注目
   B. 关心顾客,仔细询问顾客个人经历
   C. 吸引顾客,展示形象,浓妆上岗
   D. 谈话中适度幽默,拉近与顾客的距离

更多美容师考题

二、判断题

1. 干性皮肤护理宜使用收敛性化妆水紧实肌肤。(　　)
2. 美容只是针对容貌与形体进行美化修饰,并不包括对人体某部位的重塑。(　　)
3. 美容师应重视人格锻炼,培养应有的人际关系和心理品质。(　　)
4. 美容师与顾客交谈时应注意耐心倾听,并给予理性的建议。(　　)

美容师考题
参考答案

第二部分　综合练习题

一、填空题

1. (　　　　)是在中国流传了两千多年的一种以养筋为特色的健身功法。
2. 五指自然弯曲,手呈空握拳形,以手指或手掌侧部着力,有节奏地(　　　)一定部位,称为叩法。
3. 按摩操作时,美容师面向顾客头部,顾客在美容师的(　　　　)。
4. 按摩操作时美容师多采用(　　　)和(　　　)的站姿。

二、选择题

1. 手掌贴服于一定部位,行单方向直线推动的方法,称其为(　　)。
   A. 掌推法　　B. 拇指推法　　C. 分推法　　D. 掌揉法

2. 按法是手指、掌或肘尖按在体表部位或穴位上,持续(　　)施力深压的方法。
   A. 拍打　　B. 垂直　　C. 弹性　　D. 往返

3. 掌揉法是以手掌吸定于一定部位,带动(　　)顺逆时针揉动的方法。
   A. 骨骼　　B. 肌肉组织　　C. 皮下组织　　D. 真皮组织

4. 清爽类按摩介质,呈水包油状,其特点是(　　)。
   A. 清爽不油腻　　B. 滋润光滑　　C. 收敛控油　　D. 干涩

更多综合练习题

综合练习题
参考答案

(叶秋玲　薛久娇)

图附录-1 课程主要内容与要求结构图

头部（目标）： 按美容美体项目服务规范及标准完成操作

主干分支：

了解美容美体技能知识

1. 熟悉美容美体专业基础工具的性能及用途，基础知识的重点及注意事项
2. 具备专业实施标准化、规范化美容专业皮肤护理和身体护理操作的能力
3. 具备按摩工具，能够活学活用的操作能力

- 4. 了解美容美体服务准备
- 3. 熟悉经络与美体常用工具，熟悉皮肤使用方法
- 2. 认识皮肤生理结构并熟悉皮肤的分类特点
- 1. 认识美容美体的常用工具，熟悉美容皮肤按摩手法

美容美体技能基础

1. 熟悉面部护理基础知识，掌握操作规范，正确使用清洁类、调理类、改善类产品及仪器
2. 掌握身体护理基础知识，能够规范美体操作，提醒顾客注意事项
3. 手部基础手法操作协调、贴合，能够通过基本功考核表达美容美体基本操作

- 4. 掌握面部护理服务方案制定
- 3. 熟悉常用穴位定位取穴方法、主治作用
- 2. 熟悉不同皮肤的特点、掌握不同皮肤护理项目的流程、方法、步骤
- 1. 了解面部操作间的准备工具及操作前的准备要求

面部护理服务技能

1. 说明项目护理效果、操作步骤、产品使用感受
2. 掌握各类型皮肤护理流程及要求，并实施操作
3. 掌握取穴的正确手法，准确取穴
4. 熟练掌握手法操作(柔软、贴合、连贯、持久、均匀)、敷膜手法，符合操作要求
5. 操作中有针对性地进行专业沟通，解决顾客问题

- 4. 熟悉常用穴位名称、定位、归经及作用
- 3. 熟悉身体护理操作原则、手法技巧、操作步骤
- 2. 了解身体护理项目的流程
- 1. 熟悉经络知识在身体护理中的应用

身体护理服务技能

1. 能够用问诊、闻诊、触诊结合经络、按诊查找特征
2. 了解问题成因，简单说明操作步骤、使用产品及手法感受
3. 按身体护理项目标准操作流程及规范要求实时操作
4. 手法熟练，经络穴位准确，能正确表达经络穴位名称及定位

- 3. 掌握职业资格考核标准解读，职业资格考核强化训练（重难点、技巧）
- 2. 强化美容技能竞赛标准解读及美容技能竞赛技巧训练

综合能力提升

1. 提升竞争能力，获取职业资格
2. 能够参加美容技能大赛，掌握美容技能竞赛技巧，获得竞赛成果
3. 熟悉竞赛标准解读、注意事项、项目考核要求，制定考核方案，强化技能竞赛鉴定

图书在版编目(CIP)数据

美容美体技术/章益,叶秋玲主编. —2版. —上海：复旦大学出版社,2023.10(2024.11重印)
ISBN 978-7-309-17001-6

Ⅰ.①美… Ⅱ.①章… ②叶… Ⅲ.①美容-高等职业教育-教材②皮肤-护理-高等职业教育-教材　Ⅳ.①TS974.1

中国国家版本馆 CIP 数据核字(2023)第 175605 号

美容美体技术(第二版)
MEIRONG MEITI JISHU(DI ER BAN)
章　益　叶秋玲　主编
责任编辑/谢同君

复旦大学出版社有限公司出版发行
上海市国权路 579 号　邮编：200433
网址：fupnet@fudanpress.com　　http://www.fudanpress.com
门市零售：86-21-65102580　　团体订购：86-21-65104505
出版部电话：86-21-65642845
上海四维数字图文有限公司

开本 787 毫米×1092 毫米　1/16　印张 19.25　字数 487 千字
2024 年 11 月第 2 版第 4 次印刷

ISBN 978-7-309-17001-6/T·741
定价：52.00 元

如有印装质量问题,请向复旦大学出版社有限公司出版部调换。
版权所有　　侵权必究

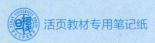

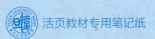

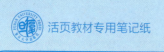